肉食星球

人造鮮肉與席捲而來的飲食文化

Meat Planet

Artificial Flesh and the Future of Food

Benjamin Aldes Wurgaft
著——班哲明・阿爾德斯・烏爾加夫特　　譯——林潔盈

目錄

誌謝

看吶，這是我肉身所欠的債。

若是沒有培養肉（kweekvlees）界諸位的慷慨與善意，這本書的研究是不可能達成的。我特別要感謝非營利組織新收穫（New Harvest）的 Isha Datar 與 Erin Kim，以及 Kate Krueger、Marie Gibbons、Jess Krieger、Natalie Rubio 與 Andrew Stout 等，還有最後提到但絕對不是最不重要的會議策劃專家 Morgan Catalina。Mark Post 歡迎我前去他位於馬斯垂克（Maastricht）的實驗室拜訪，以罕見的坦率與我分享了他的想法；感謝他與他的家人以及波斯特實驗室（Post Labs.）的每一位。感謝突破實驗室（Breakout Labs）的 Hemai Parthasarathy 與 Lindy Fishburne 就科技未來的分享；感謝 Oron Cats 有關生物技術的談話、挑釁與笑話；也要謝謝善待動物組織（PETA）的 Ingrid Newkirk。Ryan Pandya 與 Perumal Gandhi 願意與我為友，讓我在他們從愛爾蘭科克

（Cork）到加州柏克萊培養牛奶蛋白的過程中，問一些奇怪的問題。感謝好食研究所（the Good Food Institute）的 Bruce Friedrich、Paul Shapiro 與 Jacy Reese，謝謝你們啟發性十足的意見交流。Nils Gilman 是帶領我進入未來世界作品與諮詢的第一位導師，我對未來主義（futurists）的想法反映了我們近十年的談話；我對此感激萬分。Scott Smith 與 Ramez Naam 也從市場行銷、心理治療再到科幻小說寫作的角度，分享了他們對未來主義作品與這些作品對其他實踐的影響。Mary Catherine O'Connor 與 Amy Westervelt 幫助我建立起培養肉與氣候變遷報導這個廣大世界的連結。Michael Rudnicki 糾正了我對幹細胞（stem cells）功能的錯誤看法。Cor van der Weele 則與我分享了有關生物倫理與生物哲學的觀點。我在這裡還想表彰其他許多研究人員與行動主義者，不過他們要求匿名，因此我不會公開他們的身分——我非常感謝他們的幫助。

不是每個作家都能在研究過程中玩到度度鳥形狀的假雞塊，或是聽到有關培養肉與現代主義到後現代主義美學的過渡有著何種關係的臆測；非常感謝設計組織「下一代自然網絡」（Next Nature Network）的 Koert van Mensvoort 與 Hendrik-Jan Grievink 在阿姆斯特丹給了我一次非常棒的訪談。

在此特別向未來研究所（Institute for the Future, IFIF）的諸位對話者致意：Rebecca Chesney、Sarah Smith、Miriam Lueck Avery、Lyn Jeffery 與 Max Elder。謝謝你們讓我能夠實際觀察未來諮詢的實踐。在研究期間，我很幸運能經常訪問倫敦，在此想感謝我在英國培養肉界的友人 Marianne Ellis 與 Illtud Dunsford。我對 Neil Stephens 也是感激不盡，我的作品是以他多年來對早期培養肉界研究人員的採訪為基礎，我們兩人的對話也讓我感到受益匪淺。如果沒有他，這本書就不會這麼重要了。Alexandra Sexton 在我們兩人研究道路不斷交叉之際，教我許多有關肉品替代培養實驗的知識。David Benqué 闡明了培養肉與設計界的交集。在美國，Christina Agapakis 分享了她早期對培養肉的疑慮，以及她對像她自己這樣的生物技術專家的觀點的幽默感。感謝 Amy Harmon、Tom Levenson 與 Nicola Twilley 就當代科學新聞的詳細狀況所進行的分享；以及 Warren Belasco、Nadia Berenstein 與 Rachel Laudan 對食物歷史的思考，他們的反思交織在一起，貫穿全書。Cassie Fennell 指導我民族誌田野調查的方法，教我不要放過任何機會。

晚上睡個好覺，民族誌研究也會更有效率。所以我要感謝 Jennifer Schaffner 讓我使用她在舊金山波特雷羅丘（Portero Hill）的客房，謝謝 Jeremiah Dittmar 將她在倫敦哈克尼的充氣床墊借給我睡，也要感謝 Jordan Stein 讓我在紐約 Hell's Kitchen 的舒適沙發上借宿。謝謝你們！

我在紐約社會研究新學院（New School for Social Research）擔任安德魯梅隆跨領域博士後研究員時，對本書主題有了模糊的概念。當時我很幸運地搬到 Nicolas Langlitz 旁邊的辦公室，並因為他而認識了科學人類學。感謝 Langlitz 與新學院的諸位同事，鼓勵我在歐洲思想史以外的領域進行研究。一筆來自美國國家科學基金會的補助（編號 1331003：組織工程與永續性蛋白質開發），最終讓我在麻省理工學院做了兩年的博士後研究，繼續進行科學史與科學人類學方面的額外訓練。我非常感謝 Stefan Helmreich 與 Heather Paxson：Stefan 贊助我到麻省理工學院的人類學系，並為我的研究提供建議，他和 Heathe 同時扮演了朋友與對話者的角色，教了我很多東西。Irene Hartford、Barbara Keller 與 Amberly Steward 讓我瞭解如何在麻省理工學院內行動自如。Maria Vidart-Delgado 加入我的行列，和我一起讚美與哀嘆博士後研究的情況。Anya Zilberstein 與 David Singerman 教我環境史與科學史。謝謝 Mike Fischer、Jean Jackson、Erica James、Graham Jones、Amy Moran-Thomas、Harriet Ritvo 與 Chris Walley 在我逗留麻省理工學院期間的友好對話與專業回饋。我還要感謝加州大學洛杉磯分校的 Hannah Landecker，謝謝她就組織培養史的分享與指導，還告訴我《太空商人》（*The Space Merchants*）這本書；還有加州大學聖塔克魯茲分校的 James Clifford，謝謝他和我討論歷史與人類學之間的學科關聯與分界。

《肉食星球》這個帶有實驗性質的寫作形式，很大程度上歸功於我多年研究生涯中的作家夥伴。我想感謝 Alice Boone，她的談話啟發了這本書所採用的方法學；我也要感謝洛杉磯貝塔水平／勘誤沙龍（BetaLevel/The Errata Salon）與《洛杉磯書評》（*Los Angeles Review of Books*）的諸位：Nicole Antebi、Amina Cain、Jason Brown、Colin Dickey、Boris Dralyuk、David Eng、Ariana Kelly、Evan Kindley、Sarah Mesle、Heather Parlato 與 Amarnath Ravva。舊金山的普雷林格圖書館暨檔案中心（The Prelinger Library and Archive）是我主要的創作靈感來源，當研究與寫作的挑戰似乎太過巨大時，這裡幫助我重新找到方向，開啟新的道路；衷心感謝 Megan & Rick Prelinger。我能夠寫下這本書，在很大程度上說明了我的精神分析師 Michael Zimmerman 所擁有的專業技巧與提供的照護。

我的父母 Merry (Corky) White 與 Lewis Wurgaft 是本書的秘密英雄，他們幫助我度過了好幾次的崩潰。他們不要求回報，只希望我能繼續寫作。他們為我做了很多，所以就當這是本書的第二個題獻，僅將本書獻給他們兩位。我也要感謝 Gus Rancatore 與 Carole Colsell，感謝他們在手稿準備過程中艱難的幾個月裡對我的幫助。

我感謝每一位讀過本書初稿的人。Lewis Wurgaft 在我撰寫時仔細閱讀了每一章，並坦承告知他的想法。所有最漂亮的文句，都是我們來回討論的成果。我很幸運能有他的指導。Merry White 從人類學家的角度閱讀了我的草稿，並提出專家建議。Stefan Helmreich 亦是如此，他確保了我書中能充滿人物與他們的思想。我要感謝 Kate Marshall，也就是我在 UC 出版社的出色編輯，是她引導我走過出版過程的各種潛在陷阱，確保這本書盡量能觸及更多的讀者。同樣也要感謝 Bradley Depew、Enrique Ochoa-Kaup、Kate Hoffman、Richard Earles、Alex Dahne 以及 UC 出版社的整個團隊。讓我感到同樣幸運的是，Darra Goldstein 認為可以將《肉食星球》納入她的食品研究系列中；在《美食學：食品文化雜誌》（*Gastronomica: A Journal of Food and Culture*）的早期，Darra 是採納我食品專題著作的編輯，我非常感激她一路上的幫助。感謝 Mike Fortun、Rachel Laudan、Tom Levenson 與 Sophia Roosth 協助 UC 出版社閱讀手稿，提出周到、有支持性與建設性的建議。

在編輯工作方面，同樣也非常感謝 Kat Eschner 的協助，她敏銳的評論與有關文體的建議，讓這本書能呈現出最優秀的層面，也讓編輯工作成為一種樂趣；還要感謝 Rebecca Ariel Porte，她的細心閱讀為我指明了文學創作中超越政治生命與自然生命的方向，也讓我不要給自己太多壓力，把自己看得太重。在我撰寫本書之際，Josh Berson 正在完成他自己以肉品為題的著作，我的書反映出我們當時的一連串對話，以及彼此閱讀草稿的看法，也非常感謝他能分享自己對過去、現在與未來人類生存利基的理解。Alice Boone 讓我發現自己的做法有什麼毛病與錯誤，並幫助我從新的角度看待我的論點與結論，瞭解每一個疏忽能如何徹底轉變成幸運之處。我也要感謝下面諸位的閱讀與評論：Elan Abrell、Christina Agapakis、Nick Barr、Warren Belasco、Shamma Boyarin、Isha Datar、Nathaniel Deutsch（他在聖塔克魯茲健行時幫我為本書命名）、Jeremiah Dittmar、Aryé Elfenbein、Nils Gilman、Erin Kim、Kate Krueger、Edward Melillo、Ben Oppenheim、Alyssa Pelish、Justin Pickard、Nick Seaver、Alexandra Sexton、Sarah Stoller與Shannon Supple。

在試圖將《肉食星球》介紹給這個世界時，我做了很多學術與科普演講。我要感謝許多機構的主持人與聽眾，包括賓夕法尼亞大學沃爾夫人文中心（以及該機構的Jim English與Emily Wilson）、牛津食品暨烹飪研討會（以及Ursula Heinzelmann與Bee Wilson）、巴納德學院、加州大學聖塔克魯茲分校、紐約大學、漢庭頓圖書館、麻省理工學院、加州大學柏克萊分校、勘誤沙龍、腦殘沙龍（the Lost Marbles Salon）、未來研究所、未來論壇（Forum for the Future）以及Continuum創新諮詢公司。

感謝來自麻州北安普頓獸肚公司（Belly of the Beast）的Aimee Francaes與Jesse Hassinger。他們至少確保讓我吃到一些符合永續原則的當地美味肉品。

謹將本書獻給Shannon Supple，她的關心與支持支撐著我走過這一段路，她的好奇心與驚奇感為我帶來許多啟發。

班哲明・阿爾德斯・烏爾加夫特（Benjamin Aldes Wurgaft）

加州洛杉磯

加州奧克蘭
麻州劍橋

第十一章〈複製〉的擴充版本，將以〈論擬態與肉品科學〉（On Mimesis and Meat Science）為題發表於科學史期刊《歐西里斯》（Osiris）。

第十二章〈哲學家〉的擴充版本，將以〈純素主義者希望的生物科技安樂鄉〉（Biotech Cockaigne of the Vegan Hopeful）為題，發表在二〇一九年春季的《刺蝟評論》（Hedgehog Review）。

第十四章〈猶太潔食〉的早期版本，曾刊登在二〇一六年十一月七日的線上期刊《揭露者：宗教與媒體評論》（Revealer: A Review of Religion and Media），題名為〈實驗室培養肉可以是猶太潔食嗎？〉（But Will the Lab-Grown Meat Be Kosher?）

引用自〈霧中蜀葵〉（Hollyhocks in the Fog）的文句，出自詩人奧古斯特・克萊因扎勒（August Kleinzahler）的《黎明之前／霧中蜀葵》（Before the Dawn/Hollyhocks in the Fog）。二〇一七年奧古斯特・克萊因扎勒版權所有。經法勒、史特勞斯和吉魯出版社（Farrar, Straus, and Giroux）授權轉載。

引用自〈匿名者：我與彭古爾〉（Anonymous: Myself and Pangur）的文句，出自愛爾蘭詩人保羅・穆爾登（Paul Muldoon）的《1968-1998年詩作》（Poems 1968–1998）。二〇〇一年保羅・穆爾登版權所有。

Chapter 1

虛擬生活／肉感現實

我醒來時，看到了一個奇怪的未來。現在是洛杉磯時間二〇一三年八月五日凌晨四點半。我正要欣賞在倫敦中午過後播放的未來食物節目，我睡眼惺忪的雙眼與髒兮兮的電腦螢幕，是兩扇通往時空的窗戶。我將瀏覽器設置在 www.culturedbeef.net 網站。未來將以實驗室培養肉的形式到來，這些肉來自在生物反應器（bioreactor）中增殖的牛肌肉細胞，至少我清醒時觀看的記者會上是這麼宣傳的。每個預告都滿是承諾：肉品將發生徹頭徹尾的改變，人類也一樣。[1] 在這裡要先提出一個關於人類的基本事實，就是在我們成為智人之前，我們的一個食物來源就是動物的屍體。這種情況可能很快就會改變，因為技術進步讓我們從狩獵到農耕再到實驗室的道路上走得更遠。這種過渡是很嚴肅的事，然而，如果我們坐在歷史的一個偉大支點上，保有幽默感總是好的——讓一個國際媒體事件圍繞著漢堡這個世界上最具識別性也最平凡的美國食物來舉行，這樣的想法本身就挺蠢的。一位評論家將上一個時代的世界博覽會稱為「日用品戀物癖的朝聖地」，在這些大型活動中，新奇的食物放在玻璃展覽館裡，向成群的遊客展示。[2] 我正準備好要觀看的，是二十一世紀早期具有同樣意義的節目，只是這次我是坐在電腦前，手裡緊緊攥著馬克杯。

記者將這種漢堡稱為「科學怪人漢堡」「試管漢堡」或一塊「桶肉」（vat meat）。它並不是透過屠宰牛隻來生產，而是藉由一種稱為組織培養（tissue culture）或細胞培養（cell culture）的成熟實驗室技術來製作，這種技術既昂貴又費力，最早是由美國胚胎學家羅斯・哈里森（Ross Harrison）在一九〇七年實現。[3] 在科學與醫學研究中使用了幾十年以後，組織培養一直到最近才用來生產所謂的「試管肉」（in vitro meat），這樣的名稱就技術而言很精準，不過也讓人完全無法感受到對美食的熱忱。這種新肉為人類帶來許多新的承諾，其中之一就是成為工業化畜牧業的替代方案，也許能以溫和的手段，完全取代原本對環境造成破壞且殘酷的做法。這種肉的怪異是不言自明的，它是沒有父母親的肉，從未死過的肉（在某種意義而言並沒有一隻動物因此死掉），而在一些狹義定義肉品的評論家眼中，也是從來沒有好好活過的肉。這種肉可以徹底改變我們對動物的看法，改變我們與農田的關係，改變我們用水的方式，改變我們對人口的看法，也能改變我們對脆弱生態體系對人類與非人類動物軀體的承載能力的看法。住在這顆星球的雜食性人類每一代吃的肉越來越多，對他們來說，這是一種全新的肉。黎明將至，當我在洛杉磯的鄰居紛紛起床開始活動之際，虛擬世界變成了真實世界。

最近幾週，網路上充斥著各種點擊誘餌，在在以宣布這培養肉漢堡超過三十萬美元的驚人價格的方式，吸引著網友的注意力（也許注意力才是網路上真正的貨幣——而我此時此刻正在進行消費）。據傳，美國有位富有的資助人為荷蘭實驗室提供資金，讓該實驗室培養細胞，並將細胞塑造成肌肉，然後做成肉。創造這個培養肉漢堡的醫學博士暨生理學教授馬克．波斯特（Mark Post）是當時的焦點人物，不過協調這次活動的專業媒體人，是由波斯特的贊助人來支付相關費用。儘管組織培養技術已經相當成熟，培養肉是一項仍在發展中的技術；這也是製作出一小塊肉的成本如此之高的原因之一。我們可以說這是一種「正在浮現的新興技術」——當新型態的電腦、發電機或醫療技術被設計或發現、建造或發展、最終進行測試和授權、在媒體上推廣（從設計師與投資人的角度看，速度慢得令人痛苦）並開始讓消費者能取得的整個發展階段，我們常會用「浮現」（emergence）一詞來形容。「培養肉」是一個在二〇一三年才開始浮現的名詞，波斯特在這次活動中使用這個名詞，可能是想試著用它來取代聽起來很有臨床感的「試管肉」。[4]

「浮現」這樣的比喻將未來描繪成一團迷霧，具體事物會從霧氣中逐漸成形。我想到了我們追蹤新興技術的跡象：專利、投資、研究補助、會議、在特定市場推出實驗性產品、科技雜誌頭版上引人注目的企業家介紹。在我自己的肉腦還沒有完全清醒時，我突然意識到，「浮現」這個比喻藉著隱藏人類作用的做法，耍了點奇妙的花招。它暗示著一種新技術是自己主動來到我們眼前，而不是由許多人帶著自己的目的來推動的。而一種特定技術要浮現，必然也有它的目標群眾。一定有人在關注著，他們對未來也有著自己的想法。烏托邦式的科幻小說讓我對有著宇宙飛船的未來懷抱著特定的期待，反烏托邦的科幻小說則告訴我，未來的地球會被氣候變遷摧毀，但是，有著培養肉的未來又能讓我期待些什麼呢？想到這裡，我將雙眼對準眼前的電腦螢幕。

有相當長的一段時間，我的瀏覽器上只顯示「節目即將開始」，不過後來活動的宣傳影片就開始了。背景是輕柔的吉他和弦，鏡頭顯示的是海鷗在海面俯衝而下的景象。有一棟坐落在海邊的房子。我們看到一個樸實的沿海聚落，建築明顯是北美或歐洲風格。我們馬上就可以辨識出，眼前的美學模式屬於針對年輕觀眾的自然紀錄片或科學節目。鏡頭轉向海洋，顯示出一座燈塔。旁白說：「有時一項新技術的出現，會改變我們看待世界的方式。」此時，波斯特秘密贊助者的身分揭露了。鏡頭快速切到演講者的頭像，出現的是大型網路搜尋引擎暨網路設備公司谷歌（Google）的共同創始人謝爾蓋．布林（Sergey Brin），他對技術改變世界觀的方式具有獨特的見解。但是，為什麼一位矽谷的億萬富翁，一個靠搜尋引擎發達致富、讓這個搜尋引擎變得無處不在、讓「google」這個字變成標準英文動詞的人，會對食品的未來感興趣呢？簡單的辭意轉換，就能揭露這個問題的一個答案；培養肉有一天可能成為食物，但它現在是矽谷投資者（布林的領域）所謂「食品空間」（the food space）的一部分，這是一個將食品生產與供應、環境永續、人類健康與非人類動物福祉聯繫在一起的企業與投資領域。

近年來，創投家在食品空間這個領域非常活躍，但是「空間」這個詞有更狹義、更具體的歷史內涵，傳達的不僅僅是維度，還有對新領域的暗示。幾世紀以來，新領域一直是不同地域居民群體前往開採資源的地方。[5]有人認為，如果沒有新領域，資本主義本身就無法運轉，因為資本家需要新的自然資源與新的機會進行資本的盈利性投資。[6]從股東的角度看，谷歌並不能透過向全球數十億人口提供免費搜索功能來創造價值。它透過建立新領域來創造價值：從我們的搜索數據（以及許多其他類型的數據）提取資源，然後將這些資源投入不為人知但利潤豐厚的用途上——而且它還出售廣告空間，抓住人們原本投向別處的注意力。[7]在世界上許多地方，我們的貨幣中也有肉的成分，紙幣的塗層裡含有微量的動物油脂。你可以說，商品肉與貨幣早已是彼此的「空間」，透過使用與投資相互聯繫在一起。[8]牛就是這樣成為資本的——牠們是以頭為計數單位（拉丁文的「頭」是caput，進而演變成capital〔資本〕這個字）。

布林繼續說著，畫面從鳥兒與海浪慢慢變成他那張朝氣蓬勃、帶著一縷銀灰色鬍渣的臉龐，他的臉上戴著Google眼鏡。這是一款由鴻海公司在加州設計製造的頭戴式裝置，配戴者在觀看週遭事物的同時，可以透過一個微型螢幕觀看網際網路。這種穿戴裝置本身就是一項新興科技，於二〇一三年二月正式發布，但是除了在加州帕羅奧圖（Palo Alto）或是麻省理工學院周圍街區等追求科技的地區，很少會看到有人戴著昂貴的Google眼鏡（「Glass」這個產品名稱讓我聯想到世界博覽會的玻璃屋）。布林決定在影片中配戴這個裝置，凸顯出他身為來自未來的富有大使的角色。布林談到他努力尋找「處於可行性邊緣」的技術，這些技術能夠「真正改變世界」（我注意到，他藉此做出更多承諾，而且他的措辭讓我想起培養肉可能很快就會成為一個投資機會），然後，影片的場景再次改變。

螢幕上出現另一個人的頭部特寫。這是資深生物人類學家理查・藍翰（Richard Wrangham），他坐在自己的哈佛辦公室裡，身後書架上的書脊清晰可見。他的出現，顯然是為了解釋布林所說的變革潛力。「人類演化的故事，」藍翰表示：「……與肉有密切的關係。」接下來，他講了一個普遍流傳、關於肉在人類自然史中重要性的故事，這則故事收錄在藍翰二〇〇九年的著作《星火燎原：烹飪如何使我們成為人類》（*Catching Fire: How Cooking Made Us Human*）。[9] 藍翰在該書中指出，透過烹飪，特別是塊莖與肉的烹飪，豐富的卡路里來源促進了我們步向現代人類的演化，這些卡路里有助於現代人形態特徵與社會性的發展：小的嘴巴、大的大腦（大腦會消耗許多熱量）、合作的能力，以及基於男女生殖關係的獨特社會結構。藍翰的這個故事，可以說是人類與他們和肉與其他食物之演化關係的激進版本。他的書成為生物學家與人類學家討論辯證的主題，我在觀看的影片根本不可能去鋪陳這樣的思路。[10] 將藍翰拉進來，有著非常明顯的策略因素。如果布林是在為新技術的前景發聲，那麼藍翰的發言就是為了支持著演化的古老性，也代表科學權威。

無論是否同意藍翰的觀點，都不可能不領會到這部影片將原始人類與肉食未來的故事相結合的點。為什麼要把物種識別的「深度時間」與我們眼前的飲食選擇與食物供應策略的「淺層時間」合而為一呢？演化的古老性是否紮根於超現代性並使之合法呢？我是否該認為，過去能為未來提供辯證呢？接下來的幾個鏡頭打斷了我的思緒，鏡頭從藍翰切到一塊在黑暗中的篝火上烤著的肉塊。肉插在棍子上，由一個毛髮很長的人拿著，這個人的腰上纏著一塊布，除此以外全身赤裸，臉部輪廓因為黑暗與火光而顯得模糊不清。接著，鏡頭快速切到拿著長矛、赤腳奔跑的非洲原住民。藍翰繼續說道：「無論在哪裡，若是狩獵者和採集者在某段時間空手而回，都會非常難過。當地變得安靜，舞蹈也停止了。」藍翰的聲音變得更歡快，並握曲起拳頭：「然後，有人捕到獵物，帶回了肉！他們把獵物帶回營地，」——鏡頭跳到一個顯然是新的現代場景，一名成年白人男性打開戶外燒烤架的蓋子——「或者如今，帶著肉到某人的後花園燒烤。」刻板印象中的非洲原始人與現代的白人，突然被融合到一個特定的意圖，彷彿是在用「原始」行為來解釋和證明現代西方人的行為。此舉讓人感到熟悉，儘管可能是無心之舉，卻讓人生厭。我曾在小時候看過的課外科學節目或一些較老的自然紀錄片中看過這種融合；然而，在幾十年後看到這種訴諸原始概念的手段，讓人相當驚訝。這在視覺上相當於被人類學家貶為欠缺考慮的社會生物學（Sociobiology）轉向。[11]影片繼續播放，出現了幾名盯著以漢堡形式出現的現代肉品的白人孩童。藍翰說：「每個人都興奮地來分享……每一刀下去就好像是儀式一樣。」一名戴著棒球帽的白人男性拿著刀切分牛排。「我們是生來就愛吃肉的物種。」

在二〇一三年向國際媒體觀眾釋出的一部宣傳片，會以西方白人男性象徵現代性，以非洲黑人象徵過去，著實令人驚訝。然而，藍翰的說法卻有另一種驚喜。在不到一分鐘的論述中，藍翰（就如影片導演與編輯介紹的那樣）實踐了一次漂亮的意義省略，從認為熟食肉在促成人類生理改變與社會現代性的過程中起了至關重要的作用，到暗示人類對肉類的喜好是天生的，渴望吃肉是自然的。按照這個邏輯，素食主義代表對人類「設計」的一種突破。然而，這個邏輯本身就很糾結。人類天生嗜肉的想法並非沒有爭議，而在有關人類在食物鏈中的地位以及人類與其他形式動物生命的關係等更深層次的科學辯論中，這種爭議可能只是冰山一角。技術會牽涉到獵捕動物的方式，因此我們與肉類的關係，也與我們身為工具製造者與工具使用者的身分有關。培養肉的倡議者並沒有忽略這一點。他們之中有些人認為，實驗室培養肉可能是我們逐漸變化與固有技術關係的邏輯延伸，這種關係首先是生存本身，然後是工業食品生產。「天生愛吃肉」是造成人族演化的口號，它讓人以任何現代科技所能實現的方式，放縱追求對肉的愛。

當然，影片不會等我慢慢去回想補充說明。[12]鏡頭繼續轉到一條傳送帶上，粉紅色的漢堡肉一塊塊朝著鏡頭的方向送了過來。我們暫且擱置人類胃口的問題，轉而從針對工業肉品生產系統來討論規模這個關鍵問題。一位新的專家，環保人士肯・庫克（Ken Cook）表示：「養活世界是個複雜的問題。我想人們還沒有意識到肉類消耗對地球有什麼影響。」鏡頭快速切到田野中的牛隻，庫克與布林輪流提出幾個與工業化大規模畜牧業相關的重要問題，這些都是培養肉的諸位先驅希望能解決的問題。舉例來說，美國境內使用的抗生素，有70%用在牲畜身上而不是人體，而需要使用這些抗生素的部分原因，在於牲畜的飼養環境與屠宰前的繫留欄非常狹窄擁擠。[13]使用未達治療劑量的抗生素的另一個重要原因，在於它能提高動物增重的速度，更快達到可屠宰的標準。布林說：「當你看到這些牛隻是怎麼被對待的……這當然不是我能接受的狀況。」他提醒我，動物倫理的問題是顯而易見的，不過眾所周知的是，如此密集地使用抗生素，會讓在牲畜中傳播的病原體產生抗生素抗藥性。這讓集中式動物飼養場（Concentrated Animal Feeding Operations, CAFOs）成為病毒的溫床，對牲畜與人類都會造成危險。

集中式動物飼養場與屠宰場帶來危害的故事，早已司空見慣。從反烏托邦的角度來看，「肉品的未來」並非實驗室的培養肉，而是一種源自虐待動物與擁擠飼養條件的全球性流行病。[14] 庫克提醒我們，多吃肉會帶來健康風險；大量吃肉者罹患心臟病或癌症的機率會高出20％。然而，正如我即將瞭解的那樣，更多培養肉支持者的動機來自於他接著提出的問題：肉類生產的環境成本，據說，肉類生產每年產生的溫室氣體排放量約占工業社會溫室氣體排放量的14～18％，而且使用了大量的水和土地。若將這些資源用於水果、穀物與蔬菜，可以養活更多人。二〇一一年，一名牛津大學研究生對培養肉漢堡進行理論生命週期評估，並將之和傳統漢堡進行比較。雖然評估認為培養肉生產的環境成本較低，批評者宣稱這項研究漏洞百出，而研究最後也因此進行修正。[15]

影片接著出現更多農田畫面，然後在庫克描述潛在未來的更健康飲食之際，有一名跑者從鏡頭前經過。接著，鏡頭迅速切入阿姆斯特丹市中心的擁擠街道、運河與橋梁，庫克則進入問題的核心：不斷成長的全球人口。他講到一個我後來在研究培養肉運動的過程中經常聽到的概念，也就是肉類消耗的成長速度超過人口成長的速度。有人預計，到二〇五〇年，全球肉品消耗量將增加50％。我有些驚訝，因為我注意到這樣的預測被認為是理所當然，好像它遵循了自然法則一樣。「我們正在經歷一場可怕的算計，」庫克在鏡頭切到一片塵土飛揚的田野時這麼說。這種狀況令人生畏，不過在此之前，早就有類似的預言表示人類食肉量會日漸增多。從一九六〇到二〇一〇年代，全球肉品消耗量翻了一倍，而且在像是中國這種後來才現代化的國家中，肉類消耗成長得更多也更快。藍翰的聲音再次出現，提醒我們氣候變遷這個緊迫的問題，氣候變遷碰上人口成長，可能會以促使衝突升級的方式改變資源分配。「在當今的世界，我們擁有舊石器時代的思想（我對此感到些許懊惱）與現代的武器，這確實很危險。」藍翰又回到他對現代與史前的奇怪融合，提起舊石器時代的思想（他可能指大腦在舊石器時代就已經有效發展成現代的狀況——也就是說，在新石器時代的技術與農業革命之前人類的大腦已發展完全），就好像在涉及人類行為的基本要素時，文化變革與現代文明並沒有造成影響，彷彿人的心智與人類的肉腦和食肉本能並沒太大差異。然而，這影片也在預言中暗藏了一個預言：如果我們不在大規模危機到來之前開發出阻止資源匱乏的技術，我們就會成為玩核彈的野蠻人。[16]

藍翰的形象中隱藏著另一個有趣但值得商榷的概念，一個我在研究培養肉運動的過程中反覆遇到的概念。這個概念是，現代人類的狀況是由我們生物學與技術之間的不和諧所構成，我們的身體和它們無數的人工擴充之間缺乏同步性。有關現代肉品的一切，都會讓我們回到這個不和諧的概念。我們持續使用著一個會造成汙染、危險的肉品生產系統，這種人工基礎設施形式讓空前的龐大人類人口每年每人得以消耗前所未見的大量動物肉品。這與「花園裡的機器」的概念並不同，「花園裡的機器」是一種技術存在，它破壞了自然界，也破壞了人與自然的聯繫。[17]相反的，它是一種渴望，希望能從我們在身體周圍建立起來的「第二天性」中重新發現我們的生理狀態，我們的身體不斷地與之互動，並不停地詢問如何才能更加滿足這種狀態。這個概念似乎是在說，如果我們有更好的義肢，我們的問題就會得到解決。

到這裡，觀眾徹底瞭解肉品、人口成長、氣候變遷與我們危險未來之間的關係，此時布林再度出現，建議我們可以「做一些新的事」。青翠山坡的畫面逐漸消失，取而代之的是紅色上面一條條白線形成的格子，就好像在鳥瞰一座規劃成網格狀的有機城市。這其實是動物肌肉的特寫鏡頭。波斯特的聲音緩緩出現，「我們實際上已經在運用科技生產肉類，只是這個肉不在牛身上而已。」波斯特自稱是具有血管生物學專長的醫師，他的目標是為人體移植製造組織，尤其是為心臟病患者製作血管。他提到幹細胞（未經特化的細胞，可以透過細胞分裂自行補充，在體內或實驗培養基中能變成可以滿足特定功能的細胞類型），表示幹細胞有望用於製作欲移植的人體部位，也說「幹細胞技術對培養牛肉非常有用」。螢幕畫面變暗，中央出現一簇發光的紅色細胞，這個模型將說明波斯特的方法。「我們從一隻牛身上提取一些具有肌肉特異性的幹細胞，這些幹細胞只能變成肌肉細胞。」畫面顯示一個細胞進行細胞分裂，這動畫模型看來就像是一個漂浮在虛空中的天體。波斯特繼續說道：「我們幾乎不需要做什麼，就能讓這種細胞往正確的方向發展。」他解釋了肌肉細胞增殖與分裂的方式，幾乎是自己創造出功能性結構。我們只是透過技術提供錨點，未來的肌肉纖維就會形成。「我們從這隻牛身上提取的幾個細胞，可以變成十噸的肉。」

波斯特所言讓我想到一九五二年弗雷德里克．波爾（Fredrik Pohl）與西里爾．科恩布魯斯（Cyril M. Kornbluth）合著的小說《太空商人》。在這部小說中，整座工廠的工人都是被一塊顫抖的巨大灰色半球形雞肉所餵養，這塊雞肉稱為「雞小小」，它的生物地位不明確，以藻類維生，住在位於地下室的巢裡。[18]波斯特的聲明也讓人想起過去二十年間圍繞著幹細胞的各種科學與醫學話題，幹細胞儼然成為神秘卻永遠存在的冀望對象，每週都會出現有關幹細胞的新聞。[19]波斯特所謂的「十噸肉」，只是幹細胞有望創造的奇蹟之一，其他還有讓破碎的牙齒重新長出來，到減少人體組織的生理年齡等等。在波斯特的心臟病學世界裡，幹細胞有望能產生讓病人壽命延長數年的治療效果，這些治療方式（必然）也會為醫療產業帶來龐大的財富：在這裡，幹細胞同時具有經濟與生命的潛能。[20]貫穿這一切的，是承諾所具有的複雜動力；與其他對生物技術抱持希望的觀察者一樣，我想起了尼采（Friedrich Nietzsche）的觀點，認為人類被定義為會做出承諾的生物。就這方面來說，尼采的具體主張是，人類是「自然賦予自己的矛盾任務」。[21]柔和的音樂響起。在一片紅色天空中，紅通通的太陽冉冉升起在紅色山丘之上。這可以是一部科幻片的場景，或是被空氣懸浮微粒染紅的加州（我後來才知道製作這部影片的拓展部〔Department of Expansion〕紀錄片製作公司就位於洛杉磯）。我們再次聽到布林的聲音：「有些人認為這是科幻小說，認為它不是真的，它在某個遙遠的地方……其實我覺得這是件好事。如果你所做的事情不被一些人看做是科幻小說，那麼這件事可能沒有足夠的變革性。」鏡頭快速切換：一隻男人的手（白人的手；我意識到我因為之前非洲人與歐洲人的並置而變得有種族意識）把一些漢堡肉從蠟紙上丟到木頭表面，將它們做成肉餅。布林說道：「我們正試圖製作出第一個培養肉漢堡。在此基礎上，我樂觀地認為我們可以真正擴大規模。」他講到「擴大規模」的時候停頓了一下，第一個培養牛肉漢堡的價格充分反映出研究與設計所需的時間、技術人員的薪水、加上昂貴的實驗室用品，它並沒有帶來規模經濟的效益——它遠遠超出大規模生產漢堡的潛在（又是這個詞）成本。這樣的潛力之談，又將我們繞到培養牛肉計畫的最終目標，也就是未來。波斯特再次說道：

二十年後，如果你進入超市，你會有兩種產品可以選擇，它們的外觀……一模一樣。其中一種是用動物製成的，現在會有張標籤（說明）有動物因為這個產品而受苦或受到殺害。它會有一筆「生態稅」，因為它對環境有害。而且它和另一個實驗室製作的替代商品完全相同，味道一樣，品質一樣，價格一樣或甚至更便宜，所以，你會怎麼選擇？[22]

在他說話時，我們看到的是孩子和父母親開心吃漢堡的畫面。「從道德的角度來看，培養肉只有好處。」

波斯特繼續說著，我們眼前的場景則從吃漢堡的人轉移到只會出現在加州北部的樹林。我們從底下仰望著高聳入雲的紅杉，欣賞著大自然的寶藏，這片樹林的保育就屬於波斯特所謂的一個「道德效益」。影片中呈現的是淌水魚游，庫克正在陳述，表示有越來越多消費者對可能不會破壞環境的新興食品生產體系感興趣。之後，我們又回到藍翰，他像之前一樣講到肉的好處，不過這次的語氣卻有些不同：「現在，由於一些令人反感的諷刺，這已成為會對人類造成威脅的系統的一部分。我們必須採取行動。」藍翰在辦公室裡的畫面漸漸消失在白色的螢幕上，然後以黑體字顯示的「成為解決方案的一部分」字樣逐漸浮現。

環境危機。人類慾望不可阻擋的力量。肉體，這包括我們吃的肉，以及擁擠城市中人體帶來的壓迫。相對於氣候變遷與人口成長所造成不斷湧現的災難，另一條趨勢線，一條更有希望、標記著「技術進步」的趨勢線正快速竄升。這部六分鐘影片的資訊量極其龐大，是非常重要的數據流，不過它也將許多謎題攤了開來，接下來這幾年，在我追尋實驗室培養肉的意義的過程中，這些謎題將持續困擾著我。這段影片不單純只是我在網路上瞇著眼想看清楚的一次產品展示，它也是一個意圖將培養肉定位在新興食品技術的努力，認為培養肉可以解決文明層次上的問題，其規模如此龐大，以至於任何計算它的作為都需要社會科學與環境科學的工具。地球這艘太空船的問題，從軌道上才能看得到。

雖然影片中沒有明說，不過很明顯的是，核心問題的名稱並不完全是肉類本身，然而傳統的肉類生產方式確實是一個重要的批評對象。儘管如此，問題到底出在哪裡卻很模糊，而且影片提出的有關人類文明的問題太過龐大，不但不容易理解，需要的也不只是虛晃一招，而是得有實際的作為。雖然影片大部分內容都將問題界定在那個被稱為現代性的某種詭譎量子效應中，藍翰的發言卻更讓人感到不安，因為他讓我們看到，人類的口慾從根本上就與人類作為物種的存續互相衝突。根據藍翰所言，肉類造就了我們，也能使我們滅亡。或者說，純粹的文明造就了我們，也毀滅了我們？還是說是技術呢？如果技術能拯救同樣陷於危急的自然界，這對現代又意味著什麼？或者更諷刺地說，如果有人相信一種技術能解決另一種技術造成的問題，又意味著什麼呢？如果把「技術」一詞換成「資本主義」，這些句子又會有什麼不同的解讀？又或者解決辦法實不在於生產更多產品，而是透過減少需求並更公正地分配我們已經生產的產品？

此外，如果在未來，組織培養的動物肌肉真被當成肉品來消耗，那麼等待它的意義又是什麼？這部宣傳片真實體現了培養肉在早期「新興」年代的思維模式。這種模式充滿希望、擔憂、真誠且雄心勃勃，它回應了其支持者自己所繪製、規模宏大的世界問題地圖，這幅地圖通常會遺漏這些問題的基本政治特質，正如新興的隱喻悄悄略過政治與金融利益的糾葛，而新技術往往就是從這些糾葛中衍生而來。

現在，我的螢幕上顯示的是一個電視攝影棚的內部，裡面全是記者。攝影棚裡有一個現代化的廚房檯面與一個小爐灶。主持人歡迎波斯特上台，舞台佈置就像是個沒有特色的烹飪節目。他們簡單聊了幾句，然後就到了揭開漢堡面紗的時刻。波斯特掀開托盤的蓋子，露出漢堡，它看起來很粉嫩；這個漢堡在製作時用甜菜汁與藏紅花染色，如果沒有這個步驟，那麼它看起來可能是淡淡的白灰色。目前肉眼可以看到的質地，似乎與傳統的肉很不一樣，而且我們被告知，它已經用麵包屑增厚增稠了。隨後，一位名叫理查．麥克基恩（Richard McGeown）的廚師與另外兩位來賓上了台，加入波斯特的行列。其中一位來賓是美國飲食作家喬許．舒恩瓦爾德（Josh Schonwald），他寫過一本有關「食品未來」的著作，另一位是奧地利營養學家哈尼．呂茨勒（Hanni Rützler）。[23]廚師在爐台前站定位，接過漢堡，只用少許植物油與奶油煎煮，攝影機則在爐台特寫（煎這麼貴的肉肯定讓人有點緊張）與觀眾期待的表情之間切換。當梅納反應開始時，這塊漢堡確實也像傳統肉類一樣開始變成褐色。[24]

波斯特是名和藹可親、身材高大的荷蘭人，說著一口流利的英語，就像是一名受過良好教育、曾在美國生活並經常旅行的歐洲人。稍後我就會明白他為什麼會選擇倫敦：每個主要的媒體機構都有一個倫敦分社或採訪記者，而且格林威治標準時間仍然享有一定的國際中心地位。我同時還瞭解到，波斯特的團隊想要讓他們的漢堡通過美國邊境，比通過英國邊境更困難，這個細節讓人驚訝，因為英國人對肉類的敏感是可以理解的——有鑑於英國曾爆發牛腦海綿狀病變（也就是俗稱的狂牛症）。實驗室培養肉並不只是一種新的肉類形式；儘管合法，它著實也是一個跨界的外來物。我想知道，這一切對於將培養肉當作食品的最終法規有何意義。

在將漢堡煮熟的同時，波斯特給我們看了第二部影片，一部展現了他與他的團隊如何製作漢堡的動畫。研究人員從一頭牛身上取下一小塊肌肉組織的活體組織切片，採樣時這隻牛幾乎沒怎麼動，結束後又若無其事地開始吃草。骨骼肌幹細胞分離出來之後，便移到培養基裡進行增殖。隨著細胞生長，研究人員會設法讓細胞形成鏈狀物與束狀物，再進一步將它們變成漢堡肉的肌肉組織；這些束狀物會「被鍛鍊」——換言之，就是鼓勵它們像身體的骨骼肌那樣擴張與收縮。我對組織培養有足夠的瞭解，以至於我懷疑整個過程應該更為複雜。它當然非常耗時，畢竟波斯特的團隊花了好幾個月的時間，才培養出足夠的材料來製作這塊漢堡。

麥克基恩完成了漢堡的烹調，他形容這漢堡有「宜人的香氣」。漢堡肉起鍋後和番茄片、萵苣與麵包一起擺盤，不過他並沒有把漢堡組裝起來。這塊漢堡赤裸裸地佇在盤子中央，彷彿在爭奪麵包在界定漢堡品質方面所扮演的歷史角色。舒恩瓦爾德與呂茨勒這兩位「品嘗專家」分別用刀叉切了這塊漢堡肉並進行品嘗。兩人都說，它的味道絕對與傳統的肉不一樣，不過舒恩瓦爾德也表示，它讓他想起肉的「口感」或「咬勁」。接著，波斯特自己也吃了一口。

培養肉吃起來顯然和真肉一樣，即使它們的味道並不完全一樣。在整個過程中，攝影棚內的記者觀眾都看得到舞台上發生的事，現在他們有些激動，迫不及待的想提問。波斯特已經準備好開放問答，而頭兩個問題還挺刁鑽的。第一個問題：消費者是否願意食用在實驗室條件下生產的肉？波斯特承認，我們必須記住，初始會存在著一個強大的「噁心因素」，也就是對沒有在動物體內生長的肉抱持潛在的抵抗。我在研究過程中也將會遇到這個狀況，不過是以在廚房與實驗室之間劃下一道嚴格精神界線的形式出現，好像我們的許多食物並未經過符合科學標準的機構廚房實驗室一樣。[25] 第二個來自觀眾的問題，是有關大量新興肉類來源是否會鼓勵人們吃下比健康飲食所建議還要更多的肉。波斯特點點頭，表示理解，並說他自己是個「彈性素食者」，很樂意看到人們少吃點肉。不過他接著說，殘酷的事實是，肉類消耗會在全世界繼續下去；「肉食問題」並不會因為大規模素食主義或彈性素食主義而獲得解決。他繼續以同樣的開放精神回應了一長串的問題，其中許多問題針對的是他計劃中明顯的弱點或缺陷。波斯特承認，他的技術仍處於早期發展階段，目前效率太低，尚未達到能「規模化」的程度。此外，還必須找到目前培養基的替代品。目前使用的培養基包括胎牛血清（Fetal Bovine Serum, FBS），使得整個過程顯然不符合素食原則，更有甚者，細胞培養過程還會加入抗生素以防止破壞性的感染。波斯特表示，解決過度依賴抗生素的一個辦法是使用機器人，藉此達到完全無菌的生產設備。

對另一個關於漢堡味道的問題，波斯特的回答是，他的團隊還沒有模仿出動物生長肌肉組織的味道與口感。其中的一個原因，在於他們尚未學會如何生成這種組織所含有的脂肪細胞。脂肪不僅在許多方面會影響味道，還能大幅度增加我們對肉的嫩度的感覺。[26] 瘦肉在注重健康的食客中廣受歡迎，但這不應掩蓋脂肪在創造肉味所扮演的核心作用，即使是少量的脂肪。波斯特回答了一個又一個的問題，態度依然積極樂觀。當被問及培養肉是否會在一週內開始進行流水線生產，然後擺上連鎖超市貨架時，他讚賞地笑了，就像他在回答「它會賣多少錢」的問題一樣。今天的演示嚴格來說是概念驗證，波斯特只保守預估，培養肉在接下來的十至二十年內可能還不會出現在市面上。我仔細留意了一下，這次活動引起媒體蜂擁報導，這樣的預測以驚人的頻率出現在媒體上，一位記者甚至花時間把這些資訊蒐集起來，做成一張題為「我們何時才能吃到試管漢堡？」的圖表。[27]我不是唯一一個意識到培養肉與預測文化被捆綁在一起的觀察者，也不是唯一一個意識到要完善波斯特技術所需的漫長時間表與可能支持該技術的資金流之間關係的觀察者。伊莎．達塔爾（Isha Datar）是非營利組織新收穫的負責人，該組織成立於二〇〇四年，旨在推廣實驗室培養肉的研究（波斯特實驗室並非這項技術的起源，他只是該領域最新、資金最充足的一員），達塔爾針對這類研究工作如何獲得支持，提出了一個有趣的觀點。目前，培養肉研究的資金主要來自慈善機構，因為支持企業的創投家需要在比二十年或十年還更短的時間內看到回報。我預計，經過這樣的演示以後，培養肉將能發展出可行性的光環，這種情況將有所改變。

你可以用實驗室培養肉做出美味的烤肉，不過波斯特也承認，要真正複製出肉，確實是個巨大的挑戰。味道是複雜的，肉類大約有四百多種肽與芳香烴，也沒有食品科學家能準確告訴我們肉的組成是如何產生特定的味道。我一度以為問答環節會以這種相對溫和且樂觀的方式結束——有位科學家正努力完成一項非常困難但並非不可能的任務，其勞動成果將有助於解決文明規模的挑戰。

然而最後的分享卻來自一名女性觀眾，對波斯特沒有帶來足夠的東西讓所有觀眾品嘗表達不滿，而全場對此都報以一笑，活動就在笑聲中結束。透過網路瀏覽器觀看，我覺得也難怪她想吃一口。畢竟，在二十一世紀，我們被無數描繪未來的圖像與文字所轟炸，有機會透過親密的味覺、嗅覺和觸覺來感受未來，是很難得的機會。

在本書研究的二〇一三至二〇一八年間，我走了出去，試著就純理論生物工程的概念，尋找我所在更廣大社會的特徵。[28] 培養肉不只是一種新興的食品技術。它是一種新興的對話，是一種被凝聚成實體的輿論——這個實體的實際體積非常小，因為在二〇一三至二〇一八年間，培養肉的生產規模仍然侷限於小型測試的水準，例如波斯特的漢堡肉。儘管如此，這種對話的魅力非常大，而且這是有充分理由的。這是一場關於世界未來可能樣貌的對話，它將許許多多的人類行為者聯繫了起來，從布魯克林的純素主義者，到阿姆斯特丹的設計師、舊金山的創投家、東京的生物駭客等，更別說來自各種學門的實驗室科學家以及少許社會科學家、記者、作家與未來學家（或是又稱為「未來工作者」的顧問）。每個人都把自己的慾望帶入主題中；當然，也有渴望財富與名望的企業家，以及那些把創業當作達到目的的手段的人。有希望能將食用動物放生的行動主義者，也有人希望能為日益成長的人口提供糧食保障，或是藉此緩解氣候變遷，還有想要抓住機會利用挑戰的科學家。肉類有多重的意義，這一點也適用於實驗室的培養肉。儘管波斯特已經做出這塊漢堡，仍然有好批評者深信，培養肉永遠不會成功，波斯特與他的同儕永遠不會找到讓培養肉擴大至工業生產規模的方法，認為培養肉不過是一個時代的新奇事物，這種生物技術就好比一隻為了生存而長出超大鹿角的巨型麋鹿。[29]

這本書講述的是我在培養肉這個新興技術的發展早期進行研究的這一段時間，在這個奇異的小世界中發現了什麼，以及沒發現什麼。我原本以為會花很多時間在實驗室裡觀察科學家進行操作，瞭解他們如何促使細胞增殖，探討他們對培養肉的未來有何期望。這在某種程度上確實發生了，不過在大多數情況下，我發現自己很少在觀察實驗室科學，反而有很多關於培養肉的公開對話需要參與和整理。在五年研究期間，培養肉界發生了翻天覆地的變化，得益於創投、媒體興趣（這在英文中是個不可避免的雙關語：細胞培養基與媒體在英文是同一個字 media，胚胎產業有時也會因為媒體關注而蓬勃發展），以及致力推廣培養肉與其他畜牧業替代技術的非營利組織日益成長。在我研究剛開始時，只有波斯特的漢堡，以及關於接下來會發生什麼的一系列廣泛且或許沒有答案的問題。換言之，我們身處未來學家的領地，未來學家推測新技術可能會把我們引向何方，因此，我也花了一些時間在未來學家當作工作坊的顧問公司與非營利機構，與他們進行交流。人類學的田野工作者往往是在到達調查現場後，出於需要而學習當地語言。同樣地，我也因此忙於閱讀有關培養肉為數不多的科學文獻，並與企業家和投資人交談，瞭解科學與投資雙方闡述目標時所使用的語彙。截至二〇一三年，最常被問到的問題是「什麼時候」或「多快」？該領域大部分研究人員與觀察者給出的答案是「大約十年」——十年後，一種可供銷售的培養肉才可能來到消費者手中，這或許是培養肉破壞傳統畜牧業的開始。

我很快就瞭解到，波斯特的漢堡肉來自在他之前的一小群培養肉研究人員。約莫在千禧年之交，美國太空總署的一筆研究經費資助了紐約特魯羅學院（Truro College）的一支團隊。該團隊在莫里斯．班傑明森（Morris Benjaminson）的領導下，試圖將金魚細胞變成一種緊湊且能自我補充的食物來源，以滿足長途太空飛行的需求。同一時間，藝術家奧隆．凱茨（Oron Catts）與艾奧娜特．祖爾（Ionat Zurr）則在哈佛醫學院的實驗室裡利用綿羊胚胎細胞創作「活雕塑」。波斯特本人原本隸屬於一個荷蘭研究人員組成的聯盟，該聯盟因為荷蘭商人威勒姆．范伊倫（Willem van Eelen）堅持不懈的努力，而能獲得政府大量資助。換句話說，組織培養細胞用於非醫學應用的潛能，對許多具有不同目的的行為者來說是顯而易見的。在二十一世紀的前十年，這些工作都是在相對安靜的情況下展開的。為了促進研究，善待動物組織在二〇〇八年宣佈了一項競賽：第一個能透過細胞培養製作出雞塊的實驗室，將能獲得一百萬美元的獎勵。沒有人贏得這項比賽，不過善待動物組織確實因此獲得報導。

有位巴西記者以幽默的口吻表達他的疑慮，他認為，也許在波斯特漢堡肉演示的催化下，二〇一四與二〇一五年迅速凝聚出一種熱切討論培養肉與食品未來的氛圍，已開發國家尤其是美國、荷蘭與英國的精英階層，熱切討論透過新生存策略來養活全世界的可能性。這個策略與這些精英階層的意識形態偏好一致，圍繞著環境保護、可持續的蛋白質生產、動物福利與人類健康來加以組織（就如波斯特的演示）。一群來自生物醫學研究、創投、非營利界與其他領域的行為者，不自覺地扮演著其他精英在過去兩個世紀的歐洲與北美歷史上所扮演的角色。他們把自己塑造成全球的飲食規劃者，也是為營養充足與營養不良者制定適當飲食實踐方式的仲裁者。[30] 這種角色扮演可以回溯到人口學家湯瑪斯．馬爾薩斯（Thomas Robert Malthus）的《人口論》（*Essay on the Principle of Population*, 1798），最初的政治脈絡為英國的殖民擴張，即使沒有得到明確承認，這種角色扮演仍然保留了它的政治特徵。運用技術解決問題的偏好往往是一種政治偏好，即使表面上看來似乎忽略了政治。

像波斯特這樣的行為者所思考與辯論的事態發展是非常真實的，其中包括由於氣候變遷導致農地無法使用（甚至被淹沒）、全球氣溫上升對動物身體的影響，以及崛起的中產階級將消耗越來越多肉類的可能性。然而，他們提出的回答反映出關於什麼是理想人類飲食的特定（西方）信念，以及有關人類身為食客與其食物來源的生態系統（指所有相關食物的產業）之間應該有何種正確關係的信念。在培養肉世界中，我扮演的角色好比人類學的田野工作者，然而我也被帶進了我所目睹之辯論的更深層歷史之中，這本書既是一部歷史著作，也是一部民族誌（這裡我用了這個奇怪的術語，其字面意義指「書寫一個民族」）。《超世紀諜殺案》（*Soylent Green*）是一部有關食品未來的經典反烏托邦科幻電影，它以「綠色豆餅是人做的」（Soylent Green is people）這句標語貫穿全片，在電影中，世界人口已超過馬爾薩斯所提出有關永續發展極限的警告，人們倚賴一種綠色豆餅為食，而這種綠色豆餅是回收屍體做成的。相對地，培養肉不是人肉，但是它以一系列關於人類狀況的主張為基礎，無論是就物質層面，或是就我們所謂美好生活的意義而言。「美好生活」這句陳詞，在移轉成哲學用語時，變得更有意義。什麼才是美好生活？是一個符合我們關於目的、尊嚴與後代的道德信仰的生活嗎？

當我的研究在二〇一八年結束時，情況已經發生巨大的變化。波斯特仍是該領域的領頭羊，不過他也有了一個新的職務：「莫沙肉品」（Mosa Meats）的創辦人之一，而二〇一三年的漢堡肉演示後來也歸功給該公司。之前以純素蛋黃醬著稱的「漢普頓克里克公司」（Hampton Creek）突然透露，他們一直在研究培養肉，並承諾在二〇一八年年底讓一些產品上市（當時並不清楚是針對哪些客層、在哪裡上市或會是什麼樣的肉），而屆時該公司將改名「賈斯特」（JUST）。「曼非斯肉品」（Memphis Meats）總部位於舊金山灣區，它曾公佈雞肉條與豬肉肉丸的樣品，這兩種肉品就如漢堡或香腸，對口感的依賴程度比牛排來得小。這個領域也有其他玩家，都曾做出各自的承諾。二〇一八年與二〇一三年的共同點在於對「什麼時候」的關注，不過特定參與者做出雄心勃勃的承諾，他們的存在就如無可避免的研究黑箱作業，大大改變了該領域的動態。在二〇一三年、一四年甚至一五年，參訪學者還有可能進入新創公司的試管肉實驗室，不過到了二〇一八年，這已經變得非常困難。這意味著，即使這些公司似乎取得進展，社會科學家與記者確認此一進展的能力卻在減弱。

我的研究始於某團迷霧，結束於另一團迷霧。追蹤新興生物技術形式的過程會讓人變得憤世嫉俗，但是我們在這裡面臨的一部分風險，在於我們面對重大挑戰時保持真誠的能力。當一個人不知道該信任或相信誰的時候，真誠就會是個複雜的問題。

在我從事培養肉運動的田野調查工作期間，「後動物生物經濟」（the post-animal bioeconomy）一度成為流行用語，用來描述將一系列通常涉及組織培養的技術用於發展人類在傳統上從非人類動物身上取得的產品。我們至少可以說，這樣的用語展現出非常大的野心。要想讓我們的「生物經濟」真的步入「後動物時期」，需要付出的努力遠遠超過幾家同類新創公司、顧問與推動者所做的努力。後動物生物經濟，即使仍然只存在於想像中，卻與另一種「約定的道德經濟」交織在一起。在這些交織在一起的經濟之中，我們將希望、精力與注意力投入具有雙重道德意義的新技術中：這些技術不僅會產生令人滿意的道德結果（特別是從動物保護的角度看），而且早在所需技術出現之前，它們就已經是表達道德情感的方式。

對許多人來說，支持培養肉就是譴責集中式動物飼養場，甚至是所有的畜牧業。這樣的表達方式將行動主義者聚集在一起，並證明了使用「運動」一詞來形容讓培養肉得以發生的努力，是具有正當性的。我們這些觀察者，尤其是那些研究歷史或人類學的人，常常會對來自科技界的承諾產生懷疑。事實上，遺傳學的歷史學家暨人類學家麥克．弗敦（Mike Fortun）所謂的「懷疑的倫理」（ethic of suspicion），早已成為我們觀看方式的核心。[31] 對道德經濟抱持懷疑態度是一件很奇怪的事，不過這種遭遇很常見，因為人類代表新興技術提出拯救世界的主張，而這些技術的到來是帶有商業利益的。

在我多年研究過程中，培養肉一直是媒體上引人注目的閃亮焦點，不過它是虛幻的，並沒有實體性。媒體報導的數目大大超過研究人員與實驗室的數量。據我所知，從當時到現在，只有非常少數的培養肉生產出來，而且也都沒有超過波斯特二〇一三年那個漢堡肉的規模。然而，那些年相對不多的培養肉，恰恰是重點。培養肉曾經是一種尚未發展完成的新興技術，截至本文寫作之際仍然如此，因此很大程度上仍然是一個抽象概念。

這本書讀起來可能讓人覺得彎彎繞繞的，讀者可能會問「肉在哪裡？實質重點是什麼？」這確實是個合理的問題，不過會帶給人這種感覺，是因為我的研究中充滿各種迂迴與拖延。這在一開始讓人感到沮喪，不過後來卻變得有趣起來，因為我在研究培養肉的過程中發現了一系列具有龐大知識價值的問題。有人可能會說，預期之外的迂迴與預測路徑是相反的，因此也算是與某種未來主義風格相反，這種未來主義主張某種特定未來的可知性，這個未來往往是追隨著特定技術類型發展所推定的軌跡。迂迴把一個規劃好的旅程變成一系列的驚喜，這些驚喜也許是愉快的，也許是遺憾的。對我來說，這個繞彎路的狀況一開始讓人感到惱火或失望。然後，它成為一種方法。本書的章節安排就是這種方法的結果。它們在過去與當代的參考框架之間來回，也在人類學、歷史與哲學的關注點之間移動。對於像是如「培養肉會不會成功」「培養肉何時可能到來」以及「它的味道如何」等具體問題，它們並沒有太多一成不變的答案。這不只是因為這些問題在我撰寫本書時還沒有最後的答案，也是因為我認為這些問題最終不如本書提出的基本問題，亦即「什麼讓培養肉成為可能」來得重要。

這本書並不是在嘗試預測，而是將培養肉當成對食品未來的一個思考特例來研究，並藉此觀察我們對技術如何改變世界的預測。無論這些預測是來自顧問公司或智庫的專業人士、對相關工作有個人投資的科學家與企業家，或是普羅大眾，它們在某種程度上都受到科幻小說這種普遍存在的世俗未來主義形式所影響。在撰寫本文時，培養肉仍然是一種不容易處理、東拼西湊的情報，是一個從不特定點投射出來的海市蜃樓。[32] 它經常被描述為科學與進步逐漸戰勝文明弊病的標誌，但是它其實更像是一樁工程案，其中心的熱忱與利益不停地在翻攪。這些熱忱與利益包容廣泛，從衷心想要消除動物的痛苦，到純粹的貪婪都有。

二〇一三年，我還沒意識到自己即將面臨一個詭異的未來。漢堡演示結束後，我關掉電腦，從虛擬世界回到現實生活。

Chapter 2

肉

蛋白質是千變萬化的。英文中蛋白質 protein 一字來自希臘文的 protos，有「第一」的意思，它就如海神波賽頓（Poseidon）的長子普羅透斯（Proteus）一樣多變。當我們談到「肉類」定義的問題，以及肉類在人類飲食中的角色轉變時，這種多變性也許是我們需要知道最重要的一件事，因為這牽涉到很長的一段時間，可以從有紀錄的人類歷史一直往前延伸到蒙昧時期。二〇一三年，培養肉被當成一種新穎事物推出也情有可原，相較於傳統肉類，培養肉的出現確實意味著一場革命。要製作培養肉，會需要新的生產設備、方法與工具，它將通過的是一個全新的食品生產基礎設施。它需要大量的不鏽鋼、玻璃與塑料，這些材料可能組裝成巨大的生物反應器，類似工業規模的啤酒釀造槽。這是一個新的生物經濟，會伴隨著新的投資者、新的金融贏家與輸家一同成長並發揮其影響力。透過細胞培養來大規模生產消耗品，這是有先例的，其中最重要的，也許是約納斯·沙克（Jonas Salk）在一九五二年大規模生產小兒痲痺症疫苗的發明，[33]不過我們很難將疫苗當成培養肉的先例來看待。就疫苗而言，細胞代謝的微小副產品被搜集起來使用；至於培養肉，細胞本身，或者更確切地說，應該是數以十億計有組織的細胞，被搜集起來形塑以供消費使用。細胞做成的產品，以及細胞生命過程的副產品所做成的產品，兩者之間是有重要區別的。

如果培養肉這麼熱烈地受到採用，讓人類的創造者夢想得以實現，而且它實際上也開始取代傳統的畜牧業，那麼地球上的動物生物量將在這個過程中發生變化。動物生物量中，絕大部分是由在人類食物系統中生活與死亡的馴養動物所組成。地理學家瓦克拉夫·史米爾（Vaclav Smil）估計，截至一九〇〇年，地球上大約有十三億大型馴養動物。到二〇〇〇年，馴養動物的活體重量增加了約三．五倍。令人印象深刻的是，史米爾想像「智慧外星訪客」得出結論，根據特定一種生物的絕對豐富度，「太陽系第三行星上的生命由牛主宰」。[34]如果培養肉突然取代了傳統肉類，數十億群居的脊椎動物將變得不再必要，牠們前途未卜，就如用來餵養與飼養牠們的土地，以及照顧與加工所消耗的水一樣，更不用說整個行業與其從業人員了。工業化畜牧業造成的痛苦會結束，取而代之的與其說是突然的解脫，還不如說是個問號。目前地球上直接或間接用於生產肉類、乳製品與蛋的大約75%農業用地，[35]同樣也會變成一連串的問號。評論家約翰·伯格（John Berger）曾將動物園稱為人獸間已然消逝之緊密關聯的墓誌銘。[36]我們的飼養場與屠宰場，以一種非常不同的方式，同樣也是失去關係的墓誌銘，而且這種關係可能是無法挽回的。

然而，儘管培養肉確實新奇，它卻是衍生自一套更古老、早就存在的關於肉類的觀念與實踐之中。這是一組相互關聯的食肉歷史，從馬克．波斯特二〇一三年漢堡的角度是難以理解的。如果波斯特的漢堡代表了人類對肉類知識的總和，那就不可能從這裡回溯並重構人類吃其他動物的歷史。這種思維實驗可能會從工業化、快餐化形式製作的牛肉漢堡，回溯到十八世紀中期最初的歐洲漢堡（英文食譜作者有時稱為「漢堡排」）[37]，當時的漢堡是用前工業化時代的肉類製作的。我們的實驗很快就會到達人類還在食用一些目前已非食用動物物種的時期，這些動物在世界上很多地方已不再是人類的盤中飧，舉例來說，天鵝不再是歐洲精英餐桌上的寵兒。[38]現代西方慣於使用meat（肉）一字表示確鑿的真相、基本的事實或當前最突出的議題，如果我們認識到肉類已經發生過許多次變化，而且變化的原因有很多，此一用字習慣就顯得有些古怪。

英文單字meat最引人注目的地方在於，雖然這個字在當代的使用方式看來隨意，通常還是帶有一種穩定的意涵，然而從它的歷史來看，這個字的用法卻是不斷地改變。《牛津英語詞典》對這個字的第一個意義來自公元九〇〇年，即在古英語中用「meat」指稱相對於「drink」（飲品）的固體食物（我們可以在法語的肉「viande」一字觀察到類似的變化）。在古英語的拼寫中，meat原本作mete，來自原日耳曼字根mati，與同一語系的許多其他單字有關係，例如古薩克森語的meti、挪威語的matr、或哥德語中單純指稱食物的mats。大約在一三〇〇年，meat一字開始用來指稱動物的肉，與其他固體食物做出區別。在此之前，在一〇六六年諾曼人征服英格蘭之後，取自法語和古英語的分裂術語成形，不過這對當代英語人士來說是非常熟悉的，以至於我們很少注意到它。

舉例來說，古英語描述肉的方式是 meat of cow（牛的肉），法語則用 boeuf 或 beef 指稱牛肉（現代英語中羊肉 mutton、小牛肉 veal 與豬肉 pork 等字全都源自法語）。華特・史考特（Walter Scott）爵士在一八二五年出版的小說《訂了婚的姑娘》（*The Betrothed*）對這種差異提出了解釋，認為英國人通常直接把整隻動物拿去烤，而說法語的諾曼人則多了一個層次，會把肉從屠宰的牲畜身上取下。英國人忍不住要把肉的動物特質牢記於心。同樣值得注意的，是另一個與肉的定義較無關，而是與肉食性和經濟思維之間的古老關係有關的詞源學連繫：古英語中的 ceap 有 cattle（牛、牲口）的意思，現代英語的 cheap（便宜）源自於此。ceap 也有「財產」之意，這讓人想起直接交換經濟，以及動物普遍用作價值單位的年代。[39] cattle 一字也與 chattel（動產）有關，在過去曾用以指稱任何財產，並不僅僅是四條腿的那種。[40] 因此，二十一世紀早期的地球，從生物量的角度來看，是受到活生生的動產所支配的。

在現代的用法中，「肉」這個字幾乎沒有透露出從前作為指稱「固體食品」的術語時所具有的不確定性與彈性，不過在一些詞語中，例如 nutmeat（堅果核仁）與 sweetmeat（蜜餞）等詞，我們還是可以感受到那種古老意義的迴響。這個在過去意指堅實與可食性的字眼，現在意指被屠宰動物的肌肉與脂肪，不包括動物的內臟。牲畜屠宰後的內臟在英文中稱為 offal，源自德語的 ab-fall：屠宰過程中脫落的東西。現代的羅馬人將動物內臟稱為 quinto quarto，直譯為「第五個四分之一」，這個稱呼來自步入現代之前的肉類分割制度，肉類會按品質分成第一到第四個四分之一，依序供應給貴族、神職人員、中產階級與軍人，剩下被剔除掉的部分歸為第五個四分之一，才給農民食用。

在現代歐洲與北美的歷史上，「肉」這個詞的語義轉變，與我們對這個詞越來越狹隘的理解有關，但是它過去所具有的潛在意涵，並不會因為不再使用而就此消逝。細胞培養食品計畫可能意味著回歸到肉這個字的早期意涵：任何種類的固體食物，不一定是從屍體上切下來的。至少，那些推崇「替代」蛋白質的科學家、企業家與行動主義者就非常希望能重新擴大這個字的意義——不侷限於培養肉，通常也包括植物性的肉類替代品，以及食用昆蟲。

令人驚異的是，第一塊出了名的培養肉竟然是漢堡肉。波斯特的實驗室曾考慮製作香腸，這顯然是更符合荷蘭飲食習慣的肉品形式，而且在其他歐洲國家的脈絡中，也與手工製作的概念聯繫在一起[41]（雖然香腸與漢堡其實是親戚），儘管如此，漢堡肉所具有的國際性吸引力還是贏得勝利。對現代肉品來說，漢堡肉是非常適當的體現，它不但讓人聯想到豐盛的概念，也與工業生產、統一性、速度、靈活性等概念有關，而且也經常讓人想到汽車與得來速服務。牛肉常讓人聯想到英國，漢堡則讓人聯想到美國，而且更是美國依然豐足的象徵。[42]專門為漢堡肉設計的麵包，讓人能在忙碌時可以用手吃這種三明治：速食肉。[43]培養肉有許多帶有諷刺意味的點，其中之一是，即使它改變了我們對肉的看法，讓肉品變得更多樣，但相較於我們過去各種食肉方式，它仍然是建立在人類定義與消耗肉品的狹隘意識之上。培養肉在人類食用的大部分肉品都像漢堡肉的時候問世，人類在這個時期的肉類消耗無論在動物來源或是食用形式上，都是相對同質的。

培養肉是食肉歷史的一部分，而不是偏離歷史的軌跡。然而，如果退幾步來看看人類食肉行為的完整時間軸，我們只能藉由猜測過去一百年內確實發生的根本性變化，來解釋二十世紀末與二十一世紀初的肉（也就是培養肉的基礎）。這些變化有質的變化，也有量的變化，都來自工業化與城市化。它們始於十九世紀中期的英國與北美，透過從畜牧方法到冷藏車廂等新形式形體與務實基礎建設來發展，最終實現了這些基礎設施的全球化，並在過程中變得益形精細，改變了全世界的肉品。[44]《經濟學人》（*The Economist*）雜誌使用「大麥克指數」評估麥當勞大麥克漢堡在世界各地的價格，藉此比較貨幣的購買力，這不是沒有道理的；一九八六年引進大麥克指數時，漢堡這種食品已經廣為流傳，這個動作才有意義。自一九六〇到二〇一〇年間，全球肉品消耗成長了一倍多，在一些快速發展的國家，例如中國，更是翻了好幾倍。[45]然而，這只是肉品現代化的最新一波浪潮，這個過程幾乎改變了關於肉類的一切，從誰吃肉到吃多少，再到他們認為什麼才算是肉等等。

另一種提問的方法，是去看主角。當培養肉創造出來後，誰對肉的概念會進入生物反應器，誰對肉的概念會出來？在我實地考察時，幾乎所有參與創造與推廣培養肉的行為者都是西方人，其中大部分來自歐洲或北美，年齡幾乎都在六十歲以下，而且大多不到四十歲。這些人口組成細節很重要，它們影響到這些行為者認為是肉類來源的動物類型，以及他們曾接觸到的肉品類型。年紀較大的食客，可能出生在二十世紀中期肉類生產工業化的轉折之前（這種轉折建立在十九世紀的基礎上，其中許多是在北美中西部建立起來的），他們在孩童時期接觸到的肉品種類可能就不一樣。同樣地，儘管所謂的西方飲食已經全球化，非西方國家的食客對肉品在生活中的角色可能也有不同的看法。[46]因此，培養肉計畫回應了肉類歷史上的一個特定時刻，從人類歷史的角度來看，這個時刻恰好是獨一無二的。除了幾個明顯的例外，培養肉運動的想像性資源一直都被西方工業化世界的肉食版本所框定與限制。雖然本章的範圍很廣，貫穿了肉類的歷史，但它的重點是歐洲與北美的肉類歷史，因為這些地方發展出現代後工業化的肉食版本，而這也是目前正在全球各地蓬勃發展的肉食版本。

碰巧的是，目前已知第一塊製作出來並提供給受眾的培養肉，外觀完全不像漢堡，也與任何傳統上能刺激食慾的肉品沒有相似之處。這是二〇〇三年三月在法國南特（Nantes）展出的一塊青蛙細胞「肉片」，為澳洲藝術家奧隆．凱茨與艾奧娜特．祖爾創作完成的藝術作品《非具形烹飪》（*Disembodied Cuisine*）的一部分。這塊「蛙排」是爪蟾細胞的組織，它先用蘋果白蘭地醃製一晚，再用蜂蜜與大蒜炒熟。煎蛙腿是很有名的法國菜，但是在法國以外的西方國家很少被認為可以吃。據說這道美食起源於中世紀，當時法國修道士設法讓教會將青蛙定義為「魚」，讓他們在教會限制他們食用陸生動物來源蛋白質的同時，能多吃一點動物性蛋白質。雖然凱茨與祖爾的明確目標是質疑公眾對生物技術的態度，他們的表演還有另一個間接效應，即質疑現代食客如何定義肉類的限制，以及這些限制如何隨著地理與時間的變化而變化。「由於我們即將吃下法國有史以來第一塊以組織培養做出來的肉排，」凱茨與祖爾曾寫道：「我們決定採用蛙肉，以此表達許多法國人對改造食品的厭惡，而這種厭惡與一些非法國人對吃蛙腿這個概念的反應相似。」[47] 他們的賭注是，一個人吃錯動物時產生的厭惡感，可能類似於一個人吃下先進生技產品的厭惡感。也許他們的暗示是，這其實是同一種厭惡感。凱茨在當地蛙肉商的攤位上貼出活動告示。他在活動結束以後曾說：「有四個人把肉吐出來了。我非常高興。」

就那些渴望對「肉」有一個生理學上精確定義的人來說，哈羅德．麥基（Harold McGee）在他那本頗具影響論的《食物與廚藝》（*On Food and Cooking*）中提供了一個很好的定義。正如麥基所言，肉就是肌肉，肌肉組織含有細胞或纖維構成的協調性結構，每個細胞或每根纖維都可能和一根人類的髮絲一樣細，而且充滿一條條的原纖維。[48] 原纖維本身由在神經系統觸發收縮作用時會相互滑動的肌動蛋白與肌凝蛋白組成，這種收縮作用會縮短肌肉整體協調性結構的長度。肌肉纖維有兩種類型：白肌纖維幫助動物快速或突然移動，紅肌纖維幫助動物在更長時間內用力。移動速度較快的動物，例如兔類動物（兔、野兔、鼠兔），往往有更多的白肌纖維。需要在較長時間內持續用力的動物，例如鯨魚，往往在需要的地方有更多的紅肌纖維。白肌纖維的燃料儲存在纖維本身的肝糖（葡萄糖的一種形式），紅肌纖維的燃料是脂肪，它含有一種能將脂肪轉化為能量的生化機制。這種機制包括細胞色素（在新陳代謝與呼吸中很重要的化合物，由與蛋白質結合的血紅素分子組成）以及肌紅素（一種能與氧和鐵結合的蛋白質），肌肉的顏色就是來自肌紅素。肌肉纖維不含脂肪，但是脂肪細胞群通常會出現在肌肉纖維與周圍結締組織之間。值得注意的是，瘦肉大約有75%的水份、20%的蛋白質與3～5%的脂肪。脂肪能大幅增添肉的風味。肌肉周圍的結締組織（在切割肉時可以看到的銀色「薄片」）有兩個主要功能：首先，它建立起肌肉的結構；其次，它能將肌肉固定在骨頭上。在吃的時候，肌肉由哪些特定類型的細胞構成自然很重要；然而，結構也很重要。誠如麥基所言：「肉的品質——質地、顏色與味道——很大程度上取決於肌肉纖維、結締組織與脂肪細胞的排列與相對比例。」[49]就口感而言，肉是有「紋理」的，「我們一般都是逆紋切，如此才能順著紋理咀嚼。」

對這種將肉的定義縮減為肌肉的做法，確實存在著合理的反對意見。畢竟，這種定義源自並支持著一種文化上的特定區別，即「理想的」肉品部位與作為下水被丟棄的不理想部位。這種將肉的定義簡化為功能解剖部位的做法，忽略了肉的其他層面，例如動物吃的草會影響到脂肪的風味，從而改變肉的味道。然而，麥基的定義就培養肉而言是有用的，這既是因為它描述了肉品產業希望大量生產的肉的形式，也因為它符合科學家試圖在實驗室中生產的肉的形式。截至寫作本文之際，肌肉結構的確切特質讓希望製造出培養肉的科學家面臨一個巨大的挑戰。雖然有些形式的肉品用了絞肉，例如漢堡肉或香腸，在味道與口感上對結構的依賴性較小，不過在吃牛排時，所吃到的味道其實有賴於肉的「紋理」。當然，更複雜的結構可能很快就能實踐。培養肉利用了再生醫學（regenerative medicine）中持續發展與改進的技術，在再生醫學的領域中，科學家試圖培養出特定的功能性組織，欲用於人類醫學移植。功能性肌肉結構早已利用體外技術製作出來了。[50]毋庸置疑的是，資金流向醫學研究比流向培養肉要快得多、多得多（就如瀑布與廚房水龍頭漏水之間的差異），但是更複雜的培養肉形式，如牛排，最終可能是再生醫學進步的間接結果。

肉類的生理特質有助於醫學組織工程師對培養肉的想像，不過肉的象徵意義是多重的。歷史學家、人類學家與其他學者在其中發現到性別，也發現了父權制；[51]它是人類對非人類動物的權力與統治的象徵，[52]它是自然資源受到組織與提取過程的結果，它是現代化的標誌，它是富裕的標誌，它是英雄的食物。[53]相對地，誠如人類學家喬許．柏森（Josh Berson）所言，肉食也可能與經濟不穩定關係聯繫在一起，因為對世界各地的城市貧民來說，最便宜的肉食往往比健康食品更容易獲得。[54]試著再次想想漢堡：可以在車子裡吃，在工作休息時間吃，或是在街上邊走邊吃。漢堡與流動性之間的關聯始於美國戰後嬰兒潮富裕時期的漢堡攤與得來速，但是漢堡也被加以調整，以適應經濟不景氣時期不穩定生活的需求。雖然肉食觀察家對肉食與富裕之間的關係持許多不同看法，但這種關係的確切性質仍有爭議，西歐與北美的政策專家尤其對此爭論不休。現代化理論家與國際發展專家常常認為，世界各地的社會在進行「營養轉型」的過程中，肉類往往扮演著核心角色。[55]隨著開發中國家變得越來越富裕，居民預計會購買並食用更多的肉類。關於這個現象的一個術語是「收入彈性」：對特定消耗品的需求量會隨著收入的增加而增加。雖然肉類具有收入彈性的觀點並未提出驅動人們對肉的慾望的基本機制，但基本上與認為想要吃肉是自然的、甚至是本能的這個觀念是一致的。

儘管「肉是肌肉」的定義有其吸引力，但不是所有的肉都一樣。正如人類學家黛博拉．格威茲（Deborah Gewertz）與弗雷德里克．埃靈頓（Frederick Errington）在他們的著作《廉價的肉》（*Cheap Meat*）中顯示的，特定的肉品部位可能具有政治意義；該書研究的是「下腹側肉」，這是紐西蘭與澳洲消費者看不上的肥羊肚肉，太平洋島民卻樂於食用。在巴布亞新幾內亞，這個部位是居民對理想生活願景的中心，不過他們可能也很清楚，更富裕的白人食客早已拒絕吃這種肉。[56]在這個南太平洋的案例中，下腹側肉起了一種象徵性作用，捕捉到肉品在富裕與相對平行、安全與不穩定之間的轉換方式。下腹側肉還代表種族、經濟與飲食之間錯綜複雜的關係。

肉品的政治意義還體現在其他方面，特別是在城市化與工業化，或市場經濟邁向自由化的過程中所發生的劇烈轉變，迫使政府對肉類的生產或分銷進行監管時。在十八世紀中葉，哲學家德尼·狄德羅（Denis Diderot）與物理學家讓·勒朗·達朗貝爾（Jean Le Rond d'Alembert）的《百科全書，或科學、藝術與工藝詳解辭典》（*Encyclopédie, ou Dictionnaire raisoné des sciences, des arts et des métiers*）曾有這樣的說法：「屠宰肉是除了麵包以外最常見的食物。」這個說法證明了一種意識，即肉類並不是一種普通的食物，而是人類所期望的食物，如果肉類變得難以取得，可能會產生政治後果——這讓法國政府有理由確保肉類供應，讓所有階級的人都能取得。在法國、美國與其他地方，政府對於確保肉類供應與可獲得性的興趣最終還是消退了，取而代之的，是政府開始確保肉類供應適度有益健康，並藉由政府力量補貼為動物生產飼料的穀物生產者以及肉品產業本身，這樣的作為都有助於降低消費者取得肉類的成本。[57]

二〇一三年波斯特漢堡演示時播放的宣傳片中，出現了一個在想像培養肉時特別關鍵的要素：人類對吃肉的渴望以及人類吃肉的行為都是天性。這就是說，人類雖然是雜食動物，卻對吃肉這件事特別有親切感，這種「對肉的渴望」，並沒有類似對穀物、蔬菜或菇菌的渴望得以相較。[58]這個概念往往會藉由因果關係或純粹聯想，與人類的演化聯繫起來，也就是說，肉食是人族（我們所屬物種與親緣關係最接近的已滅絕祖先所屬的演化樹的成員）可能從巧人（*Homo habilis*）、直立人（*Homo erectus*）再到智人（*Homo sapiens*）的演化過程中不可或缺的一部分。因此，思考肉食一事，有時意味著對深層演化時間尺度的思考。它很容易就把我們引到早期人類學家所珍視的那種「不受時間影響的」語體，這些專業人士「否定同代性」（如人類學家約翰尼斯．法比安（Johannes Fabian）所言）[59]，因為對他們來說，當代的「原始」民族通常代表了歐洲人發展的過去。

在已開發世界的流行文化中，人們對肉類的喜愛自古以來根深蒂固，常常與狩獵關聯在一起。在二十一世紀的前十幾年，這種說法的一個版本在「原始人飲食法」（paleo diet）中清楚可見，這種飲食法強調我們應該仿效智人祖先在舊石器時代的飲食——換言之，就是在生理上的現代人出現後、新石器革命發生前的那段時期的飲食，也就是在人類朝往農業定居的過渡期開始之前的飲食（舊石器時代與新石器時代指由技術變革所界定的紀錄時期）。大部分原始人飲食法會要人吃下大量瘦肉，以及水果和蔬菜，飲食中包含非常少或是根本不包含精製麵粉、糖或其他工業食品。原始人飲食法的推廣者聲稱，這樣的飲食法能阻止當代文明的疾病模式，其中包括心臟病與癌症。[60]

儘管有營養學家、人類學家、古人類學家和其他人士認為所謂的原始人飲食法並不可取，也有科學家對這種透過回歸想像中的過去讓自己變得更健康的努力嗤之以鼻，原始人飲食法仍在流行文化中占有一席之地。[61]從正確的角度看，原始人飲食法與培養肉似乎可以是彼此的鏡像，兩者都是以現代工業化食品系統的「病態」為前提。前者凝視過往，在過去找到更好的肉品，以為能藉此保證當代成年人的健康，逃離麵粉與糖帶來的影響。後者著眼未來，同樣也發現了更好的肉品，將它想像成有助於環境穩定、保護非人類動物、當然也能增進人類健康之物。知識歷史學家亞瑟．拉夫喬伊（Arthur Lovejoy）曾講到一個概念的「形上學激情」（metaphysical pathos），指的是提到這個概念時，會產生一種具有吸引力的聯想鍊，吸引讀者。我們可能利用人類在農業發展前的條件，找到由我們的基因所指示的「最佳」飲食，這樣的想法無疑就提供了擬古主義的形上學激情，以及與我們從祖先繼承而來的身體和諧共處的概念的形上學激情，更何況，擬古主義有時比未來主義還更具誘惑力。擬古主義似乎提供了確定性，而非風險。原始人飲食法的一個明顯特點，在於它提出一個假設的演化過去，將它當作我們假設的飲食未來的計畫，以這樣的方式將擬古主義與未來主義結合起來。

肉類與人類身體自然「契合」的普遍觀點與專家看法——即古人類學與更廣泛的體質人類學、靈長類動物學等領域的科學家所提出的假說——有相似之處，為了充分說明吃肉有助於「使我們成為人類」的論點，亦即漫長複雜的種化（speciation）過程如何將我們與其他主要食草的靈長類動物區分開來，我們不得不涵蓋一系列具有挑戰性的細節。人類是從什麼時候與祖先有了足夠的差異，得以被稱為智人呢？[62] 我們需要處理的，是包含人類化石遺跡、動物群與原始石器在內的哪些證據？這些證據可以回溯到什麼年代？當我們說「肉食使我們成為人類」時，我們想到的種化過程時間是相對短暫還是非常冗長的？最後，也是那些在講到人類狀況時熱衷於本質主義主張的人感到最惱火的，是所謂的「作為人類」到底是什麼意思？這句話意味著什麼樣的生理、認知與社會狀況？隨著我們對人類生理（尤其是基因與表觀遺傳）狀況的理解加深，這些陳述似乎變得不那麼連貫。這些陳述是否只描述了我們身體中「人」的細胞，由基因遺傳與環境對基因表現的影響產生相互作用的產物，或者同樣也能解釋構成我們身體微生物群的腸道菌落（與其他菌落）？毋庸置疑，這些細節都屬於不斷改變與修正的科學文獻，隨著挖掘過程中出現新的發現，學者會提出新假說並進行辯證。

有些科學家認為，祖先的食肉行為幫助產生了現代人類的生理、認知與社會狀況。肉食行為與我們比祖先還小的嘴巴與較弱的下顎有關，但也與人類的合作技能有關，儘管許多與肉食為導向、關於人類社會性的討論並不僅僅是關於肉食行為，也有關狩獵這種特定的肉類獲取策略，尤其是獵捕群居的大型陸生哺乳動物，例如鹿或原牛（現代乳牛的祖先）。[63] 其他科學家則提出，狩獵後的肉類分享行為，能藉由促進社會智能讓我們的祖先變得更聰明。[64] 建構這類論點的古人類學家與演化生物學家，是基於一個具有挑戰性的證據基礎，其中大部分是在兩百萬年前左右，約莫是我們的祖先開始在飲食中添加肉類的時期，最初很有可能是藉由撿拾動物屍體取得肉類。這個時期遠早於智人的出現，一般認為智人的出現是在舊石器時代，距今約二十萬至三十五萬年前，這個時間點取決於我們採用什麼特徵作為基準。[65] 要將這個時間點與其他用以判斷人類文明建立的基準時間進行比較，已知最早的文字約可以追溯到距今六千年前出土於蘇美文化的挖掘點（位於今伊拉克）。

然而，許多按肉食做出的獨特演化主張並不是來自於早期人類營地的物質證據（如敲打製作的石器、用石器做記號的動物骨頭、動物群落、個體骨骼所包含的訊息等），而是來自現代人類的生理學特徵；也就是說，對許多科學家來說，在他們想知道人類到底是怎麼能擁有這樣的身體時，肉食行為已成為一個很有吸引力的答案。我們與其他靈長類動物在形貌與生命歷程上有顯著差異

（這裡的形貌包括與肌肉質量有關的肥胖：相較於其他靈長類動物，人類比較胖，肌肉較少）。相較於其他靈長類動物，我們的壽命似乎延長了，而且無論是就發育階段或是喪失生殖能力後的成年階段，發展速度似乎都比較慢。

我們的大腦比其他靈長類來得大，也更耗能。一九九五年，萊斯里．亞爾洛（Leslie C. Aiello）與彼得．惠勒（Peter Wheeler）提出一個假說：人類大腦的發展與飲食以及消化系統的發展有非常特殊的關係。[66]他們認為，人類龐大的大腦所需要的熱量，原本可能是用於腸道組織的，而腸道組織的維持也是需要熱量成本的；所謂「昂貴」的組織需要大量能量，無論其任務是認知還是代謝。因此，我們必然找到一種方法，即使沒有處理大量食物所需的大型腸道，也能獲得所需熱量。我們的腸道出奇地小，這意味著我們的祖先能夠取得生物利用度高的能量，這可能包括生肉，也可能包括煮熟的植物或動物性食物。[67]需要注意的是，亞爾洛與惠勒在一九九五年發表的論文儘管有很多優點（雖說並不是沒有受到質疑）[68]，它提出的仍是個假設而非事實主張，卻經常被解讀成後者。理查．藍翰關於人類大腦化的最新版本假設，使用火來烹飪，提高了植物與肉類食物中卡路里的生物利用度。值得注意的是，藍翰對培養肉話題簡短但令人難忘的貢獻偏離了他的著作《星火燎原：烹飪如何使我們成為人類》，在這本書中，它不太強調肉本身，而是更強調所有類型的熟食，尤其是塊莖與其他地下農作物。

根據藍翰的說法，高能量食物與人屬動物的大腦化之間存在著一種循環關係，這些食物幫助人類發展出更大的大腦，而人類不斷成長的大腦又給了人類更好的肉體與社交技能，讓人類能獲取更多食物。藍翰在二〇一三年影片中加入一個令人驚訝的層面，在《星火燎原》一書出版時，一些讀者將該書理解為專門針對熟食植物的爭議，這與之前的共識相左，亦即肉類無論煮熟與否，都是人類演化中最重要的飲食驅動因素。[69] 無論何種說法，「肉食造就人類」論點所暗示的改善飲食與提高技能之間的循環關係，與一個相關的說法有著驚人的相似之處，亦即人類在許多意義上都是一種自我創造的物種，或者就如生物學家暨科學研究學者唐娜・哈拉維（Donna Haraway）對古人類學家共識的解釋：「我們的身體是因應工具使用產生適應性變化後的產物，這種適應性變化早於人屬演化出現的時間。」廣義而言，飲食適應性就是採用新工具的能力。[70]

在古人類學領域，是有可能形成共識，支持食肉「使我們」成為人類的概念。然而，有鑑於現有證據相對薄弱且不確定，也有可能不會形成共識。或者說，吃肉的行為可能不再是成就現代人類的關鍵因素，而比較是我們人類這個物種令人印象深刻的飲食靈活性、能適應特定時間與地點的食物的一個標誌。有證據支持，肉食在兩百萬年前成為人屬動物飲食的一部分，而且有很好的理由（儘管往往是推論性的）讓人相信，嚴格就熱量的生物利用度來說，對那些約在一百八十萬年前的直立人祖先，也就是早期的肉食人類，肉是「改良」飲食的一部分（海德堡人〔*H. heidelbergensis*〕約出現在八十萬年前，智人約出現在二十萬至三十五萬年前）。多樣化且真正的雜食性飲食，包括搜尋而得的植物、挖掘的塊莖與肉（取自屍體或透過有組織的狩獵活動獲得），可能給我們的祖先帶來更大的生存與繁衍機會，這樣的飲食反過來又支持了人類從非洲往外遷徙到廣泛地理環境的活動，從植物性食物豐富的地方去到一年中大部分時間必須倚賴動物性食物的北極周圍地區。即使在歐亞大陸的部分地區，植物在一年中大部分時間裡並不足夠，有組織的狩獵活動有助於人類的生存。

不管古人類學界到底有什麼樣的共識，值得一問的是，為什麼肉食幫助我們成人這種過度簡化的說法，被證明如此具有吸引力？其中一個答案，是這種說法的便捷性與實用性。它使肉食成為解釋自然狀態與文化狀態之間的「樞紐」，就好比人類這個物種是從自然狀態中誕生，現在大多生活在文化狀態中。[71]在二十世紀晚期，出現了一種非常不同、以「社會生物學」（Sociobiology）之名來理解文化與自然之間關係的努力，而且一直延續到本文寫作的二十一世紀初。「社會生物學」此一術語的普及，是因為昆蟲學家愛德華．威爾森（E. O. Wilson）的著作《社會生物學：新綜合理論》（*Sociobiology: The New Synthesis*, 1975）[72]，而社會生物學的思想也在演化生物學家與社會科學家之間，以及生物學家之間引起非常大的爭議，威爾森的同事如演化學家史蒂芬．古爾德（Stephen Jay Gould）與理查．李文丁（Richard Lewontin）都是威爾森最著名的批評者。

誠如哲學家瑪麗．米雷（Mary Midgley）所言，社會生物學「溫和且最低限度的定義是『對所有社會行為的生物學基礎進行系統性研究』」。[73]威爾森在著作中宣稱的「新綜合理論」結合了生物科學與社會科學，他建議將這些學科的主張統一起來，其中涉及從個人心理學到社會組織的所有方面，並擴展到哲學領域，將倫理學「暫時從哲學家手中奪走」並「將之生物化」，特別是為利他主義——威爾森所實踐的社會生物學的核心理論問題——尋求一種演化的解釋。[74]看來似乎沒有生存或繁殖優勢的利他主義是如何演化出來的？它怎麼會如此廣泛地發展，成為一種存在於所有人類社會的普遍特徵？這是一個值得我們深思的問題，因為對許多培養肉的支持者來說，對非人類動物的利他主義是這種新興技術的核心魅力所在。

人類學家馬歇爾・薩林斯（Marshall Sahlins）是威爾森社會生物學理論首批重要批評者之一，他將該理論適用於所有行為的基本解釋原則描述為「個體基因型的自我最大化」。[75] 事實上，文化不能輕易地簡化成生物效用，並用於生物效用之外的許多目的，這是來自文化人類學領域對社會生物學進行批判的重要主題，對薩林斯與在他之後撰文評論的人皆是如此。另一個批評是在理解自然與文化之間的根本差異並堅持其各自獨立的重要性時，面對以煉金魔術般統合社會學與生物學而令人折服的社會生物學說，將挫折我們理解其中兩者差異與特出之處的意圖與嘗試。薩林斯（於一九七六年）對文化獨立尊嚴的堅持是一個複雜的問題。一方面，它是在體質人類學家與文化人類學家之間正在進行的地盤爭奪戰中所採取的知識立場；另一方面，將文化與自然聯繫起來的利害關係，幾乎總是只對其中一方有利，這長期以來一直是個政治問題。[76] 它之所以複雜，也是因為許多人都在抨擊在文化與自然之間劃下一條明顯界限之舉的正確性，儘管抹去這條界線的意義似乎會隨著拿橡皮擦的人的政治傾向而改變。[77]

威爾森的社會生物學本身就是一個令人印象深刻的綜合體，是由可以回溯到達爾文的許多演化生物學家的研究成果交織而成的。儘管如此，在早期現代歐洲的政治哲學中，仍然可以找到作為威爾森一九七五年著作基礎、有關知識份子態度的前瞻性觀點。[78] 在《利維坦》（*Leviathan*）中，湯瑪斯・霍布斯（Thomas Hobbes）在關於人類社會行為的主張與關於自然的主張之間建立了一種循環關係，從而幫助開創了以對方來定義彼此的傳統。正如薩林斯所言，這最終變成是「在生物學概念中發現更大社會的樣貌」。對薩林斯而言，這種仍然在社會生物學中持續發生的發現是有害的。它不僅對各路科學家來說都是分類上的錯誤，也給我們帶來政治思維的陷阱，因為它在人性中找到一個「起源神話」，解釋並證明了許多人類社會實踐，包括現代形式的市場資本主義在內。[79]舉例而言，市場資本主義的起源可以合理地在一系列累積的交易與企業形式中找到，也可以在根本的競爭本能中找到。[80]在一九七〇年代，薩林斯認為，社會生物學似乎準備將現代文明歸結為「資本主義天性」，而這種天性則被賦予了資產階級資本主義的色彩。[81]這一點對與培養肉的全球性問題與全物種行為（包括食肉行為）相關的廣泛討論具有重要意義。在這樣的脈絡下，渴望吃肉的演化基礎概念有其自身的「形上學激情」，這與在原始人飲食法周圍形成光環的古老激情並沒有太大區別。基於種種演化上的誘因，人類天性喜於產製與食用肉品，做這件事對人類來說是種無可抗拒的魅力，從想像的理論到技術實現間總能無縫接軌圓轉無礙。正如一位社會生物學分析家所言，社會生物學通常採取「創造神話」的形式，「其中科學理論與事實被用做意識形態與道德議程的道具」，這往往是透過建構另一種類型的「道具」——從本質上而非從基因或行為角度來描述人類——來實現的。[82]因此，問題可能不在社會生物學本身狹隘的技術主張，而更多是在它們在大眾意識中被演繹成生物學等於命運的訊息。哈拉維曾在不同的脈絡中寫道：「我們擦亮一面動物的鏡子來尋找我們自己。」[83]事實上，我們之所以看動物（包括在智人出現之前的人族動物），並不只是為了瞭解自己，也是要讓自己能紮根於哈拉維所謂「前理性、前認知、前文化的本質」。[84]培養肉同樣也是自然的肉，這種肉會透過我們對本性的描述來尋求合法性。

從社會生物學辯論中得到的教訓是，即使肉類或許作為多樣化飲食生存策略的一部分，幫助「使我們成為人類」，並不意味著渴求肉類就是人類的本性，無論其定義是模糊還是狹義的。當然，食肉行為與渴求美味的本能不必然是同一件事。麥基認為，即使我們並不「哈」肉，我們確實會渴望肉類所含有的許多營養物質，包括長鏈脂肪酸、必需的鹽類、糖類、與血紅素分子結合的鐵，以及維生素 A、E 與 B_{12}。植物的細胞壁很厚，肉類的細胞膜則很脆弱，內含具有高生物利用率的營養源有待吸收運用。肉類，尤其在烹煮以後，能提供豐富的熱量與營養。從個體營養與口味的最嚴格角度來看，我們有充分的理由吃肉，甚至渴望吃肉，而無需再長篇大論講述追求肉類的重要性。相反地，我們可以不把肉類看成是人類生活的必需品，而是將它視為人類所選擇具有生物親和力的食物。對我們或原始人祖先來說，肉類早已是數千年以來一系列適應性飲食策略的一部分。吃肉可能在我們演化成智人的過程中扮演重要的角色，但有證據顯示，工具與火的使用也是如此。將這些行為中的任何一種稱為人類狀況的明確定義，都已經超過生物學的範疇，這是將一系列演化選擇壓力或營養與需求之間的巧妙匹配，當成本質與命運來詮釋。在社會生物學辯論之前的幾個世紀，伏爾泰（Voltaire）在一七五九年的劇作《憨第德》（*Candide: or, The Optimist*）曾嘲諷了這種看待事物的方式：「例如，我們可以觀察到鼻子是為了戴眼鏡而形成的，所以我們才會戴眼鏡。」

古生物學家認為，肉食與狩獵等獲取肉類的策略所帶來的並不只是身體上的變化，古人類學文獻也肯定肉在人類的社會化模式中扮演了一定的角色。事實上，在狩獵被視為狩獵採集社會中相對外圍的生存活動時，肉類被當作是一種具有「誘人」社會存在感的食物的情形似乎最為明顯。如果我們能相信證據，即捕獵哺乳動物以獲取食物（相對於捕魚）是一種比搜索、採集或拾取等更低效的獲取熱量方式，那麼我們可以推斷，狩獵可能有超出單純營養供給的目的，而且具有完全不同的社會意義。在這裡很重要的一點是薩林斯在一九六〇年代中期一篇題為〈原始富裕社會〉（The Original Affluent Society）的文章中首次提出的一個觀點，他後來也在一九七〇年代早期進一步發展這個觀點。與其假設「原始」搜食社會經常處於飢餓邊緣，經常被成功捕獲獵物帶回營地的獵人所拯救，我們還不如假設狩獵與採集社會發現，由於時間與精力的投注相對較低，他們的生存策略是有效的。[85] 而且，採集可能比狩獵更有效率。在詳細闡述狩獵確切造成哪些社會性變化之前，我們必須注意到，薩林斯對狩獵與肉食的描述，與現代普遍認為肉是食物來源的觀念形成鮮明的對比。肉類往往被視為財富與富足的衡量標準，但這很少是為了維持人類生命的大量卡路里。

在涉及肉類的發展論述中，狩獵被賦予一個特定且有影響力的角色。威廉·勞夫林（William Laughlin）在一九六八年提出一個異常強烈的說法：「狩獵是人類物種的主要行為模式。」他接著說，狩獵「涉及橫跨個體與個體所屬的整個物種的整個生物行為連續的承諾、關聯與後果」。[86] 在體質人類學的領域中，並非所有與勞夫林同時代的人都同意他的觀點。[87] 勞夫林在一九六六年的研討會上首次提出他的主張，這個以「人類獵手」（Man the Hunter）為題的研討會，是該領域的一個里程碑事件。人們在這次研討會中達成廣泛共識，認為狩獵對古人類境況的決定性作用遠不如研討會標題所示。特別要提的是理查·李（Richard B. Lee）發表的〈獵人以什麼維生〉（What Hunters

Do for a Living）。李氏在文中指出，捕獵哺乳動物僅僅為當時的狩獵採集社會提供了約20％的食物。從這個角度看，狩獵作為生存方式的可靠性遠不及採集，在遠離營地的野外，每人每小時耗費所產生的卡路里較低。在李氏描述的一個布希曼人（Bushmen）社群中，一個小時的採集可以產生約兩千卡路里的熱量，而一個小時的狩獵（一次狩獵所得與耗費時間的平均值）可以產生約八百卡，儘管肉中濃縮的卡路里更多；換言之，獵人並不是真的以打獵維生。然而，這一切都無損於狩獵所具有的社交重要性，包括當代坦尚尼亞的哈扎族（Hadza），族人的飲食可能只有20％是肉類，但是當他們向外人描述自己的飲食時，卻說肉多於蔬菜。當然，在許多文化中，肉與身體產生肉的動物比蔬菜更具象徵意義，即使在飲食中大多為植物性食物時亦是如此。

說肉幫助我們成為人類是一回事，把我們的人性歸因於狩獵是另一回事。後者將人類定義為掠食者，非人類動物則為獵物。在《肉：自然的象徵》（*Meat: A Natural Symbol*）一書中，尼克．費德斯（Nick Fiddes）認為，肉類在人類生活中最重要的功能並非飲食，而是象徵著人類對自然界的控制，象徵人類對動物界其他物種的統治，象徵著人類與「低階生物」的距離。這種優勢地位也是一種差異化，一種將我們自己，和被我們稱為「文化」的不可避免的人類財產，與非人類的自然並列的方式。我們許多吃肉行為都是以一種複雜的方式從這種並列關係中衍生而來，因為肉（尤其是紅肉）同時代表了我們對自然與動物性的控制力——既包括我們作為動物的狀態，也包括我們想要逃離這種狀態的意願。藉由烹調改變生肉的狀態，就是將它馴化，讓我們能夠吃到煮成褐色的肉，而不是血淋淋的生肉。如果費德斯論點的更廣泛意義在於揭露現代肉食行為的不確定性與歧義性，也就是對於人類對自然與動物性（也就是我們作為自然的一部分的地位）之掌控的雙重傳達，那麼這個論點還有另一個額外的含義：人類的境況本質上是掠奪性的。費德斯的論點得感謝結構人類學家克勞德．李維─史陀（Claude Lévi-Strauss），他在自然與文化的特定協作中看到了重要性：烹飪可能將前者轉化為後者，這顯示這些類別具有滲透性，但是它們的差異對這些類別所創造的整體系統意義至關重要。然而，在強調捕食的重要性時，費德斯的敘述確實在關於狩獵的人類學文獻中找到支持：在許多社群中，狩獵似乎在社交與文化生活中扮演著比營養生活更重要的角色。換言之，從營養角度來看，肉食長久以來被視為一種象徵的情形開始顯得有些過頭了──這種現象在當代營養學辯論中也可見一斑，也許令人訝異的是，這種辯論仍然被十九世紀關於人類對蛋白質需求的說法所籠罩。[88] 在智人這個物種的演化歷程中，享用肉類可能在成為營養來源的同時，也是一種社群權位的象徵。

假使說肉類傳達信號的能力始於狩獵，那麼它就是透過運用馴養動物作為食物來源而將這種能力持續下去。[89] 第一批馴化的動物並不是用來吃的。狗是最先馴化的動物，牠們的馴化時間似乎比第一批植物早了兩萬一千年。這意味著狗是獵人與採集者的動物夥伴。[90] 體質人類學家帕特．希普曼（Pat Shipman）認為，動物馴化可以被認為是「工具製作的延伸」，馴養的動物是「活的工具」，也是「有價值自然資源」的提供者。[91] 古人類學家早就意識到，農業與動物飼養的出現並沒有馬上提高人類的福祉，事實上，證據顯示早期農業所產生的熱量比之前通過採集狩獵維持生計的策略來得更少，而且相較於採集者與狩獵者，早幾代的農耕者體型較小，壽命也較短。我們很難明確回答為什麼早期人類會從事農業，不過有些古人類學家推測，能增加一特定土地區域上植物產量的「集約化」策略，在氣候變遷導致透過非集約化採集可獲得的植物短缺時，會變得更有吸引力。其他解釋引以為根據的事實，則是農業養活的人口越多，農業本身就越有意義。狩獵與採集可以養活較小群體的人類，不過較大的群體很快就會耗盡周圍的資源。

儘管對早期採用者產生不良效應，農耕生活最終還是成為世界上許多地方智人的主要模式，促成更大、更密集的人類居住區。食用動物的馴化成為人類生活的一個中心事實。有些人甚至指出，動物馴化引起人類身體的變化；希普曼將這個現象描述為相互馴化，其特徵之一就是人類成年以後乳糖酶的功能，這讓許多人在從童年步入成年以後仍然能夠安全地消費乳製品。[92]雖然人類可能很早就藉由吃動物屍體或狩獵而位居較高的營養階層（亦即在食物鏈中靠近或位於頂端），但是最終確保其營養高階地位的仍然是動物的馴化。

一張完整的肉食歷史地圖，可能得包括畜牧業與農業的無數次變革，因為在這些變革的過程中，肉類不再是撿拾或狩獵的產物，而是成為一種可預見的食物。由於缺乏這種詳盡且龐大的地圖，我們必須特別指出，目前人類食用的肉類與數百年前的歐洲或更近期的世界其他地區所食用的肉類，有著非常顯著的差異，麥基稱之為「城市」在飼養、宰殺與食用動物上相較於「鄉村」形式的優勢。[93]在過去幾百年的城市化與工業化過程中，農村形式已經完全消失。粗略地說，農村形式是指在宰殺行為出現之前人類與動物長時間共存的時期，它往往也是指在宰殺動物為食之前利用動物做工的時期。在這種情況下，動物會到年齡較大時才食用，這類動物的肉往往有更濃郁或更成熟的味道。相較之下，城市形式所吃到的動物年齡較輕，肉質往往更嫩更肥，味道也更溫和。這是許多二十世紀與二十一世紀的食客習慣吃的肉，在已開發國家尤其如此，儘管如此，在二十世紀末，特別是在美國，有些消費者開始喜歡同樣動物身上脂肪較少的部位。一九二七年，城市形式的肉牛養殖在美國獲得農業部的支持引進分級制度，根據脂肪大理石紋的分佈加以分級；這種分級制度以一九二五年在美國各地舉辦的公聽會為基礎，公聽會的目的在於讓肉品產業能有發聲的管道。[94]

城市形式的風行並不只是因為工業化所致，它同樣也建立在動物身體與技術相互協調的一系列冗長過程。一系列的基礎設施建立起來，其中包括從將肉品送到消費者手中的供應鏈，到生產新動物的育種系統，再到更抽象的各種基礎設施，如獲獎種公牛的精液等搶手商品的市場。從培養肉運動的角度看，這些基礎設施顯然就是浪費、破壞環境且殘忍行為的象徵，而且集中式動物飼養場的形式，也會成為人畜共通病原體的溫床，即使是給動物施打低於治療濃度劑量的抗生素，也會讓這些病原體產生抗生素的抗藥性。然而，如果數十億人要按照西方飲食的預期量消耗傳統肉類，那麼這種形式的基礎設施也是必要的。

二十世紀中期建築史學家暨評論家希格弗萊德・吉迪恩（Siegfried Giedion）在他所謂「生活物質」與「機械化」之間畫了一條線。在一九四八年出版的《機械化的決定作用：獻給無名的歷史》（*Mechanization Takes Command: A Contribution to Anonymous History*）一書中，他試圖描繪現代技術對人類與動物身體的影響，這有一部分是透過對壓力的分析：工業勞動對關節、肌肉與軟組織造成的磨損，以及讓動物身體適應標準化圍欄與流水線，並讓牠們表現得就像自己是機械一樣。我們在此必須指出，工業化的肉品生產並不是對動物施加機械性傷害的系統，這些動物在行為與生理上都直接等同於其野生祖先。工業化有效加速或強化了農業系統的生產力，而這個農業系統在許多意義上已經是技術化的，其組成部分包括滿足人類需求而經過一代代繁殖的動物。這並不是說這些動物活著時沒有受到傷害，牠們的身體是育種系統的有機產物，而這種飼養系統永遠無法讓牲畜完全符合屠宰、宰殺、運輸與銷售的程序。

然而，即使畜牧業早在工業化之前就已經成為一種技術體系，似乎很明顯的是，新的繁殖、飼養、管理與屠宰方法會對動物身體施加不同性質的額外壓力，在二十世紀尤其如此。[95]這些方法不僅提高了肉類的產量，也造成不可預見的後果，其中包括人類與非人類動物的健康風險，以及高度的工業污染。這些處理動物的新方法包括更理解潛在理想性狀的遺傳學、飼養到適合屠宰的理想年齡與體重所需的動物營養與健康狀況（最主要可能是關於抗生素的運用），以及改善飼育場與屠宰場的設計等。所有這些都建立在農業學院與實驗站蒐集的知識基礎上，法律暨自然資源學者威廉·波伊（William Boyd）將這個現象描述為從畜牧業到動物科學的轉變。[96]

正如本章開頭提到的，現代西方世界肉品消耗的特點在於量大，而且所吃的肉類種類少；我們早已慣於少數幾種特別容易馴化的物種，特別是牛、豬與雞。為了說明消耗量的增加，經濟史學家經常用收入彈性的概念。就如弗里德里希·恩格斯（Friedrich Engels）一八八四年的著作《英國工人階級狀況》（*The Condition of the Working-Class in England*）所言：「收入較高的工人，特別是那些家庭中每個成員都能掙錢的工人，只要這種狀況能持續下去，就能吃到好東西；每天有肉吃，晚餐可以吃到培根與起司。」[97] 恩格斯接著講了一個我們也可以從其他社會科學家處聽到的故事，即對肉品的需求是有收入彈性的，會根據可支配金錢而上升或下降：「在工資較低的地方，每週只會吃肉兩到三次，吃麵包和馬鈴薯的比例會增加。若是工資繼續下降，我們會看到動物性食物減少到一小片培根和馬鈴薯一起切著吃；工資再低一點，連這個也消失了。」在恩格斯的觀察中，肉類作為一種有時難以獲得的特殊奢侈品地位，在幾十年間發生了顯著的改變，因為工業生產肉品價格下降，讓肉品成為大眾的一種主食。恩格斯做研究時，從前奢侈肉品部位變成幾乎人人都能吃到的廉價肉現象還沒有出現。

直到十八世紀末，在歐洲許多地方，肉品對大部分人來說仍然是稀有物，人們也許在復活節或其他節日，或是在意外豐盛的時候才會享用。只有特權人士才可能多吃肉，我們所知道的「廉價肉」並不存在。雖說在十九與二十世紀，歐洲地區的肉類消耗有大幅度的成長（事實上恩格斯的時期就屬於成長期），但是在世界其他地方，這種成長是後來才出現的。二十世紀初，在中國的歐洲人注意到，在中國的一些地區（例如北方），大多數農民一年只吃幾次肉。[98] 肉類消耗成長的一個關鍵條件，是用於飼料的作物越來越多，這是因為化學肥料生產在固氮技術的創新、越來越多工業與機械的農業實踐，以及高產量品種的使用所致。[99] 一系列的技術創新，為工業規模農業的「大量茁壯生長」[100] 鋪平了道路。

肉類的便宜不僅僅是經濟意義上的。隨著我們的生活距離畜牧與屠宰的整個過程越來越遠，吃肉這件事就經驗而言也變得越來越廉價。事實上，我們經常與這個過程完全隔絕，部分原因在於肉品產業採取的一些措施，例如禁止在飼養場和屠宰場使用紀錄設備，以確保它能控制畜牧產業的媒體形象。肉類的廣告牌與超市包裝，往往避免直接呈現出被取肉的動物。[101]這個包裝問題反映出一個明顯的變化，它發生在十九世紀晚期與二十世紀。正如威廉·克羅農（William Cronon）指出的，在美國肉品包裝業的神經中樞芝加哥市，人們對肉品的態度在十九世紀晚期發生了改變：

以前，人們不容易忘記，豬肉與牛肉是動物與人類之間複雜共生關係的產物……在包裝工的世界裡，人們很容易就會忘記，吃肉是一種與殺戮密不可分的道德行為……肉是在市場上買到包裝整齊的商品，這與大自然沒有多大關係。[102]

第一批通過芝加哥包裝廠生產線的動物，原本生活在美國西部，牠們享受的生活大大優於一百年後符合麥基所謂城市形式的同類——牠們很早就會被宰殺，而且幾乎完全生活在工業廠房裡。然而，經驗疏離的機制其實更早就建立了，它們讓許多美國消費者完全看不到肉類消耗從鄉村到城市形式的轉變。

在考慮培養肉與肉食歷史之間的關係時必須記住，人類現代的肉食形式與數量，只有在最近一百年左右才得以實現，這只是現代飲食文化所經歷的一系列驚人轉變中的其中一個。瑞秋·勞丹（Rachel Laudan）創造了「中階飲食」（middling cuisine）一詞，用以描述現代歐洲飲食習慣的廣泛平均化，以及一種不是就質量而是就多元特質而言「中庸」飲食的出現。中階飲食融合了高階飲食與低階飲食的元素，也結合了世界其他地區的食物。因此，咖哩粉從印度殖民地走進英國中產階級的碗裡。富人與窮人所吃的食物仍然存在著差異，不過就單一文化內的飲食文化而言，階級不再是不可逾越的障礙。勞丹寫道，中階飲食「與投票權的擴大並行並進」。[103] 隨著中階飲食的興起，肉類消耗增加了，脂肪與糖的消耗也增加了（糖不再只是用於醫藥或當成調味品），所有這些都統稱為現代的「營養轉型」，並是在已開發國家困擾著現代食客的許多慢性疾病的罪魁禍首。就像糖的成本逐漸降低讓每個人都能負擔在茶裡加糖一樣，[104] 廉價肉食讓民主的肉食中階飲食成為可能。然而，即使小規模肉食行為對人類健康或自然環境不會帶來什麼問題，工業化畜牧卻不是這樣。這就是肉品工業能生產出數十億人都能經常吃得起的肉製品的黑暗面。

從人類漫長的肉食歷史看，二十世紀末與二十一世紀初實行的工業化畜牧與以往趨勢有顯著的不同。這幾乎和全球人口成長一樣驚人，在十九世紀中葉肉品工業開始真正工業化時，全球人口約十二億，而截至本文撰寫之際，全球人口估計已達七十五億。「現代化」這個詞太容易掩蓋這種根本性的變化，其中包括城市化與前面提到世界大部分地區中階飲食的興起。世界以這麼多的方式現代化，以至於我們有必要問一問，現代化的不同層面是否可能與城市化、人口成長和飲食變革有關，以各種社會學家仍然困惑不解的方式相互促進或鼓勵。可以肯定的是，趨勢線非常多。一些觀察家認為，已開發國家的肉類消耗已經開始下降，至少在特定人口群體中確實如此。[105] 我們有理由相信，隨著世界因為氣候變遷而失去農地，肉品價格會跟著其他食品一起上升，迫使消費者在要繼續吃多少肉的問題上作出困難的決定。一些營養學家預計，在不久的將來，我們將能透過更廣泛的來源滿足我們的蛋白質需求，這可以從熟悉的豆類，到西方人通常不吃的蛋白質來源，例如蚱蜢——這些都會讓我們回頭去擴大對「肉類」的定義。因此，本章開頭提出的問題依然存在：如果培養肉確實出現並改變了食物系統，那麼它是否會在一個新穎、更合乎道德且具有永續性的基礎上，努力複製我們所熟知的工業化肉類製品呢？若要說培養肉能滿足人類對肉類的需求，未免過於天真。培養肉的創造者可能也會關注的另一個問題，在於從歷史的角度看，他們到底想要滿足人類對肉的哪種慾望。肉類不僅僅是食物，它可能幫助成就了人類，也可能促進人類的死亡。培養肉最奇怪的地方，在於它對肉類特性的主張：在實驗裡培養的細胞被稱為肉，認為肉總是像這個樣子，而作為食客的我們也一直是現在這個模樣。這是一個有關未來的話術，而且它相信未來也需要過去的支持。

Chapter 3

承諾

快轉兩年。馬克・波斯特二〇一三年漢堡肉的孿生兄弟躺在一只白色的盤子裡。它經過塑化保存，是波斯特及其團隊為了在倫敦舉辦的培養牛肉演示活動，於活動前幾週手工製作的另一塊肉餅。在我這個美國人的眼中，此一製作成果看起來就像是一塊蒼白無血色的冰球。它裝盤後放在樹脂玻璃下，保存在荷蘭萊頓（Leiden）的布爾哈夫科學暨醫藥歷史博物館（Boerhaave Museum of the History of Science and Medicine）裡。波斯特將它捐給博物館永久收藏，但是在這個特殊的日子裡，它放在一個有關食品未來的展覽中展示。有點讓人分心的是，它和一具從公牛身上提取精液的裝置共用一個底座，這具裝置是二十世紀畜牧業育種的一件文物。它和培養肉一樣，也是讓牛肉增加的一種技術，儘管是透過體內而非體外的方法。[106]

這塊漢堡肉在它對食物系統造成的實質影響（如

果有的話）顯現出來之前，就已被珍藏在史冊之中。我一直到二〇一五年，也就是開始研究培養肉將近兩年以後，才看到這個漢堡，不過現在我覺得應該提一下這東西。哈姆雷特有句台詞：「這是個脫了節的時代，唉，可咒的是，我竟是為了糾正它而生！」莎士比亞將時間本身比為一根手指，以一個宏大的隱喻來表達不安。在一部二十世紀末的電影中，肉被渲染為時間的形象，有位歷史教授向他的班級宣布：「永遠不要忘記，我的父親是個屠夫。」他從公文包裡拿出一塊砧板、一個節拍器與一把菜刀，然後是一節又一節的血腸。一名學生志願按照節拍器的節奏切血腸——時間是一直在這裡的。「馬克思認為，人有一天會停止吃香腸，」教授說道：「愛因斯坦把皮撕掉，然後香腸就失去了形狀。」這是艾倫．坦納（Alain Tanner）與約翰．伯格在一九七六年拍攝的電影《千禧年，喬納就25歲了》（*Jonah Who Will Be 25 in the Year 2000*）的一個場景，這是對一九六八年遺留問題的沉思，當時，對年輕一代的歐洲人來說，時間似乎失去舊有的形狀，獲得新的形狀。教授說：「我要談的是時間的皺褶是如何產生的。」這既指權力在歷史實質上的作用，亦指某個歐洲夏天改變了文化與政治意識的「事件」。培養肉創造了什麼樣重新折疊的時間？又與「聯合起來的」時間有著怎麼樣的背離？

我會這麼不切實際是有原因的，因為我受到期望所牽引。精神分析家雅各．拉岡（Jacques Lacan）曾寫道，「對預期確定性的斷言」可以讓時間看起來加速或翹曲，也就是他所謂的「加速功能」（haste function）。布爾哈夫的漢堡展示意味著漢堡將變得非常重要，以至於它已經存在於歷史紀錄中。正如文學評論家肖薩娜．費爾曼（Shoshana Felman）曾指出的，這種對確定性的斷言往往採用一種非常熟悉的語言形式：承諾。[107] 承諾通常是透過言語或書寫來表達，不過目標也可以是承諾。下面是截至二〇一三年，一些有關培養肉、具有加速功能的聲明：

- 我們證明這是可行的。[108]
- 試管技術將終結滿載牛隻與雞隻的卡車、屠宰場與工廠化養殖……它將減少碳排放、節約用水、並讓食物供應更加安全。[109]
- 如果我們改吃培養肉……它能減少溫室氣體的排放量，比每個人都把汽車和卡車換成腳踏車還要多。[110]

理智的讀者很快會指出，這些聲明並不是正式的承諾。第一個聲明是波斯特在漢堡活動中說的，他的意思就是字面意義。在所有從事培養肉工作的人中，波斯特是最穩健的一個，而且對可能的結果保持透明。第三項聲明是「如果－那麼」的說法，由非營利組織新收穫的創始人傑森・馬瑟尼（Jason Matheny）在二〇一〇年提出的。它表達了對一項新技術可能產生益處的信心，但沒有說明帶來這些益處的確切因果關係。只有第二項聲明帶有雙重「意願」，接近承諾，儘管它的效用還不如一份讓讀者簽署的書面合約。這個聲明來自善待動物組織，該組織以支持保護動物的大膽聲明而聞名。然而，在合適的語境下，對合適的受眾來說，這三項聲明都會顯得有約定性。這就會引發一些問題，如果承諾的最大形式可能是一紙合約（在法律文化中）或是一個預言（在宗教文化中），那麼承諾的最小形式是什麼？一個關於可能性的陳述能有多隨意，還能創造出一種承諾的感覺？這個問題的答案會因個案的不同而異，這取決於問題所涉的道德份量與受眾的急切程度。承諾治療退化性失明與承諾一顆外露的果肉在空氣中不會變成褐色的轉基因蘋果，這兩者之間有著天壤之別。[111]

這就引出承諾如何對我們造成影響的問題。費爾曼與拉岡熱衷於回答這個問題，他們認為承諾是一種「言語行為」，目標與其說是與真理有關，不如說是與行動有關，與坐而言不如起而行有關。承諾不是穩固的，因為我們永遠不知道自己是否能遵守承諾。我們用這些權宜的語言工具來讓我們想像中的未來不至於那麼不穩定。任何一個說在X年內將出現培養肉的人都知道，可能不會有。然而，即便任一名企業家、科學家或權威人士都會欣賞偶然機遇與意外收穫的可能性，他們未必願意在公開場合談論這些事，因為這似乎會背叛一項本質上很有前途的技術。這種未來主義是一系列的表演，是建立信心的問題，這意味著它與騙局有很多共同之處。在我關注培養肉故事慢慢開展的這些年裡，公眾對它的討論逐漸變得不那麼自由和開放，特別是在涉及其技術與商業可行性以及最終效益的問題上。我相信，這是由於創投家感興趣的新興技術對話，大部分（如果不是全部）都會因炒作與捏造而變調。當一位企業家表現出極大的信心時，其他所有人的信心也會隨之提高。

尼采在《道德譜系學》（*Genealogy of Morals*）中關於承諾與許諾的一段話值得我們停下來思考：「在能做出承諾的情況下繁殖一種動物——這難道不是大自然給人類提出的矛盾問題嗎？而這不正是人類的真正問題嗎？」[112]這裡有些謎題是可以暫時抵銷所謂「加速功能」的效應，讓我們吸一口氣，想一想。尼采將人類比作是為了某種目的而繁殖飼養的動物，彷彿我們是大自然所馴化的動物。即使人類失去與養殖動物的關鍵差異，自然被隱晦地擬人化了。然而，就算他把區分人類與其他生物的粉筆線擦掉了，尼采也重新畫上這條線。他提出，大自然在繁殖我們的過程中，創造了一種有「權利」（在這個脈絡下是個奇特的法律術語）做出承諾的動物。換言之，人類與其他動物的區別不是因為我們的大腦，不是因為我們相對而言沒有毛髮，也不是因為我們會用火，而是因為我們的承諾。費爾曼解讀這段話時指出，尼采在將人類確立為承諾的動物時，為更早的人類哲學特性描述提出另一種選擇。亞里斯多德（Aristotle）將人稱為「政治的動物」，[113]這不只是因為我們的社會性，不只是因為我們生來就依附於社會結構，而是因為語言能力讓我們能做出承諾。

麥克·弗敦在解讀尼采這段話時指出，承諾的本質涉及悖論。一個表達懷疑的口語化陳述「保證嗎？保證！」光是將這個詞重複一次就顛倒了它的意思，把我們的信任拋在一旁。在某種直覺層面上，我們知道承諾只是希望將確定性投射到確定性本身時間範圍之外的地方而已。承諾將意志延伸到它所能達到與把握的範圍之外，超出它所能控制的範圍。若承諾有助於實現某個特定的未來，那麼它似乎就能回頭證明我們對最初承諾的信念是正確的。另一種說法是，承諾，尤其是有關個人承諾時，可以隨著時間推移反覆約束其製造者與接受者。弗敦寫道，承諾是「靠信用在運行的語言，你可以這樣說——不過你肯定知道，這並不是說帳單不會到期」。[114]承諾的悖論性很重要，因為承諾是人類生活中必然的特徵。我們必須視之為值得信賴的東西，儘管我們知道它們在本質上並非如此。

漢娜·鄂蘭（Hannah Arendt）在一九五八年的名著《人的條件》（*The Human Condition*）中對

尼采的這段話做了詮釋，承諾倚賴意志的力量，以便在一個不可知的未來中建立一座確定性的孤島。鄂蘭注意到尼采專注於個人意志，她則是將注意力放在承諾作為一種共同的、集體的、不可避免的社會活動上，其中最好的一個例子就是政治主權本身。主權是透過集體且協同的行動產生的，而集體且協同的行動又是我們「相互承諾或契約」的能力促成的。[115] 因此，主權「存在於」承諾所產生的東西中，即「有限獨立於不可預測的未來」。這種獨立於不可計算性的局限性「與做出並遵守承諾的能力本身所固有的局限性相同」。[116] 一個擁有適當主權的人民所獲得的，是「像對待現在一樣去處置未來」的能力。[117] 然而，這種主權只可能存在於一個有集體承諾的政治社群中，而不可能存在於一個或多或少被動接受單一領導人的單一承諾的人民。[118]

我們希望「像對待現在一樣處置未來」的所有生活領域，很大程度上取決於承諾者。許多親密的承諾，例如婚姻中的承諾，都是靠我們對彼此信念的「信用」維持的。技術方面的承諾通常不同，因為有一種非個人信用的來源可以為它們提供擔保。人們普遍認為，這就是歷史上技術進展的推動力，歷史學家有時會以「技術決定論」（technological determinism）這個專有名詞來描述。[119] 這個信念有其變體，有時它意味著相信發明有自己的自主生命，也許透過其固有特質而非使用模式來改變世界——從電腦的發展到網路化的訊息世界，為這種看世界的方式提供一種抄襲版本。在更極端的情況下，如有些企業未來主義的當代傳播者所舉的例子，這意味著相信技術進步一直是人類歷史本身的核心主角，從鑿石刀到生物技術皆是如此。歷史學家慣於將技術決定論回溯到歐洲啟蒙運動時期，並表明它與進步的概念是攜手並進的。[120]

潛力是承諾的基礎。培養肉得倚賴一種分離的生物實體：幹細胞。科學家認為幹細胞具有很大的潛力，尤其是醫療潛能。[121]事實上，儘管圍繞著培養肉的言論有許多誇大不實之處，它其實只是幹細胞再生醫學運用中的一部分。科學家常將幹細胞產生多種體細胞類型、促進癒合與促進生長的潛力，描述為實驗室技術解鎖的潛伏期。[122]換個方式說，自然界有一種唯有人類文化才能釋放的潛能。人類對幹細胞療法潛能的認知，很快就轉化成這種療法「很有前途」的感覺（英文潛能potential一字來自拉丁文的potentia，有力量的意思）。非正規的病患或潛在病患交流網絡會隨著潛在療法的發展而成長，這大體是因為希望掌握所謂的加速功能的緣故，我們可以稱之為「承諾社群」（communities of promise）。[123]他們在等待疾病如阿茲海默症等的療法，他們深切感受到實際狀況與可能狀況之間的差距，這些人通常不只是等待，也會積極為他們期望的治療方式尋求研究資金支持。有時候，非正規交流網絡會成為正式的遊說團體。圍繞著培養肉的「承諾社群」以一種奇怪的方式呼應著醫療病患的網絡，兩者都已經習慣令人沮喪的漫長等待期，熟悉實驗室研究的步調，也瞭解到在等待時期保持士氣的必要。

二〇一三年秋天開始研究時我就已經知道，對生物技術的推測涉及參與承諾，無論是對企業家、專業未來學家或新興科技的道義支持者而言都是如此，我也不能倖免。美國國家科學基金會（National Science Foundation）為我提供研究基金，並給了我「組織工程與可持續蛋白質的發展」的標題，彷彿我不只是一名觀察者，也是培養肉工作的代理人。我得習慣這個約定，因為我自己也身涉其中。我思考著二十世紀法國生物哲學家喬治・康奎荷姆（Georges Canguilhem）提出的一個詞源學問題，他指出，tissue（組織）一字來自拉丁語動詞 tisser（編織之意），[124]他寫道，「組織」是一個「被賦予理論之外的意涵」的術語，就像「細胞」這個詞經常傳達著關於生物體與社會秩序中部分與整體之間關係的歷史脈絡概念。若在康奎荷姆看來，細胞總是指自然模型，那麼編織似乎就牢固地站在文化這一邊。「細胞讓我們想到蜜蜂，而不是人，」康奎荷姆繼續說道。編織讓我們想到人類而不是蜘蛛：織布「是出類拔萃的人類工作」。若細胞本身是封閉的，編織就是連續的，而織物的中斷是任意的，不是形式本身所固有的。人們可以隨時停止編織，隨時重新開始。如此說來，組織工程就代表著「編織」生物物質的潛在無限性，而且「無限」是一個比「可持續」更有存在感的詞彙。「一個人把一塊組織折疊與展開，」康奎荷姆寫道：「一個人在商人的櫃台上一塊塊地把組織攤開並形成波浪。」

我曾在研究早期遇到障礙。我給這個領域的每一名研究人員打過電話，發過電子郵件，包括馬克・波斯特在內。美國國家科學基金會的支持，以及該基金會資助的麻省理工學院博士後職位，給了我某種可信度。儘管如此，與實驗室的對話與邀請仍然少之又少，大部分信息都沒有得到回覆，沮喪在所難免。

後來，我很幸運地找到一位名叫伊莎・達塔爾的對話者，這位年輕的生物技術專家在當時剛成為非營利組織新收穫的執行長，該組織設立於二〇〇四年，旨在鼓勵有關培養肉的研究。在隨後的幾個月和幾年裡，達塔爾成為我最有幫助的一位對話夥伴，與我分享她對培養肉的想法與觀點，以及圍繞著培養肉的辯論、資金與企業有什麼樣的動態變化。在加入新收穫組織之前，達塔爾曾與人合著了一篇流傳最廣的培養肉早期論文。[125]她把新收穫組織打造成一個能發揮「承諾社群」功能，將培養肉支持者聯繫起來的組織，同時也鼓勵人們仔細思考賦予培養肉吸引力的環境與倫理困境。在與達塔爾對話以及採訪任何能抽空接受訪問的人之間，我花了許多時間等待與閱讀。我還參觀了其他思考食品可能未來的地方，包括顧問公司、智庫、非營利環保機構以及許多技術會議。

身為加拿大人的達塔爾從多倫多搬到紐約，而新收穫組織也從她公寓裡的一張桌子發展成一間辦公套房，並在她的領導下聘請更多員工。他們也獲得了新創企業般的品牌識別，包括一個讓人聯想到培養中細胞的標誌。後來，新收穫組織也擴大業務範圍，創造出「細胞農業」（Cellular Agriculture）這個詞彙，藉此指稱一系列體外而非體內來源的動物產品。這個用詞極為巧妙：組織培養研究的相關詞彙早已受「生長」和「收穫」等農業術語非常大的影響。[126]我還花了點時間和一家達塔爾出力創辦的新創企業合作，該公司希望在沒有乳牛的情況下創造出牛奶。這家公司最早叫作「哞自由」（Muufri），後來改名為「完美的一天」（Perfect Day）。其他新創公司的目標是雞蛋蛋白質或犀牛角，後者的目標是讓這種藥用犀牛角粉打入中國市場，從而減少非法盜獵。[127]

當我接觸到運轉中的實驗室時，我遇到更多的障礙。創業投資的支持通常意味著對智慧財產權有建立與保護的義務，也就是說，我通常能與公司創辦人或發言人講上幾分鐘的話，卻無法進入實驗室或是獲得與科學家接觸的寶貴時間。我發現，我並不是唯一一個對由此產生的不知之雲感到沮喪的人；許多培養肉科學家根本無法瞭解其他實驗室的技術狀況，因此面臨著重新發明輪子這種無用功的風險。新收穫組織已明確承諾支持研究的開放取用，這種做法緩解了這個問題，但只能做到某種程度。與此同時，承諾繼續出現，這讓我有時會對承諾所受到的矚目感到憂慮，因為承諾已成為唯一一個有關培養肉的重要言論。所有其他類型的言論，包括關於哪種東西在我們的食物系統中才有可取性的辯論，往往都擱置一旁。

回到布爾哈夫博物館，我仍然在拉岡「加速功能」的節奏裡，思考著人類學寫作中與時間脫節的方式，人類學寫作傳統上是從當代出發，深入人類的過去，以尋找關於自然與文化的教訓；只是到相對而言的近期，人類學家才開始嘗試著探訪未來，打個比方，就是透過寫作我們預見並試圖建立的未來去探訪未來。[128] 長久以來，人類學家一直把自己想像成是在進行一種時間旅行，透過簡單的旅行行為，從世界上一個較不發達的地方，亦即他們進行田野調查的地點，回到他們最初出發的較發達地區。從田野調查地點回家以後，他們書寫的方式就好比這個民族誌發生在一個與他們自己不同的時代——一個充滿著一種奇異永久性的時代——而且他們的人類學經驗彷彿掉進一個前現代世界的水桶裡，有待清洗與整理分類一樣。人類學家約翰尼斯．法比安將此稱為「否定同代性」，亦即認為當代「原始」民族與遠古人類是相似的。[129]

試圖從人類學的角度來寫培養肉，意味著從另一個方向體驗對同代性的否定。研究者成為生活在過去的人，是沒有跟上課題或研究主題的人。這與在大學的民族學博物館閒逛的經驗恰恰相反，尤其是曾為殖民大國的大學民族學博物館（例如牛津大學的皮特里弗斯博物館，以及劍橋大學的考古人類學博物館），那裡也許陳列著來自美國西北太平洋第一民族部落的圖騰柱，彷彿這部落的生活仍是進行式，彷彿現代化還未對他們造成影響，彷彿他們是一種「酷文化」而不是一種「熱文化」。[130]但是在布爾哈夫，從樹脂玻璃箱裡的漢堡所代表的未來角度看，我就是那個與時代脫節、還在吃動物的人。

Chapter 4

迷霧

我要搭的公車終於從迷霧中出現。我人在舊金山，經過幾個月的打電話與發郵件，終於找到一條線索。在我頭頂上，大霧抹去鸚鵡（洛杉磯市以擁有大量野鸚鵡群棲息聞名）的身影，就像它掩去其他所有事物一般，然後這些鳥兒從牠們棲息的電線上衝飛而下，閃爍紅的、藍的、綠的色彩，這些鳥兒拒絕被大霧抹消。公車的一側寫著：「共享內容」，印在麥當勞雞塊的廣告上，雞塊放在小紙盒裡，旁邊有一小杯沾醬。[131] 西格蒙德．佛洛伊德（Sigmund Freud）在一九〇五年的短篇《笑話與無意識的關係》（*Jokes and Their Relation to the Unconscious*）曾提出，大部分笑話之所以能讓人發笑，是透過以令人意想不到的方式將看似不相干的概念放在一起，或是迫使聽眾認出他們無意中注意到但沒有意識到的荒謬之處。而這則廣告的笑話正是如此，是有層次的。最淺顯的層次是顯而易見的：網路術語，就像行銷術語「共享內容」一樣，侵入了我們生活的各個層面。紙盒裡的雞塊顯然是用來和朋友分享的，就像網民分享在蹺蹺板上玩耍的小羊一樣——也就是說，在這些影片中，有時會出現反轉情節，大山羊出乎意料地被小山羊從一端撞了下來，而小山羊以更大的力量跳上去。比較隱晦的是，這則廣告似乎表示，雞塊的食物價值與我們在網路上分享的很多東西差不多。在我們真正去衡量垃圾食品對健康造成的影響之前，它表面上看來並不是那麼嚴重。

佛洛伊德認為，笑話藉由消除未被察覺但持續的潛意識抑制來產生快樂。我們在不知不覺中會花費精力審視我們的思想，這些思想往往受到關於什麼是適當思維的社會暗示所影響。佛洛伊德寫道，講述或回應笑話時的「愉悅感」，「相當於被省下來的精神消耗」。[132] 一項研究顯示，相較於低脂的白雞肉，雞塊主要由脂肪組成，再加上骨頭、神經、結締組織與上皮（身體外層組織）的碎片。[133] 將雞塊與「共享內容」進行視覺對比的做法相當具有顛覆性，或許超出了廣告公司原本的意圖。這幾乎就像是這個笑話一下子取笑了所有事物，藉此節省精神消耗。與我交談過的一名培養肉研究人員表示，假設雞塊真的是由肌肉製成，一塊雞塊中可能有大約八・七五億個骨骼肌細胞。相較之下，一個漢堡可能含有四百億個細胞。

我到舊金山是為了拜訪一個開始有資金流入培養肉研究的地方，希望瞭解培養肉對一些捐助者意味著什麼。據我所知，這裡還沒有生產過培養肉，但截至二〇一三年，舊金山與附近的矽谷是二十一世紀初非官方的未來主義之都，是人們前去建造或辯論未來的地方。舊金山目前正享受著另一股淘金潮，對未來充滿激情，這讓我想起金融化（資本從工業應用到投資的流動）本身就被描述為一場對未來的豪賭，有時甚至是對最終到來的新工業革命的賭博。[134]但是，這座城市也充滿躁動，因為近年來舊金山已成為全國乃至全球收入不平等的象徵，也是科技領域贏家與絕大多數鄰居之間鴻溝的象徵。我曾經住在舊金山灣對面的奧克蘭附近，這次回訪著實讓我傷感。我此行的目的並不是要拜訪管理謝爾蓋·布林的慈善捐贈或捐款的組織，例如他為支持馬克·波斯特二〇一三年漢堡計畫所做的捐贈。說來複雜，不過我一直都聯絡不上布林的人，我反而安排去參觀突破實驗室的辦公室，這是慈善家彼得·泰爾（Peter Thiel）同名基金會的一個分支機構。

截至二〇一三年，泰爾是矽谷最著名的投資人之一，也是矽谷對未來話題最具爭議性的一個聲音。[135]由於突破實驗室之故，他也成為培養肉研究的間接受益者。根據突破實驗室網站所言，該機構並不進行傳統投資，而是給在技術研發領域運作的公司提供小額資助，這些公司被認為極有可能「將瘋狂的想法變成改變世界的技術」[136]。突破實驗室成立於二〇一二年，並於該年給位於舊金山南部山景城（Mountain View）的現代牧草公司（Modern Meadow）提供一筆資金，該公司在二〇一三年希望能運用組織工程技術製造食品，以及一種著眼時尚產業的類皮革「生物材料」。[137]這個案子之所以引人注目有幾個原因，尤其是因為突破實驗室這個組織並不尋常，把慈善資金提供給營利性實體，也就是參與技術開發的公司，不過引起我注意的是，這是一項對潛在食品的投資。畢竟，由於公共衛生之故，食品是一個被仔細監管的東西，而泰爾是一位直言不諱的自由主義者。在二〇一一年《紐約客》（*New Yorker*）雜誌對泰爾的介紹中，記者喬治·帕克（George Packer）指出，**Paypal**這個讓泰爾獲得第一個重大財務成就並成為他賺錢金母雞（還有他在一家著名社交媒體公司

7%的股份）的線上支付平台，根源在於泰爾渴望有「一種能規避政府控制的線上貨幣」。[138]

我默默地將這輛巴士命名為「共享內容」，然後上了車。當我們從波特雷羅丘穿過舊金山不太大的城市核心向北行駛時，有一輛科技巴士穿過迷霧，從相反方向駛來。雖然它並沒有標明南灣任何一家大型科技公司的名字，不過這東西不可能認錯，白色雙層巴士，車尾疊著一具無人使用的自行車架，這確實是一輛科技巴士。當時是早上十點左右，我特意安排了參觀時間，避過交通尖峰期的車潮（雖說在舊金山這樣一個人口過剩的城市，似乎隨時都是尖峰期）。這輛逐漸向我們靠近的科技巴士可能剛把住在舊金山的員工送到矽谷的某個園區，也可能是來接晚班員工的。我從來沒在這些園區裡工作過，所以無法確定。不過我確實知道，波特雷羅丘是該市有公車網路服務的眾多街區之一，每條路線都由外包商經營，這些外包商又受僱於大型科技公司，創造出一種私人大眾運輸的形式，疊加在現有的城市格局上（在許多情況下，這些交通車會使用公共汽車站牌，但是要向城市支付象徵性費用），並以各種方式與現有的大眾運輸交叉。[139]這些巴士象徵著城市最新的轉型，在一些當地人眼中，這種轉型並不可取，以至於在各種抗議、集會和派對上，常常出現科技公車形狀的皮納塔（**Piñata，西班牙詞彙，指用紙包裝的造型容器，內裝糖果或玩具，在節慶聚會場合中吊起來並擊打破裂，讓糖果或玩具飛散而出以為慶祝**），讓人用球棒打碎洩憤。[140]

我去舊金山做田野調查時，有位慷慨的朋友讓我住在她位於波特雷羅丘的公寓裡。她的冰箱門上有一首從《倫敦書評》（*London Review of Books*）雜誌剪下來的詩，題為〈霧中蜀葵〉（Hollyhocks in the Fog），是舊金山詩人奧古斯特・克萊因扎勒（August Kleinzahler）的作品。我在多年後更加瞭解這首詩，包括它的起源到完成之間經過了一個世代的事實。正如克萊因扎勒終於在我倆一起喝咖啡時對我解釋的那樣，他從一九八一年開始寫作這首詩，二〇〇九年完成。現在，當我看著科技巴士經過時，耳邊響起了這首詩的音樂：

每天傍晚，煙自海面上吹來，
海上的煙，鬼般的蒸氣，
失去的護衛艦，沉默的驅逐艦。
它盤旋在桉樹林上，
遮蓋了丘陵，
蜷縮在女同志酒吧外的垃圾袋周圍。
而每天晚上，黑色巴士都會來到。
從半島下來的黑色信息巴士，
在街角卸下工人。
他們在霧中四處遊走。
年輕的、冷漠的、在他們的曲調中孤立的：
鬼精靈的死亡計程車，拱廊之火……

許多科技巴士都是白色的，就像我眼前這輛。但我知道克萊因扎勒指的黑色巴士到底是什麼。

克萊因扎勒詩作的一個著稱處，在於他運用中斷的手法。詩的開端是霧氣每天在城市上空盤旋，打破風景的方式。那些中斷處本身就被一些比較不自然但同樣日常的事情迅速打斷，也就是工人的交通，而工人的出現也反過來、更永久地打斷了城市之前的一個狀態，由第一節中女同性戀酒吧為代表。這樣的酒吧是一九八〇年代舊金山使命區（the Mission）中產階級化的一個特色，不過到二〇〇〇年代，酒吧本身和老客戶的年齡漸長，已經不再被認為是中產階級化的一個特色。截至本文寫作時，最後一家萊克星頓俱樂部（Lexington Club, "The Lex"）已經關門了。克萊因扎勒提到的桉樹林同樣也是一種中斷，也就是一種入侵物種的生長。桉樹最早從澳洲引進，現在它們無處不在，在我眼中有著優雅的姿態，不過它們也帶來了麻煩。桉樹非常易燃，它們導致了一九九一年十月十九日週六開始的奧克蘭山大火，火勢猛烈，燒毀了許多房屋，一直到十月二十日傍晚才得到控制。桉樹還會釋放一種毒素，抑制附近非桉樹植物的生長。

我們北邊的使命區目前是個爭議區，從某方面看，儘管許多原本的居民還在那裡，講著西班牙語，比較不富裕的居民似乎慢慢多了起來。我將穿過整個城市，前往我的開會地點。突破實驗室的辦公室和其他泰爾基金會的辦公室，全都集中在舊金山要塞保護區（the Presidio）的一棟大樓裡。這個公園位於舊金山半島北緣，曾經是奧隆尼印地安人（Ohlone）的土地，在一七六九年西班牙人定居於現在的加州之前，這裡曾是美洲原住民部落的所在地。更近期，要塞保護區曾為美國陸軍基地（現在的要塞區森林就是軍方種植的），目前則屬於國家公園管理局。由於這個地區作為公園受到保護，變化不大，而當代舊金山的城市發展相形之下就極其動盪，其代表性建築形式可能是住商混合的公寓：地面層為零售店，上面有兩到四層（有時更多）的昂貴住房。爬上一座小丘，凝視舊金山的天際線，你會發現處處都是工程起重機。

那裡有變化帶來的劇烈攪動，也有受攪動影響的人。舊金山的持續發展是有受害者的，而且據傳使命區有縱火事件，幾起嚴重的火災燒毀了好幾棟租金管制公寓大樓。人們普遍猜測，這些火災是為了趕走房客，為新公寓開發鋪路。[141] 我接觸過的許多長期居民似乎都有點害怕，我自己的朋友大多在幾年前就離開了使命區。[142] 不確定性本身就是一種迷霧，對許多灣區居民來說，尤其是那些不在高新科技產業工作的人，納悶自己是否能繼續住在自己的社區，是一種未來主義的日常形式。有一天，我在使命區裡散步，看到人行道上的噴字，用的是熟悉的華特迪士尼字體：「新使命：高尚又前衛！」與我聊天的一位企業家堅持認為：「這個城市越來越好。」他想要打造出一家以豆類為主要食材的速食連鎖店。雖然一九九〇年代末期矽谷的網路熱潮改變了舊金山，當前科技熱潮的規模遠大於此，帶來的變化幅度也會更大。「這座城市就像是個火藥桶，」我一位從事商業諮詢、住在使命區的朋友這麼說。

我們前往市場南區（South of Market, SoMa），這是個科技公司與街友聚集地同樣明顯可見的地方，後者可以說是比前者更能勾勒出街區的歷史。一九〇九年，傑克．倫敦（Jack London）曾寫道，市場街將舊金山較繁華的地區與「工廠、貧民窟、洗衣店、機械工廠、鍋爐廠與工人階級住宅」分隔開來。然而，具有歷史反諷意味的事實是，市場南區曾是聘僱臨時工的地方，有許多人無家可歸，而現在仍有許多流動人口，既有街友聚居，包括好幾個帳篷村，也居住著科技經濟體系中具有高臨時性但通常領著高薪的勞動人口。[143]截至二〇一三年，只有使命區有比較多的街友聚居處。[144]值得注意的是，舊金山的街友只有在二〇〇五年左右以及我乘公車旅行那天略微增加。也就是說，儘管一定有例外，那些因為房價上漲而失去住處的人，通常會搬到其他城市或城鎮，而不是留在原處造成街友人數上升。[145]相反的，舊金山很多地方的街友聚居地，可能是因為市場南區等社區的中產階級化所造成，這些較富裕的新居民對街友的存在感到厭惡，儘管這些街友或群聚的存在先於新居民的到來。

「未來怎麼了？」是創始人基金（Founders Fund）的一則廣告標語。創始人基金是泰爾在二〇〇五年共同創立的創業投資公司，也是突破實驗室的一個獨立實體。這種消失的未來的形象，讓我想起電腦科學家丹尼・希利斯（Danny Hillis）在二十世紀末提出的一個觀點。希利斯說，在他的生命中，每過一年，未來就縮小一歲。[146]他說，他每天都在前進，但是由特定期望組成的未來的地平線絲毫沒有變得更近。如果那條線沒有移動，就意味著當每個特定的長期夢想沒有實踐，就不會有新夢想出現來彌補那個缺口。未來被困在二〇〇〇年，就好像某種不可避免的、曾取得進展並產生新期望的機器壞了，無法再運轉。「未來怎麼了？」暗指著這一代人特有的失望。

創始人基金認為，創投界最近被「懷疑、漸進主義」的投資所主導，這些投資都是為了追求快速回報。他們說，這代表一九六〇年代主導該領域的「支持轉型技術」模式逐漸沒落。創始人基金聲明作為公關文案的功能是顯而易見的，但是那種幾乎反文化的挑釁（僅僅創造財富是不夠的）仍然存在。然而，除了成長，資本還能有什麼目的呢？泰爾自己也曾描述到未來似乎正在消失的問題，他說：「我們被承諾會有飛天車，但是我們得到的是一百四十個字符。」後者指社交媒體平台推特（Twitter）每則發文一百四十個字符的限制。飛天車的夢想早在航空史早期就開始了。在泰爾出生前二十多年（一九六七年），一則一九四六年美國鋁業公司（Alcoa）的平面廣告曾預言，未來私人飛機將會是嬰兒潮一代的一種個人交通工具，就像過去兩代人將不用馬拉的馬車和馬當作個人交通工具一樣。廣告的雙關標語是「上面有鉸鏈的個人輕型馬車」（Your surrey with a hinge on top），引用了一九四三年音樂劇《奧克拉荷馬》（*Oklahoma!*）中一首歌的歌詞 it's a "fringe" on top。泰爾的引文表達出對技術進展速度的失望，也對科技未能兌現曾泛濫於大眾文化的隱含承諾的情形感到挫敗。在波斯特進行漢堡演示時，培養肉也有點像飛天車，人們很容易把它當成過去的承諾而忽視，認為它從未被兌現過，可能永遠也不會兌現。

「共享內容」公車穿過將舊金山市中心以對角線劃分的市場街。當我們越過貫穿其中心的電車軌道時，會感受到電車造成的震動。我們穿過幾個十字路口，開始爬上波爾克街，從舊金山市中心穿過歷史悠久的高級住宅區諾布丘（Nob Hill），到達要塞區。公車上的乘客形形色色，有一些上班時間可能比大多數人晚一點的白領專業人士，有些是學生，還有少數可能是搭乘大眾運輸到處辦事的退休人士。

我在要塞區的邊緣下車。富麗堂皇的住宅緊挨著公園綠樹，我還能透過樹叢看到閃閃發光的海灣。空氣很清新，我走了五分鐘，來到泰爾基金會的地址，注意到盧卡斯電影公司（LucasFilm）的舊金山辦公室也在這裡，基金會辦公室與電影製作公司在同一棟樓裡。我漫步經過一座噴泉，四個噴泉口推著水流過喬治．盧卡斯（George Lucas）電影《星際大戰》（*Star Wars*）中尤達大師雕像的腳下。我向公司前台人員辦理登記手續，然後在等待室裡看到其他《星際大戰》相關的小型雕像，以及其他盧卡斯電影公司作品的紀念品。後來，一名工作人員把我從大樓中盧卡斯電影公司的部分領到泰爾基金會辦公室側的另一個等候區。除了一些讓人想起盧卡斯電影製作生涯的裝飾品以外，盧卡斯電影公司辦公室的裝潢是低調的企業風格，相形之下，泰爾基金會辦公室的裝潢就比較豪華。牆壁看起來很光滑，在辦公室之間走動的員工都打扮得乾乾淨淨、衣著整潔、看起來也很年輕。我們與盧卡斯電影公司的近距離，讓我想到科幻電影可以形塑出一代人對科技發展的預期，特定科技的圖像（例如《星際大戰》電影中最明顯的兩個代表，太空船與「光劍」）已成為未來的象徵，變得比這些電影中描繪的社會現實更具標誌性。[147]《星際大戰》向我們呈現一個看似有意識的機器人種族，它們充當奴隸，其勞動力支撐著星際民主共和國的最後一段時間，以及一個從民主的灰燼中崛起的極權主義帝國，但是我們對這些機器人的印象是高科技，以及它們迷人的角色，而不是奴隸。在最近一部的《星際大戰》系列電影中，有個角色將一種粉末混入水中，然後看起來像剛出爐麵包的東西就立刻出現。我想起謝爾蓋．布林在培養牛肉影片中的評論：「如果你在做的事情沒有被一些人視為科幻小說，那麼它可能沒有足夠的變革性。」我不禁想知道，對一些創投家來說，與科幻小說的相似程度是否為投資的評估標準。

泰爾基金會與突破實驗室的科學主任赫梅．帕塔薩拉蒂（Hemai Parthasarathy）走出辦公室，把我帶進一間閒置的會議室，讓我架設好錄音機，然後我們開始聊天。帕塔薩拉蒂給了我充分的時間，會談時充滿幽默感，對我的熱情接待與周圍陌生環境形成對比。帕塔薩拉蒂在麻省理工學院取得腦部暨認知科學的博士學位，先後從事實驗室科學、科學出版與諮詢顧問的工作，她對學界科學研究、企業科學以及發現成為技術再到公司的過程，都有敏銳的觀察力。她強調，我應該明白的是，她的言論並不代表彼得．泰爾，不過她當然可以作為基金會的科學主任發言。她告訴我，突破實驗室不是普通的慈善組織，它不把目標放在他們希望解決的問題（例如一種癌症、文盲或兒童貧困），而是向那些希望將科學過程或發現轉化成具有（引用他們網站上的說法而非帕塔薩拉蒂的說法）「改變世界」意義的技術的新創公司提供小額資助。向那些具有明確營利意圖的公司提供慈善基金的概念看起來也許很奇怪，不過正如帕塔薩拉蒂所言，促進技術發展是泰爾基金會的使命之一。

就這類計畫的標準來看，突破實驗室提供的資助金額相對不高，至多三十五萬美元，而且正如帕塔薩拉蒂告訴我的，長遠觀之，資助帶來的人脈與無形援助可能更有價值；值得注意的是，許多新創公司的創始人都會對投資人說出類似的話。錢很重要，不過輔導與網絡也很重要。雖然突破實驗室並不是新創公司的「孵化器」或「加速器」，它確實幫助被資助公司辨識並實現具體目標。作為具體與無形援助的交換，突破實驗室會獲得被資助公司的一小部分股份，任何收益都會回流到泰爾基金會，幫助支付基金會的營運成本。因此，突破實驗室並非彼得．泰爾投資有前景公司的一種手段。泰爾的創業投資實體，也就是前面提到的創始人基金，確實具有合法權益，能投資那些受到突破實驗室幫助的公司，但是它並沒有優先進入這些公司的權利。這些公司能保留它們所創造的所有知識產權。

帕塔薩拉蒂告訴我，矽谷已經養成一個壞習慣。她說，投資人往往忽略了新創公司承諾克服的科學挑戰或技術挑戰，有著什麼樣的易處理性。投資人往往被公司核心創始團隊的資歷打動，而在涉及科學問題時卻不那麼謹慎。帕塔薩拉蒂表示，數位世界已經塑造出這種思維方式。許多投資者透過軟體公司累積財富，他們對公司的期望是基於電腦控制環境中程式編寫的時效性。如果你把一群聰明的年輕軟體工程師（好吧，帕塔薩拉蒂改口說，他們不一定要年輕）放在一個封閉的環境裡，給他們足夠的披薩和足夠的時間，他們通常能夠解決你給他們的軟體問題。

帕塔薩拉蒂指出，另一方面，在非營利與學術環境中，也存在著有關科學挑戰易處理性的假設。例如，可用於自閉症研究的大量資金讓許多研究人員轉向該領域，儘管就如帕塔薩拉蒂所言，「科學可能還沒有達到」能產生治療方法的程度。我們對大腦運作的方式可能還不具有必要的知識，因此世界上所有研究資金可能都不會很快就得到答案，也肯定無法為那些亟需救治的人提供即時的治療。她指出，這並不意味著自閉症研究是壞科學，只是說它可能是讓人感到沮喪的漸進式研究。帕塔薩拉蒂觀察到，在創業世界中，生物學家有時被視為具有「失敗主義」的態度，或是缺乏「成功的態度」。我想，神經元細胞體（意指神經細胞和細胞體的細胞）代表著比程式代碼更難解決的問題（對市場南區與舊金山的中產階級化危機也是如此）。這提供了一個答案，解釋突破實驗室為什麼不根據醫療或社會需求的特定領域提供直接贊助。這種做法賦予他們靈活性，讓他們在問題得以解決與無法解決時都能直言不諱。

帕塔薩拉蒂表示，現代牧草公司「非常接近」突破實驗室的完美受贈者。如她所言，他們試圖解決的是組織工程中非比尋常的問題，而且他們還有一個更大的願景：改變世界消耗動物性蛋白質的方式。加柏（Gabor Forgacs）與安德拉斯．弗加奇（Andras Forgacs）這個父子檔已經成立了另一家公司（Organovo 生技公司，旨在創造用於藥物測試的有機組織），由此可知他們的創業技能。他們還有另一個商業策略，就是先製造皮革，而不是直接從肉類這個崇高目標開始。皮革不僅比肉更容易製造（皮革可能只是薄薄的一層細胞），銷售利潤也比較高，這尤其是因為現代牧草公司一開始就計畫要與時尚產業的高端客戶合作。在突破實驗室營運的頭幾年，其他受資助者包括專門製作工具以幫助科學家根據自然語言來進行數據分類的 Skyphrase 公司，以及為研究與治療的細胞層級生物學應用製造奈米級裝置的 Stealth Biosciences 生技公司。[148] 雖然這些公司可能都有不同的目標，包括（不用說）賺錢在內，但還是不難看出，他們的計畫都能推進泰爾基金會的更大使命。帕塔薩拉蒂說：「基金會將技術視為賦予個人自由的一種方式。因此科技被我們視為絕對的好東西，是文明進步的一種方式。」然而她也強調，以進步為導向不必然就得採取「由上而下」的方式，且對最終結果懷抱著特定期望。有關這些方法之間的緊張關係，我在心裡稍微想了一下因應的態度：我們應該透過鼓勵技術創造來面對未來，同時儘量不要過度執著於有關未來的特定願景。

我對帕塔薩拉蒂表示謝意，收起錄音機，然後告辭。我離開大樓時已是正午，濃霧似乎暫時消散，我希望它很快就會回來。我思索著一個我們沒有直接討論的問題：培養肉與再生醫學的關係。培養肉本質上是從再生醫學領域借用了組織工程技術，在再生醫學領域中，科學家培養細胞，希望最終能創造出功能良好的器官與其他組織，以便移植到病人身上。突破實驗室資助的許多公司，都將目標對準醫學與健康領域的挑戰；有些公司確實在追求一個彼得．泰爾曾表示過直接興趣的目標，也就是延長健康人類的壽命，在我訪問泰爾基金會的那段時間，這個目標吸引了相當多（通常是批判性的）媒體關注。我們把用科技改變人類身體狀況的努力稱為「超人類主義」（transhumanism），這個專有名詞最初是由演化生物學家朱利安．赫胥黎（Julian Huxley）於一九二七年提出的（朱利安是《美麗新世界》作者阿道斯的兄長）。[149]他將其理解為利用科學與技術來探討人類身體狀況的可能性，其中包括超越人類自身的極限。當我沿著要塞區的蜿蜒步道往外走時，我想到波斯特所言，亦即一個微小的細胞活檢體可以製造出成噸的肉，而我想知道培養肉是否是牛肉的超人類主義，一種想要超越特定可食用物種的生理限制的願望。

克萊因扎勒的〈霧中蜀葵〉以一種模稜兩可的口氣結束，詩人拒絕對這輛科技巴士或它所乘載的工人做出最終評斷。他寫道：「沒什麼需要進一步瞭解的了。」他指的是網路搜尋引擎谷歌能在短時間回應複雜搜尋（例如「賴內．杜倫＋暴投＋一九五八」；「維齊洛波奇特利」）的強大功能，令人印象深刻。然而，這些答案對一天的流程並沒有影響：

霧，就如老子聖道中
有生氣的虛無，
已占據了整個世界，隨著夜幕降臨，

過去的一切，曾經的一切，都已消逝，
消失了，只剩風聲。

霧把世界從科技工作者的手中奪回來了嗎？對許多在當前掙扎求生的人來說，如此解讀這首詩是很切合實際的。但事實上，霧完全取代了一切。它是一種平衡的力量，嘲諷著包括「進步」與「正義」在內的人類願望。

當日稍晚，我坐在波特雷羅丘友人家中的陽台上，享受著向北俯瞰舊金山市中心的絕佳景觀，正如我所願，霧氣又開始籠罩這座城市。沒多久，一切又將被霧氣掩蓋。我看到的與其說是日落，不如說是日吞，因為大霧重新征服了世界。海灣大橋消失了，白灰色吞噬了一座坐落在山丘上的古老木造教堂。在大霧中，必然有科技巴士把工人送回波特雷羅丘，但我看不到他們。我的參訪只讓我窺見培養肉政治的冰山一角，以及少數關於資金來源的訊息。然而，對它背後迷霧般的脈絡，仍有許多尚待瞭解之處。

雖然我們無法從泰爾基金會的資助計劃瞭解培養肉的政治問題，培養肉與小型新創公司之間的關係卻是這項技術興起的關鍵，而且這種關係對於讓一些社會科學家感到懷疑但在培養肉工作者之間卻普遍存在的假設——市場力量是產生積極社會變革的可靠手段——同樣也非常重要。可以肯定的是，市場力量確實一直在改變社會，這就是資本主義在歷史上打的幌子。然而，糧食問題並不僅僅關於市場，對許多人來說，也是關乎社會正義、公共衛生、社群尊嚴等的問題。它們本質上是政治問題，不僅與食品生產方式有關，也與由誰生產、為誰生產與我們對用餐夥伴的選擇有關。它們也關乎國家在維持人民生計方面扮演何種角色的問題——因為在現代社會中，國家是核心且典型的政治形式，而這可能與某些人的意願相反。

聲稱當前技術水平與過去對未來的展望相形之下令人失望，如彼得．泰爾所言，部分原因在於我們（在能源、運輸、醫藥與製造方面）的物理技術落後於我們的數位技術。這也意味著，與早期對未來計算技術的展望相比，數位技術同樣也讓我們感到失望。事實證明，網路空間作為一種創新形式，其自由度與生產效率都不如曾經預測的那麼高。這些都促使我們提出一系列顯而易見的問題，就如在濃霧瀰漫的房間裡觀察大象的軀幹與腿：誰來設定進度的條件？什麼錢給他們買了這樣的權利？他們有什麼樣的政治信條？在這個複雜問題之中，存在著活組織的問題，這比程式代碼更難理解、更難建構、更難「擴大規模」。在我的生命中，未來也在逐年縮小。

Chapter 5

疑慮

五年來，我累積了很多疑問。這些問題從科學家對培養肉可行性的強烈批判，到一般人在有關培養肉的網路新聞評論區留下的牢騷都包括在內。無可否認，懷疑就如希望，能反映出偏見。一名任職於素漢堡製作公司的科學家堅持，培養肉是個愚蠢的想法，不可能擴大生產規模。[150] 培有個匿名評論者表示，培養肉很噁心而且「不自然」。隨著培養肉吸引了越來越多媒體關注，有位名廚在一則非常短的網路影片中抱怨過「假肉」（"fake" meat），並宣稱他忠於「真正的食物」。[151] 在培養肉的會議上，在科學記者與研究人員的交流中，都有人提出疑慮——儘管企業家之間並沒有這樣的情形，因為對他們來說，自信的表現非常重要。

當我在會議上發言時，記者會主動跟我接觸（在場少有「專家」），他們的問題讓我懷疑：我認為培養肉是可行的嗎？倘若如此，什麼時候會到來？我堅持認為這些不是我要回答的問題，因此讓許多記者感到失望。我說，我自己的問題是人類學家或歷史學家的側重點，不可能帶來什麼希望。當創投家打電話給我時，我堅持認為自己不是可信的商業建議來源。同時，調查數據中也能找到疑點：皮尤研究中心（Pew Research Center）在二〇一四年發表了一篇有關美國人對未來科技態度的調查報告，研究結果顯示，只有20％的受訪者可能願意吃「在實驗室裡培養的肉」。[152]

儘管我公開的回答向來含糊其辭，我還是懷抱著希望，卻也感到懷疑。在我進行研究時，它們就像月亮一樣地循環出現。我會從一間實驗室獲得一個肯定的報告，然後又從另一間實驗室獲得另一份否定的報告。單憑一個有希望的實驗結果，很難衡量最終的技術成功。數百萬美元的經費從美國著名億萬富翁的基金會或香港著名的創投公司流入，我卻忍不住納悶，投資保證進步是否有任何實質的意義。我強烈懷疑，這樣的意義並不存在。有時候，技術性障礙是不會消失的。正如赫梅・帕塔薩拉蒂在我參觀突破實驗室時告訴我的，針對特定科學或醫學問題向相對應的實驗室提供大量資金的做法，癥結在於，並非所有問題都能用錢買到的東西來解決。然而，在該領域顯示出真正進展跡象的幾週之內，人們也不可能不感到欣喜。

從我二〇一三年開始進行研究一直到完成研究的這段時間，兩個技術性障礙——找到一種無血清的培養基以及製作出三維或「有厚度感的」組織——讓我更加懷疑培養肉的可行性。當然還有其他的潛在障礙：控制生物反應器內的溫度，以及建構出能讓細胞附著的適當搭架或微載體——但它們是最常被討論、或許也是最難克服的障礙。雖然許多市售的培養基都不含明顯非素食性的胎牛血清，將它們用於工業規模的成本卻都太高。至於維度，培養片狀細胞組織比培養三維形式細胞組織來得容易許多，不過要重現更複雜肉類如牛排等的分層肌肉，需要的卻是後面那種三維形式。要煞費苦心地複製出街角餐館已有的東西，是非常複雜的工作，每想到這一點，我就會再次感到疑惑。

組織工程師談到營養與氧氣擴散的極限，或是哺乳動物細胞可以存活的血液供應距離，它大約是一百至二百微米，是人類最粗頭髮的寬度或是大多數紙張的厚度。這意味著用於三維組織生長的生物反應器需要血管形成，或人工血管與靜脈。從事再生醫學工作的組織工程師已經投入非常多的時間，試圖創造出良好的血管系統，以便生長出用於移植的組織，然而他們取得的成功非常有限。哺乳動物組織完美血管系統的醫學意涵，比它在培養肉方面的意涵重要得多。正如一位生物醫學工程師在一次雞尾酒會上跟我說的，「再十年就有組織工程製作的人工心臟」這話已經喊了三十年了。

二〇一二年，當時在加州大學洛杉磯分校從事博士後研究的合成生物學家克莉絲汀娜．阿加帕基斯（Christina Agapakis）發表了一篇評論，在文中將規模化描述成培養肉領域中令人困擾的因素（按二〇一二年的慣例，阿加帕基斯將之稱為試管肉）。[153] 她將規模化稱為「許多科學研究計畫中扭轉局面的重要因素」，科學家希望將這個問題轉嫁到能夠實現他們想法的工程師身上。有鑑於製作小塊哺乳動物組織的巨大成本與技術挑戰，讓組織培養擴大規模似乎是個很高的要求。培養基、加熱、技術人員的時間等成本，似乎很驚人。阿加帕基斯補充說，擴大規模的魔法杖，過去曾在其他食物上揮舞過。一九五〇年代，海藻被譽為解決全球營養不良與「馬爾薩斯災難」的方法，然而從實驗室環境移轉到工業環境的過程卻失敗了。[154]當然，在考慮科技的潛在未來時，過去是個不能確信的指引。過去有許多技術失敗案例，先例無法平順優雅地轉換成預測。然而，作為討論對象的蛋白核小球藻（*Chlorella pyrenoidosa*）似乎是個適當的例證。主要問題在於，小球藻將陽光轉化為食物的非凡能力，導致人們急於從小規模擴展到大規模，卻沒有注意到後者的細節。《紐約時報》上的一篇報導承諾，每英畝富含蛋白質的產量約為傳統農作物的一百倍，因為小球藻的一種生物特性已被視為豐收的保證。這種假設掩蓋了讓小球藻成為食物來源時會遇到的困難（由於體積小，所以得用到離心機）。儘管其他農作物的表現超出對農業產量的預期，使得這些作物的價格能夠維持在低水平，事實證明，大規模生產小球藻的經濟效益是不切實際的。有一次，當我踏入日本大阪關西機場的入境大廳時，我看到一張將小球藻當成膳食補充劑的廣告，形象是從白色小瓶子裡溢出的淺綠色粉末，色彩極其悅目。

在二〇一三年八月六日發表的第二篇評論中，阿加帕基斯的懷疑態度並沒有因為馬克．波斯特在前一天大肆宣傳舉辦的漢堡演示活動而減弱。[155]她向讀者提到她先前的疑慮，並提出更新、更明顯的意識形態問題，引用以科技著作聞名的物理學家暨冶金學家烏蘇拉．富蘭克林（Ursula Franklin）的觀點。富蘭克林在作品中明顯區別出培養人造有機物的「整體」與「工業」模式。富蘭克林表示：「成長無法被強行徵用；唯有提供適當環境，才能加以培育與鼓勵。」[156]生產模型與自然模型的「種類不同」，前者的一個主要缺陷，在於它們往往忽視外部性，或是忽視生產對世界的影響遠超過「一種工作環境、一條生產線」之外。富蘭克林寫道：「我們知道，世界環境的惡化正是由這種不適當的模型所引起的。」她要傳達的訊息很簡單：透過大規模生產降低成本的技術，往往會將成本轉嫁到自然界，儘管身為貴格會教徒的富蘭克林也很謹慎地提到工人身心健康的惡化。

假使（毫無疑問！）培養肉確實能成功擴大生產規模，而且比畜牧業更具永續性，那麼富蘭克林的推論可能不會成為肉類未來的最終權威言論。然而，正如阿加帕基斯引用富蘭克林觀點所顯示的，懷疑可能是有建設性的。在這裡，它所顯現的狀況是，有機物並不太適合工業現代性。那種不適合也許可以解釋為什麼這麼多廚師會遠離加工食品，帶著一種近乎萬物有靈論的熱忱走進有機產品的世界，更相信種植出的產品，而非製作而成的產品。富蘭克林可能想讓我們思考，在什麼狀況下，種植與製造之間的界線可以被抹去，以及它會產生什麼樣的後果。畢竟，培養肉的先鋒希望能夠迅速擴大生產規模，他們希望能在短時間內從手工製造少量肌肉組織的生產模式，走向名副其實的工業革命。富蘭克林的「生長」似乎是在出生過後更溫和漸進的過程，通常是在那些相對緩慢的事物、人類社群與文化中一個庇護與形塑（她使用的是「培育」這個字眼）的過程。

Chapter 6

希望

　　張開的雙手是乾淨的嗎？我之所以關注培養肉的故事，是因為它觸及我靈魂深處的一個複雜角落。長久以來，我一直為肉食這件事感到苦惱。吃動物是道德的嗎？如果吃動物是不道德的，但我還是吃動物（讀者，我會吃動物），那麼這種虛偽的生活意味著什麼？這些並不只是關乎動物及其道德地位的問題，也是關於我們人類的慾望和道德提升的前景的問題，無論是作為個人還是作為一個物種。我發現，自己在處理生鮭魚或生豬肉時明顯感到不安。我在這裡得重申一個有關培養肉論述的前提，那就是我們的慾望，無論是來自我們的文化還是來自我們的動物本性，都可能不利於我們對更美好世界的渴望。如果希望是對結果的一種態度，這種結果既不完全確定，也不排除所有可能性，那麼自身的慾望就是我們藉以環顧全球可能未來的真實前景。我一直希望能生活在一個更美好的世界裡，這種基本的推動力導致烏托邦主義、哲學化、失望以及閱讀科幻小說，後者在培養肉圈裡是非常普遍的興趣。科技進步有助於道德提升的想法也很普遍。

值得注意的是，「道德提升」這個詞將道德行為者置於聚光燈下，而不是將焦點放在其行為的結果。用道德哲學家的術語來說，我使用這個詞的方式，就是給自己打上非結果論者的標籤；它暗示了我對行為者的性格或美德的關注，而許多培養肉支持者則更注意行為及其結果，他們跟隨許多功利主義（utilitarianism）哲學家的腳步，認為動物的痛苦是值得道德關注的，希望培養肉能夠減少地球生命遭受的痛苦。

希望的理由往往比懷疑的理由更難證實。在涉及科學或技術計畫時，零散的證據會慢慢累積成疑慮，而培養肉支持者所希望得到的，是本來就很難確立其合理性的東西。他們追求的不只是技術上的成功，還有一種必然經過市場與消費者選擇調解而來的結果，這也就意味著要用另一種大型基礎設施取代一種大型基礎設施。當我採訪培養肉研究人員或此類研究的公開支持者並詢問他們的動機時，我聽到過最慷慨激昂的個人故事都是以動物保護為中心，環境保護緊追其後，是一種理智上嚴肅但比較不激烈的驅動力。雖然食品安全與捍衛人類健康也是遠離工業化畜牧業的原因，但是我的受訪者很少談到這些。

一名年輕的培養肉研究人員曾經是大型動物獸醫的助手，他給我描繪了一幅可怕的景象。一名農夫的牛有一隻眼睛感染且有擴散的危險，牛是寶貴的財產，為了救這頭牛，必須摘除牠的眼睛。令人為難的是，這隻動物的價值低於麻醉費用，所以這名當時還在學校修習獸醫的年輕研究人員，被賦予的任務是在沒有麻醉進行眼球摘除手術的情況下抱著這頭牛。整個手術耗時好幾個小時，這隻值得活下去但不值得免於痛苦的牛，很明白地表現出牠的感受。要知道，培養肉的希望就是結束這類事情的希望。

早期關於培養肉的文獻就像一本希望的田野指南。在我從事該領域研究的那幾年間，科學、技術與社會學者，還有人類學家、生物倫理學家與其他人發表了一些文章，給培養肉以及其創造者與支持者貼上標籤。他們的努力多為描述性的，這對一個新穎的研究主題來說是適當的，不過它們所呈現的效果，讓文獻讀起來像是對培養肉工作者情緒的重述。在大多數情況下，培養肉運動能夠設定相關對話的條件，並決定哪些關於培養肉的問題是最重要的。在一篇由兩位作者合作撰寫的文章中，作者列舉出培養肉技術似乎具有的明顯道德優勢與危害。[157]作者贊同最明顯的優點——結束廣泛的動物痛苦——並認為這點超過了可能弊端，如因為不尊重動物身體完整性與其自然形態所造成的含糊「傷害」，以及隨著生物科技成長人類對自然的支配，人類的傲慢自大也益形膨脹所帶來的危險，這些都是醫學生物倫理界常有的批評，而焦慮很容易就會透過組織培養移轉到新興的食品生產領域。

最令人震驚的是，作者提出，開發培養肉可能被視為一種道德義務。這個說法顛覆了生物倫理學家的正常工作程序，他們通常是針對現存新興技術以及這些技術對人類健康與倫理的前景做出回應。作者認為：「道德並不是在新興技術到來時就必須針對它做出回應的東西，這會讓我們陷入混亂。」相反地，「道德可以擁護並協助新科技的發展」。這反過來會成為「朝著一個事實上（不僅理想中）反映我們所擁有道德願景的世界所邁出的一步」。另外兩位作者在另一篇堪為楷模的文章中充分闡明了後面這個觀點，認為儘管人們普遍認為科技對現代生活有麻痺性的影響，像是試管肉生產這樣的新科技可以「揭露」（作者用詞）世界的倫理可能性，而公眾可以聚在一起思考他們的集體道德選擇。[158]

這兩篇文章對希望的解讀略有不同。前者發表於二〇〇八年，比波斯特的漢堡演示早了許多，該文認為道德理想可以出現，然後有效地要求技術實施。後者發表於二〇一二年，也是在波斯特的演示之前，不過當時培養肉的炒作週期正處於上升階段，它捕捉到介於新技術出現的跡象以及圍繞該技術的道德辯論與決策之相互轉化的一種動態互動感。顯而易見的是，這種對技術與倫理的反思美化了這個新穎的研究對象，而培養肉也很幸運能找到評論家，他們認為它所提出的道德與技術的協調很有吸引力。

尼爾．史蒂芬斯（Neil Stephens）是一位科技社會學家，自二〇〇〇年代中期以來一直在追蹤培養肉議題，他把培養肉稱為「尚未定義的本體論對象」，捕捉到這些著作的初步性質。史蒂芬斯提醒他的讀者，培養肉的真實性仍然是個問題。[159] 同時，其他社會科學家開始透過調查提出一個比較不具哲學性但同樣重要的問題：歐洲與北美的消費者會斷然拒絕培養肉，將它當成「噁心的不明物體」，還是會願意嘗試呢？我不禁納悶，這種調查對參加調查的人會造成什麼影響。即使研究人員將培養肉當成一種尚未實現的假設性物品來呈現，他們如何避免讓人留下印象，認為他們實際上在預告一種非常真實的新食品即將出現呢？

伊曼努爾．康德（Immanuel Kant）曾問：「我可以希望什麼呢？」康德不是一名結果論主義（consequentialism）者，而是一位關乎責任與義務的道德哲學家，這一點絕非偶然。如果無法為我們的冀望想像出一個抽象且可能的結果，我們怎麼能希望呢？康德的詮釋者在他對希望的描述中發現了許多意義，包括將希望視為一種宗教信仰，或是一種我們可能負有道德義務的東西，但似乎可以肯定的是，康德將希望理解成一種與並非不可能的期望結果的不確定前景相關的方式，例如道德提升。哲學家對希望的理性理解程度各不相同，康德找到充分調和希望與理性的方法。對好幾代以後的索倫．齊克果（Søren Kierkegaard）來說，重要的是希望得超越理性。而二十世紀馬克思主義哲學家恩斯特．布洛赫（Ernst Bloch）則創造了一種希望的哲學，試圖讓我們適應未來形而上學的一切可能，這與哲學傳統上的回顧性角色形成鮮明對比。然而，一個共同的感受是，希望的角色是幫助我們超越經驗，進入可能性，我仍然在思考的問題其實比較抽象，也就是從根本上減少動物痛苦與我們道德品質提升之間的關係。希望培養肉可能導致動物痛苦的減少，是否意味著對道德品質提升的希望已經被磨滅和放棄？我們是否已經忘卻了提升道德品質的舊夢，而代之以一種新型義肢技術道德的夢想？

就培養肉的例子而言，希望的真正敵人是炒作宣傳，而不是疑慮，但（諷刺的是）如果培養肉要能完全實現，炒作可能也是必要的。許多研究新興科技的學者都同意這一點：發佈新聞稿是一場秀，目的往往是為了尋求資助，因此炒作對將未來帶回現在具有「構成性」；[160]換言之，它具有允諾性。當然，炒作的必要性並不意味著炒作是安全的。炒作可以激發人們的希望，但如果在充分的時間裡，炒作議題的正當性似乎未受到證實，那麼至少在特定的支持者群體（承諾社群）中，以及對一直鼓勵炒作的公司或個人來說，希望將破滅，而且可能是永久性的破滅。有商業顧問將這種效應稱為「泡沫化的底谷期」（trough of disillusionment），他們期望最終的復甦與生產力的恢復，但正如我採訪的許多人建議的，普遍的失信感可能輕易導致培養肉的完全終結。同時，炒作通常不被認為是堅定的承諾，試圖藉此迴避問責的門檻，而希望與承諾最終都是以這個門檻為評斷標準。如果說希望是必要的，那正如文學評論家弗里德里克·傑姆遜（Fredric Jameson）所言，它也是「最殘酷騙局與推銷術的原則」。[161]

Chapter 7

樹

我剛結束對位於舊金山北部邊緣的突破實驗室的訪問。我想利用剩下的時間在城市裡閒逛，思考突破實驗室面臨的挑戰：如何確定哪些科學和工程問題是可以解決的？如何知道在追求進步的過程中應該下什麼賭注？如何定義進步本身？但是在一片空地上，一座很高的木造結構吸引了我的注意力，而且它讓我這個中等大小、生命有限的哺乳動物投注了更多時間。這個結構看來似乎往天空延伸，更近一點觀察，我發現這是英國藝術家安迪．高茲渥斯（Andy Goldsworthy）在二〇〇八年創作的《尖塔》（*Spire*）。高茲渥斯通常以天然材料為創作素材，雖然工作室位於蘇格蘭，但影響力與聲譽都是國際性的。他目前有幾件作品在要塞區展示，有融入公園的，也有從公園中迸發而出的。《尖塔》是由許多樹幹拼接而成的作品，頂端近百英尺高，是由有機物構成的藝術品。在我欣賞作品時，有幾名越野跑者飛快跑過。

時間是高茲渥斯作品的其中一個主題。在一九八〇年代，他曾用冰雕出精緻的拱門。曾經有一次，他不得不在一具石支架上撒尿，以便把它和一座已經變得足夠堅固、可以獨自立起來的冰橋分開。[162]高茲渥斯決定以冰凍的水為媒材進行創作的舉動，將時間的主題推向無常的副主題，但在後來的作品中，他利用一種更持久的建築材料——石頭——提醒觀眾無常的存在。[163]二〇〇五年的作品《裂石》（*Drawn Stone*）位於通往舊金山金門公園笛洋美術館（de Young Museum）大門的路上，是鋪路石上的一道裂縫。這道裂縫讓人聯想到貫穿加州的斷層線，以及舊金山對地震持續且永久的脆弱性。一塊石板佇立在裂縫的路徑上，似乎一分為二，它同時也是張可以容納兩人的長凳。這是個打趣式的黑色幽默，邀請我們在危險中休息。

一九八三年，高茲渥斯曾在英國坎布里亞（Cambria）製作了一個規模小得多的《尖塔》前身，稱為《棍棒尖塔》（*Sticks Spire*），這件作品幾乎和人一樣大小，雕塑家可以獨自完成。數十年後，《尖塔》的建造用上一個大型團隊與重型機械，不過它看來就像是從地表突起，彷彿長在那裡一樣。團隊將三十七棵大果柏的樹幹捆綁在一起，打造出這件雕塑作品，這些樹幹是要塞區重新造林時遭砍伐的。最高點有一百英尺高的《尖塔》，最終會被生長在周圍的其他大果柏所遮蓋，看著現在在作品周圍種成一圈的樹，讓人很難相信這一點。這些大果柏的樹齡尚淺，微風就能吹動它們的樹枝。有專家認為，這種樹可以存活兩千年之久，另一些專家則不贊同，認為目前發現的最古老標本只有幾百年樹齡。

《尖塔》使用的木材來自重新造林計畫，而且假使文明歷久不衰，植樹造林最後也會將它隱藏起來。《尖塔》訴說的是對環境的憂慮，它思考的時間跨度很長，與技術發展和投資的速度有關。相較於一棵樹的時間跨度，財政年度根本不算什麼，不過這一點在舊金山很容易就被遺忘——諷刺的是，這座城市作為環保運動歷史據點的時間，遠比它作為科技中心長得多，不過它作為淘金小鎮的歷史又更為悠久。[164] 當我站在要塞區，有關新興科技、公司以及以未來為導向的投資賭博等問題，全都與高茲渥斯作品的複雜性並列對比：時間與成長、時間與無常，以及自然對文明的風險——也許由於地殼構造之故，對加州文明尤其如此。

Chapter 8

未來

一隻裹著巧克力的蚱蜢，我的非典型食物清單上又多了一項。雖然我曾在洛杉磯吃過瓦哈卡（Oaxaca）烹調方式的炸蚱蜢，卻從未吃過變成糖果的動物。我也沒有吃過任何一種被其提倡者提名用來解決世界糧食安全危機的動物。[165] 我和其他參加食品未來研討會的夥伴一起站在一張小桌子旁邊，我們正在吃昆蟲，其中不只有蚱蜢，還有螞蟻和麵包蟲，這相當於昆蟲企業家的產品展示，桌上擺著一疊整齊的名片。相較於工業規模的牛肉成本，採收蚱蜢的成本非常高，但有人認為蚱蜢可以大規模養殖，而不用從田間採集。理論上，生產蚱蜢所耗費的資源可能比牛、豬或雞等少得多。

現在是二〇一三年十一月。過去兩天，我們在帕羅奧圖市中心一個中等規模的活動大廳裡，聽著有關食品未來的故事，主辦單位偶爾也會安插這樣的實物課。參加活動的我們有三十多人，大部分是白人，性別平衡，多為中年人，許多都受僱於大型食品公司的研發或策略部門，所有人都穿著略帶咖啡漬的「商務休閒裝」。由於長時間處於封閉空間中興奮地交談，而且每十五至三十分鐘就有一個新話題，所有人都覺得疲憊、腦袋嗡嗡響。我們在活動中聽到了有關腸道微生物群、公共營養教育，以及即使在被消化時也能發送訊號的可食用傳感器等資訊。我很好奇，什麼原因促使食品產業中忙碌的管理型人才參加這樣的研討會，一個具有廣泛教育意義但並不是為了給客戶提供具體「可交付成果」的活動。蚱蜢很好吃，不過用麵包蟲粉做成的能量棒就不是那麼美味。如果在不久的將來，昆蟲果真成為已開發國家的常見動物蛋白質來源，那麼我希望這些未來的食物全都是蟲，不會是能量棒。這是一種有趣的可能性，因為像我這樣的北美人，很少有願意整隻吃下去的動物，不過對大多數人來說，一口吃下一隻蚱蜢是沒問題的。

這個吃蟲實驗是未來研究所在帕羅奧圖舉辦的週末研討會「顛覆的種子：科技如何重塑食品未來」（Seeds of Disruption: How Technology Is Remaking the Future of Food）的一部分。未來研究所是一家顧問公司，也是一間智庫，如業者所言，自一九六八年以來便一直在從事「未來工作」，該機構由蘭德公司（Rand Corporation）研究人員於一九六八年在康乃狄克州米德爾敦（Middletown）衛斯理安大學（Wesleyan University）附近成立，並獲得福特基金會（Ford Foundation）的資助。過沒多久，該機構搬到帕羅奧圖，確保機構未來與科技部門的聯繫，也讓員工能選擇全年騎自行車上下班。未來研究所成立的時期，正是智庫發展十年成長期的前沿，諸多智庫都在探討未來的糧食問題，其中有許多受到人口統計學、環境科學與以及有關全球人口成長令人不安的統計數據和對未來生計的預測等所支持。[166] 未來研究所成立之初並不是以糧食為中心，儘管目前糧食是該機構工作中非常重要的一部分。

未來研究所關注的是對社會有立即性重大影響的技術，早期關注的問題如電話、住房與新聞用紙等，在本文寫作之際則是人類與電腦之間的互動，以及虛擬實境等。[167] 未來研究所的客戶與合作機構從洛克菲勒基金會（Rockefeller Foundation）到美國海軍研究部，再到食品業巨頭好時集團（Hershey's）等。該機構舉辦的一個最大型活動，是一年一度的「十年預測會議」，集結眾多代表的力量，思考十年後可能會出現的全球問題。有一年，這個活動的規模大到得在舊金山灣東側停靠的一艘航空母艦上舉行。我在這裡參加這個規模小了許多的活動，藉此一窺有關食品未來的工作，並試圖瞭解市場中有關食品未來的想法是如何進行買賣的，培養肉只是其中的一個概念，蟲子是另一個，城市中心的都市農業又是另一個。這三個題目常常放在「食品未來」的大旗下舉辦會議。

雖然一些未來工作者確實會出售預測，其中包括有關科技的預測，但是未來學家對預言未來的可能性並沒有什麼共識。「我們無法預言未來，」未來研究所執行董事瑪莉娜・戈比斯（Marina Gorbis）表示。一張海報闡明了未來研究所對這個問題的回應，海報上有「我已經看到未來」的字樣，其中「已經看到」整個被斜線劃掉，取而代之的是「正在製作」的大字，儘管我後來瞭解到，這樣的姿態其實只捕捉到未來研究所的其中一種組織氛圍。除了預言，未來學家常用的其他工具還有預測與情境規劃。我們可以將這三種工具區分如下：如果說預言描述的是一組即將發生的特定事件（明天會下雪），預測則是提供這件事的概率（明天有30%的機率會下雪）；相形之下，情境規劃則描述一組可能發生的狀況，很難量化，而且有一定的後果（如果明天下雪，你會不會穿雪鞋上班？）。專業未來工作者可能會專攻一種模式，也可能在兩種之間轉換，而且根據各自的傾向，他們可能會反對在模式之間劃下清楚的界線。[168]有些人坦言，他們的方法會受到客戶要求影響。總的來說，未來工作更像是一種諮詢實踐的形式，而不是一門學術學科，此外，也應該與特定烏托邦願景的未來導向追求區分開來。雖然有些未來學家會與城市、地區或國家政府以及非政府機構合作，不過主要的客戶群仍然在商業領域。關於未來的哲學思辨史與未來工作之間存在著巨大的差異，儘管後者有時會向前者借力。

隨著越來越瞭解未來研究所，我發現該機構工作人員的教育背景和志向各不相同。有些人喜歡未來工作的標籤，將它當成職業認同感的來源。一些人甚至擁有未來學的高級學位，例如吉姆·達托（Jim Dator）在夏威夷大學馬諾阿分校（University of Hawaii-Manoa）主導的夏威夷未來學研究中心課程。其他人，尤其是剛從大學畢業的年輕員工，對未來學家的頭銜並不那麼看重，將未來研究所視為其他最終追求的培訓場所，這些追求從社會科學研究所進修到在非政府組織工作都有。在訪問未來研究所期間，我大部分時間是和食品小組的成員在一起，年齡大多在二十多歲到三十出頭。未來研究所的經營團隊很年輕，我也漸漸發現，這種現象在顧問公司與智庫中很常見。有一種說法是「T型人」，也就是指垂直專業化程度很深且在頂層水平延伸、知識面廣博的人。我注意到，T型人常穿藍色牛仔褲，與我們這些與會者形成鮮明對比。

對帶來蟲子的食品企業家來說，這次未來研究所研討會提供了一個機會，讓他們向一群具有潛在影響力的食品產業從業人員提供樣品，這些人往往任職於具有龐大經濟與環境影響力的公司。對未來研究所而言，這是一個用當地企業生產的商品講故事的機會，藉此給客戶上一堂有關食品供應一個可能未來的實物課。蚱蜢不是未來研究所的處方，而是一種使人由內到外讓思維動起來的方式。我的左邊坐著一位來自大型汽水公司研發部門的高階主管，他表示希望看到更多具體預言，是有關會對糧食供應與糧食安全等問題造成影響的議題，如氣候變遷。我嘴裡一邊嚼著，一邊點頭表示贊同。我問他，他公司有什麼主要考量，將他帶到這裡。他說：「我們正試圖打入一個具有健康意識的市場。」這讓我想到紐約地鐵車廂裡的一張海報，上面標明了一瓶十二盎司汽水中含有多少糖包。「我們還擔心水的問題，」他補充道。相對於「未來研究所」這個名稱可能帶來的任何預期，他們處理的預言比情境規劃來得少，這樣的情境規劃儘管有根據，卻不一定受「預測」一詞所帶有的或然性所支配。截至二〇一三年，未來研究所在描述其未來工作版本的關鍵字是「遠見」（foresight）。儘管該機構與企業客戶進行廣泛合作，他們還是被視為非營利組織，因為他們在社區、政府與商業中培養遠見的作為符合社會公益的要求。根據未來研究所的出版品，遠見所產生的並不是對未來的知識，而是準備更充分的行為者，以及從公民角度來說更好的公民。荷蘭社會學家、未來學家暨社會民主派政治家弗雷德・波拉克（Fred Polak）曾寫道：「遠見的前提是時間、持久、發展與延續的概念。」但它也意味著對危機做好準備。[169]

帕羅奧圖市中心的路人經常把未來研究所誤認為史丹佛大學的一個分支，這樣的誤解抓住了這座城市給人的某種感覺，在這裡，學術研究（尤其是在工程與生命科學領域）與工業之間的界線是很難看清的。我記得，曾有位科技記者一時疏忽，用「史丹佛大學高階主管」稱呼「史丹佛大學教授」，而且實際上指稱的是後者。牆上的海報有許多未來學家的名言，例如「未來始於昨日，我們已經晚了。」或是吉姆．達托的名言「任何有關未來的有用說法，一開始似乎都很荒謬。」這裡還有個書架，擺滿未來研究所職員或成員組織的出版品，有關於科技與城市的書籍，有關於商業界社交網絡的書籍，有關於領導力的書籍，也有關於電玩遊戲的書籍。有一扇窗戶上印著已故建築師暨博學家巴克敏斯特．富勒（R. Buckminster Fuller）的名言：「我們的使命是要成為未來的建築師，而非其受害者。」

富勒對二十世紀中後期未來主義的影響甚鉅，但他最著名的可能是測地線圓頂的設計，這個設計吸引了一九六〇年代反文化運動的成員。這種圓頂成為部分社區的主要建築，例如從一九六五年到一九七〇年代早期存在於科羅拉多州南部的著名反文化運動社群「空降城」（Drop City）。富勒假設了一種人，他們會與新科技的發展平行運作，卻又與新科技的發展分開，而且這些人把他們對新科技的適應想像成滿足人類需求的有用工具；他將這種人物稱為「全面設計師」（comprehensive designer），這樣的人與在未來研究所工作的顧問是有些類似的——通常不是技術或政策概念的發起人，而是看到這些概念的潛力並加以採納的代理人。建築史學家賽門．薩德勒（Simon Sadler）指出，富勒對圓頂的設計者身分並非毫無爭議，他認為圓頂不僅僅代表實用性，而是代表「一種無作者的數學確定性，將測地線圓頂的建造者—居住者與宇宙秩序之下的模式聯繫在一起。」[170] 在富勒之後，成為未來的建築師，可能意味著挖掘人類發明之外的形式，創造出能同時反映出我們對實用目的與理想之追求的系統。我們可能對宇宙基本可理解性進行表述，或者更確切地說，為那種可理解性進行論證。如果一個人坐在未來研究所的椅子上，試圖撰寫一份有關水資源未來的報告時，富勒的話引起了他的注意，那麼這樣的宇宙問題可能會分散他的注意力，但是因此收穫了一個能啟發靈感的符號環境，卻是值得的。在最好的日子裡，未來研究所的實體空間給人的感覺就像是一部機器，能在抽象的概念單元之間建立起有用的連結。

「遠見」似乎是一個刻意模糊的詞語，用以描述一個組織的使命。這可能反映了顧問工作本身的性質，一些顧問會產出具體的可交付成果，例如設計方案或金融工具，其他提供的服務則不太容易量化。實際上，遠見似乎意味著計畫的能力、接受意外事故的能力，並能以一種許多組織都不擅長的方式來思考各種可能性的能力。雖然有些商業顧問實踐是建立在顧問擁有客戶所缺乏的專業知識的基礎上，例如如何進入巴西巧克力市場，或是台灣年輕人可能會在酒吧裡點什麼威士忌，但是未來研究所的運作方式並不相同，他們會注意廣泛領域的變化「信號」，這些信號是客戶組織沒有資源去觀察的，但他們發現瞭解這些信號有助於策略規劃；信號是未來研究所的未來學家運用的基本操作單位。藉著以客戶通常因為缺乏時間和協調性而無法做到的方式來進行工作，未來研究所幫助客戶為不確定性做好準備。它還利用商學院的某種智慧，根據這種智慧，創新由於本質所致，無法在既定的組織內發生，因為這些組織必然得取悅其現有股東與客戶。

在一段宣傳食品相關工作的影片中，未來研究所的職員談到「促進能重塑食品未來的創新」以及「食品創新中心」[171]——約莫是指食品新想法的來源地。我馬上想到目前已有美食城市之稱的哥本哈根，那裡有世界上最具創意的幾間餐廳。未來研究所提到該機構的所在城市帕羅奧圖，它不僅位於矽谷旁邊，也靠近作為加州農業中心的中央谷地，而全美農產品恰巧有超過一半來自中央谷地。在二〇一三年十一月至一五年間，我多次以不同身分前往帕羅奧圖，曾經擔任未來研究所研討會的參與觀察員，也曾是演講來賓，以及公共活動的觀眾。正是在未來研究所的幫助下，我獲得了培養肉研究方面的許多連結，成為未來研究所促成的大型產業、企業家精神與學術專長之間的貿易區的一員。

未來研究所的一名工作人員要求我們，「當你自我介紹時，請說出一項會讓你對食品未來感到希望或恐懼的技術。」在吃到炸蚱蜢的三十六小時前，我們在研討會的第一天，繞著會議室自我介紹。我們已經在一張白紙上記名寫下各自的希望或恐懼，每個人還用拍立得拍下大頭照，貼在文字旁邊。許多人提到基改生物是非常有希望的關鍵，同樣也有許多人提到對基改生物的恐懼。我提到的是培養肉，我說我既感到希望又感到恐懼，因為我不知道它對動物性蛋白質而言代表的是積極還是消極的未來。未來研究所的工作人員才剛剛對我們致歡迎詞，介紹了研究所、它的方法學與研討會的主題。全球食品展望計畫共同負責人蜜莉安．艾弗里（Miriam Lueck Avery）現在負責引導我們閱讀一份精心設計的講義，這在未來研究所舉辦的研討會很常見（全球食品展望計畫後來更名為未來研究所食品未來實驗室，研究所的其他實驗室包括新興媒體實驗室與治理未來實驗室）。這是一張25乘22英寸的大地圖，上有清楚的放射狀設計。五個部分分為綠色、黃色、藍色、紫色與棕色，分別代表「製造」「銷售」「生產」「飲食」與「購物」，全都是食品系統的核心活動。

這些部分又從中間往外細分：「核心策略」，或是該部門可預期變化的一般載體；「干擾」，或是用未來研究所在矽谷的用詞，指為一個部門指名新方向的一種技術變革；構成最後一部分的是「不確定性的壓力」，這被描述為低機率的發展，如果它們真的發生了，可能會改變一切。在「生產」的圓餅圖中，「干擾」包括「在所有表面種植食物」（城市農業的大宗）、「農場大量採用機器人」「人造蛋」「愚弄食品評論家」等，後者指有家公司利用植物蛋白製作幾可亂真的漢堡，這實際上可以說是培養肉的競爭技術。至少有一位食品評論家表示曾被這家公司的漢堡給騙過了。

我注意到，有些條列出來的干擾或不確定性的壓力早已生效，其中包括旨在恢復草原的放牧活動。其他的，例如用無人機送貨或是以 3D 列印現場製作商品等，則都已經出現原型，並像培養肉一樣送入科技媒體炒作週期。一份未來研究所的出版品詳細討論了新生產制度的概念，即按隨需製造的概念來生產消費性商品。這樣的方式稱為「物質流」（matterstream），它得依賴可以列印或按需求製作的數位檔案，因此大多數物品在列印之前，都只存在於電腦模擬之中。這種做法在能源與環境耗費方面的節約，更別說自然資源，可以是非常大的，但話說回來，這些仍然都只是假設。在這個希望／恐懼活動之前，我們在未來研究所的大廳吃早餐，當時音響系統播放的是大衛・鮑伊（David Bowie）的歌曲〈太空怪談〉（Space Oddity）。我們被告知，「房間後面有一頂虛擬現實頭盔，想要嘗試的都可以去體驗一下。」我早忘了，〈太空怪談〉這首歌一開頭的歌詞是「地面中心呼叫湯姆少校／吃下你的蛋白藥丸，帶上你的頭盔。」

「顛覆的種子」研討會的地圖有一個視覺邏輯。地圖的中央是農業、食品生產、行銷、購物與飲食等可預測的活動，隨著視線往地圖的外緣移動，則會看到越來越不可能的發展。然而，如果說這種邏輯與食品部門變革的基本理論之間存在著任何關聯，那麼這種關聯仍然是神秘的。理論的缺失可以在地圖背面的一段敘述得到解釋：「這張地圖是一個工具，可以用來開啟有關如何明智運用科技以縮小糧食系統中重要差距的對話。」未來研究所的工作人員在製作各種工具時是有選擇性偏好的，他們比較可能有平面設計或劇場方面、而不是經濟學背景，且更有可能學過人類學而不是人口統計學。在矽谷營運的未來研究所，這陣子對一種稱為「大數據」的抽象概念以及無數形式的真實數據極其迷戀。該機構最近製作了電玩遊戲、講述故事、安排研討會，並在企業家與專家之間促成會議。未來研究所的工作人員更可能講到的是信號，而不是數據，但是他們知道如何讓這些信號更具說服力。

在未來研究所舉辦的活動中，視覺空間由類似的地圖、手冊、講義與海報等構成，這些材料也形成相應的認知空間。然而在這次會議上，還出現了另一個富有魅力的視覺元素。一名身穿黑色衣服、頂著染色刺蝟頭的男子，泰然自若地站在環繞著會議空間的海報紙旁。這名男子是繪圖師，他準備了各種顏色的彩色筆，將會議中的關鍵術語和主題化為一幅幅的連環漫畫，一般會將這樣的服務稱為圖像引導（graphic facilitation）。[172] 演講的關鍵字在我們周圍牆壁上一個個排列出來，伴隨著鮮明的圖案裝飾，就像是中規中矩的塗鴉，我們很容易得到有關會議特定方向性的暗示，要將「保護」和「創新」這樣的詞語當成概念舞台上的演員。它們之間形成了新的載體。我想起亞當·韋斯特（Adam West）主演的《蝙蝠俠》（*Batman*）電視劇。當英雄揍惡棍的時候，「砰！」「碰！」

之類的字會閃現在觀眾眼前。會議採用圖像引導的一個具體優點，在於它讓人很容易回溯並記住所講的內容。我問引導者是否花了很長時間才學會這項技能，他告訴我，這是一種有關密切觀察的訓練，並自己補充說，因為他正試著以藝術家的身分在灣區生活，多點錢可備不時之需。當全組人都在談論商品食物時，玉米、微笑的豬、小麥等都在白紙上以黃色、粉色和棕色一一出現。藉由藝術家的巧手，牛打嗝產生甲烷的形象可以傳達出明顯的能量。

乍看之下，未來研究所的工作似乎遠離了上世紀較深層的未來主義實踐歷史，也遠離了這種實踐形成的意識形態、哲學、尤其是政治考驗。然而，在專業未來工作確實開始時，二十世紀中葉的知識不確定性在二十一世紀早期的各種未來主義中得到了回應，其中也包括未來研究所的未來主義。[173]諷刺的是，在未來研究所的多位創始人中，有些人並非透過培養適當技能（當前未來研究所的模型）來與無可減少的不確定性共存，而是藉由預測以減少不確定性。在未來研究所成立的幾年前，當時還是蘭德公司員工的兩位未來研究所創始人奧拉夫・赫爾默（Olaf Helmer）與西奧多・戈登（Theodore Gordon）提出一種預測理論，該理論追求的是與自然科學相關的準確性。就如赫爾默所言（他與諾曼・達爾基〔Norman Dalkey〕一起研發了這個方法），他們的目標在於「以我們處理物理與化學問題的自信來處理社會經濟與政治問題。」[174]他發表的是 Delphi 技術，命名來自希臘神諭，不過它產生的是預測而不是宣告。[175]

目前仍在以各種形式受到運用的 Delphi，是藉由尋找專家意見之間的共同點來運作的。組織者會就特定主題召集一組專家，向他們提出一系列問題，並在數輪訪談中使用相同的問題重複這個過程，這些問題通常涉及特定事件或結果的可能性——用冷戰時期未來主義的經典觀點來舉例，也許是核攻擊。在每一輪訪談後會確定多數人的觀點，然後在下一輪訪談開始時讓專家知道上一輪的結果，這個程序的目的在於促使專家在預測上趨於一致。Delphi 成形於一個專業知識享有特殊威望的時期，這裡的專業知識不只適用於軍事問題，也是關於現代社會等複雜事物的專業知識，這種情形不僅得益於科學家在二戰期間獲得的聲譽，也得益於戰後美國政府在教育及有關軍事及社會政策問題上尋求專家建議的開支。隨著冷戰到來，美國政府簽訂了更多顧問合約，像蘭德這樣的智囊團也蓬勃發展。赫爾默、戈登及其同類人的地位越來越高，這預示著他們預設要擊敗的對手——革命者與詩人散播的烏托邦主義——會因為他們而黯然失色。核戰爭的威脅意味著人們要為短期和長期的未來做好準備，同時意味著那些能夠打造出適當智能工具的人將因此獲得獎勵。

赫爾默、戈登及其蘭德公司的同事，代表二十世紀中期北美與歐洲專家社群中居於主導地位的兩種未來研究方法的其中一種，其一將未來主義理解為對一種特定狀態的追求，可能不怕被稱為烏托邦。另一種認為自己是理性主義，精於算計，可能不願被稱為意識形態，想像科學方法是超越偏見的。[176]它們並不直接與樂觀和悲觀有關。就赫爾默而言，他能夠對技術的未來保有極大的樂觀主義，而不提出烏托邦式的提議。當然，一個新預測科學的建構是冷戰時期的推動力之一，是為自由主義的西方規劃未來的一種努力，與莫斯科提供的預斷並不同，後者雖然是一種特定事態的正式追求，並以歷史發展的理論為依據，卻也相當傾注於機率。冷戰也不是唯一具有迫切性的脈絡，在未來主義實踐中較偏向理性主義的分支成形的西歐與美國，一九六〇年代初的特點是既熱衷於技術的現代性，又對技術的現代性進行徹底的批判。負責Delphi的專家們關注的是核戰爭的可能性，而其他專家，特別是歐洲的哲學家，則撰文反對一個核戰爭工具似乎已經成為必要的世界。一九六四年，法國神學家雅克．以祿（Jacques Ellul）出版了《科技社會》（*The Technological Society*），書中把技術說成是一種可能讓我們失去人性的手段，讓我們為了提高效率而犧牲人性。同年，法蘭克福學派的德國社會理論家赫伯特．馬庫色（Herbert Marcuse）出版了《單向度的人》（*One-Dimensional Man*），譴責東西方工業社會不斷製造人為需求的做法。

隨著預測從美國國防部門蔓延到平民生活，這個過程是以受冷戰影響的方式發生的，而且經常是在一種稱為「現代化理論」的經濟與社會學發展模式的支持下進行。一九六〇年，經濟學家瓦特．羅斯托（Walt Whitman Rostow）出版了後一種類型的著作《經濟發展階段論：非共產宣言》（*The Stages of Economic Growth: A Non-Communist Manifesto*），明確提出一個蘇聯計劃發展模式的替代方案。雖然羅斯托對鳥瞰式歷史模型的準確度相當審慎，但是他確實說過，他提出的各個階段（從「傳統社會」到「大規模消費時代」）構成「馬克思近代史理論的另一種選擇」。[177] 一九六四年，也就是赫爾默與戈登發表作品的同一年，社會學家丹尼爾．貝爾（Daniel Bell）接受委託，為美國麻薩諸塞州劍橋市的美國人文與科學院主持一項預測美國社會未來的預測計畫，探索未來二十五年的發展。這項計畫的成果，是貝爾於一九六八年出版的《邁向二〇〇〇年：進行中的工作》（*Toward the Year 2000: Work in Progress*）。[178] 而貝爾於一九七三年發表的《後工業社會的來臨：對社會預測的一項探索》（*The Coming of Post-industrial Society: A Venture in Social Forecasting*）也是這項計畫的另一延伸。[179] 尼爾斯．吉爾曼（Nils Gilman）指出，自由主義現代化理論家的一個核心政治問題，在於第三世界的地位，以及發展中國家對人心與思想的爭奪，這些都必須不惜一切代價來確保，以免它們落入蘇聯的掌控。[180] 然而，其中一個思想問題是，不同於他們更烏托邦的同行，這些現代化理論家並無法提供進步最終狀態的願景。換言之，他們相信的是一種類似漸進公式圖形的進步形式，總是接近但永遠不會等於數值一。這是一個關鍵的區別，一個未來主義的理想是預測，另一個未來主義由於是烏托邦式的，所以可以告訴你伊甸園中每棵樹的分類命名，也許還能告訴你果實的藥效。在你生活其中的時候，這兩種未來主義帶給你的感覺非常不同，而它們對當前工作的要求也不一樣。當代未來研究所的未來主義與這兩種未來主義都不一樣，但是有時候在未來研究所提出的情境中可以發現這兩種未來主義的調子。

資本主義民主與社會主義的歷史，或者該更準確地說，馬克思主義的歷史，確實在這些未來主義中得到呼應，但問題遠比資本主義民主與預測結盟，以及烏托邦主義與社會主義結盟要來得複雜許多。有些資本主義者提出透過市場機制產生的烏托邦，有些社會主義者關心局部策略議題，他們明白，儘管馬克思思想中有黑格爾主義的元素，馬克思主義的歷史並不是理性隨著時間推移而展開的過程，它的發展是有目的性的，也是有機的。奧拉夫．赫爾默希望「建設性烏托邦」的到來，表明他對這個詞並不畏懼。對培養肉未來的一些幻想強調出一點，即人們對未來的觀點很少與政治或方法一致；與我交談過的許多純素主義者與動物福利倡議者都相信，市場經濟能夠影響社會變革，但是他們也相信，我們正走向一種特定的、可知的最終狀態，一個動物不再受到傷害的烏托邦。

未來主義者的對話經常會將意識形態立場重新混合，在這裡更容易找到折衷主義，而不是一致性。然而，我們也可以從更具體的歷史角度來解讀：蘇聯解體之後的一代人，當市場的勝利似乎（對許多人來說）確定時，資本主義的技術烏托邦與能減少不確定性的知識工具愉快地並存，也許是因為這些立場之間並不會互相威脅。目的論的傾向並不是馬克思主義思想的標誌，只是自由市場世界中思想市場上的另一個立場。

我們還在牌桌上看蟲子。在稍微瞭解麵包蟲喜歡的生長條件，以及你可以用麵包蟲粉烘焙哪些東西之後，我轉頭看看其他東西。未來研究所主活動廳與相鄰房間裡，擺放著主辦單位口中「來自未來的文物」。這些由未來研究所設計師製作的三維模型或平面圖像，在整個週末都吸引著我們的注意力。這些都是來自其他計畫的紀念品，包括針對未來有毒空氣製作的防毒面具，以及未來的照片，其中合成生物學賦予人類對周遭生命的空前控制，還有細菌生產的生物燃料，而基改樹木則能將我們燃燒的碳完全吸收，維持空氣品質。我個人的最愛是未來研究所食品團隊成員莎拉・史密斯（Sarah Smith）的作品，名叫「明天的肉品櫃檯」。這件作品描繪二〇二三年一家肉鋪的玻璃展示櫃，圖像中充滿看起來很熟悉的肉品部位。不同之處在於標籤：「草原復育放牧牛—紐約牛排」「A級路殺—鹿肩胛肉」「試管培養豬肩肉」。這件作品明顯要表達的觀點是，如果我們靈活有創意，我們的肉類供應會變得更具永續性。更微妙的是，它暗示著傳統工業肉品不具永續性，在不久的將來，我們將不得不藉由開發從前未開發的資源或利用新技術的方式，吃下我們從前摒棄的東西。這件「文物」是未來故事線的一張快照，讓觀眾從故事的中間開始看。雖然沒有說明我們究竟是如何來到這個特殊的未來，但是不難想像出現在這個「肉品櫃檯」的每個部位是怎麼來的。

鼓勵觀眾講故事，正是這類「來自未來的文物」的意義所在。我可以給每一個肉品部位都編出個故事。在美國，鄉下地方的駕駛經常會看到路殺。這些動物都是因為不幸事故而成為人類桌上的食物，或如一位作家所言，是「來自小卡車的天賜糧食」。[181]雖然在美國的一些州，食物銀行已經接受所謂的「機動車鹿肉」（在阿拉斯加，所有路殺動物都是為州政府所有，會用來供給有迫切需要的貧窮人口），不過一般來說這還是一種尚未受到充分利用的資源。「草原復育放牧牛」指的是生物學家暨生態學家艾倫．沙弗里（Allan Savory）提倡的「全面性草原管理」，透過精心飼養與選擇性「野放」的措施，達成讓地球草原從過度放牧導致的沙漠化復原的目的。[182]如此一來，（理論上）環保主義者就能問心無愧地食用牛肉，因為人類普遍認為牛肉是最有害於環境的肉類。到二〇二三年人類將擁有「試管培養豬肩肉」的想法讓我有點想笑。儘管我們才剛看到第一塊實驗室培養的漢堡肉，要在這麼短的時間內做出結構如此複雜的組織，似乎過度樂觀了。史密斯把培養肉放在這裡，可能是培養肉益發受到公眾關注的徵象，而不是未來研究所與什麼秘密先進的肉類實驗室有聯繫的證據。

如果路殺、草原復育與培養肉技術是「肉品櫃檯」中想像的肉類三大未來，它們同時也屬於人類在未來如何以一種改革的形式繼續吃肉的故事。史密斯的「肉品櫃檯」已經把工業化畜牧遠遠甩在身後，但它仍能滿足像我們現在一樣的胃口。這是一個生產或供應發生變化的未來，也許我們對肉的本體意識也會發生變化，但是肉在我們飲食中的核心地位並沒有改變。如此一來，無論有意或無意，「肉品櫃檯」就與未來食品史上一再遇到的一個主導性假設一致：肉類是用以衡量豐饒的標準，是正常健康飲食的一部分，而這個標準反過來又可以用來確立一塊農業用地能夠支持多少人口。

在未來主義者對食品生產的想象中，肉類占有不成比例的巨大部分，史密斯的「肉品櫃檯」可以說是對這種現象的揶揄。[183]兩百多年來，在歐洲與北美地區，關於食品未來的討論，一直受到人們對糧食不足的恐懼所推動。然而，肉的效率不高，為了製造肉類，我們在相對少量的動物性食物中封存了大量的植物性食物（更不用說水與象徵性的土地）。在柏拉圖（Plato）《理想國》（*Republic*）第二卷，在蘇格拉底（Socrates）與格勞孔（Glaucon）的對話中，將之描述為現代民族國家興起前已存在數千年的國際關係問題：飼養用以取得肉品的牲畜所需的土地，他將肉品視為一種奢侈的食物，而這種飼養行為導致持續不斷且越來越高的領土需求。肉類意味著以擴張為目的的戰爭。弗朗西絲・拉普（Frances Moore Lappé）的《一座小行星的飲食》（*Diet for a Small Planet*, 1971）花了很大的功夫研究各種動物飼料與肉類之間的飼料轉換率，其中牛隻是讓人沮喪的二一・四。這些數字支持了這樣的觀點，即牛實際上在食物系統中是效率低下的機器，即使當牠們不忙著成為挑起戰爭的原因時亦是如此。

我停下來吃了另一隻蚱蜢，這蚱蜢很好吃，而且不屬於富裕社會的生態足跡。我反覆思索著牛隻低效率的問題。用肉類（尤其是英美的牛排）來衡量富饒程度的假設，廣泛存在於智庫的食品未來主義，這個流派遠比蘭德之後的專業未來主義的版本早得多。根據華倫．貝拉斯科（Warren Belasco）的說法，在英美思想家對理想生活水平的預測與對人類人口限制的主張中，肉早就扮演著重要的角色。從十八世紀末開始，對肉食的偏好在英國人的筆下化為政策，並影響了英國殖民地的生活，尤其是印度與愛爾蘭。

最有影響力的執筆者也許是英格蘭教會教士湯瑪斯．馬爾薩斯。馬爾薩斯是政治經濟學之父，後來也是英國東印度公司學院的教授。馬爾薩斯很清楚，相較於植物性食物，肉類的效率低下，但他仍然認為，由於肉類受到高度重視，因此應該會影響到人口相關問題的政策。如果人口成長似乎不可避免地導致更多農田用於植物性食物而非肉類，這就會是限制繁殖的原因，而不是用植物性食物來替代動物。[184] 馬爾薩斯對肉食的立場似乎不是基於個人口味，他認為肉是一種別人不會輕言放棄的文化必需品，是維持食客士氣的東西；但他也明白，牛肉價格上揚意味著可能只有負擔得起的富人才能吃肉。他對人口與人口控制的觀點以雜食為前提並帶有對肉品的擔憂，後來成為馬爾薩斯主義（Malthusianism）的教條。

在他最具影響力的著作，即一七九八年的《人口論》中，馬爾薩斯提出人類慾望（食慾與性慾）與我們的生產能力之間關係的理論。從十八世紀晚期提高英國農村產量的計畫來看，他認為農業在一定程度上得靠技術與方法來改進。[185] 然而食慾是比較大的，他判斷，人口往往以等比級數增加（即指數成長），而糧食產量往往趨於等差級數成長（相加）。結果是，我們可以預期糧食生產會經常低於人口成長，這讓我們之中最貧窮的人面臨營養不良或飢餓的危險。這種悲觀的畫面與窮人本身的悲觀看法相呼應，馬爾薩斯將他們描繪成無法壓抑自己的食慾。二十世紀晚期英語世界中最具影響力的馬爾薩斯學家是保羅・埃爾利希（Paul Ehrlich），在二十一世紀初本文寫作時仍然活躍。他和妻子安（Anne Ehrlich）共同撰寫了《人口爆炸》（*The Population Bomb*, 1968），該書早在一九七〇年代就預見了大範圍的饑荒，並提出嚴厲措施，從強制節育、抽籤獲得生育權（在已開發國家），到在糧食援助時加入避孕藥（在開發中國家）。[186]在這次未來研究所舉辦的會議中，包括我在內的許多人都是藉由埃爾利希的作品第一次接觸到馬爾薩斯的思想。我在對話中瞭解到，我們之中有些人甚至知道保羅・埃爾利希曾經輸給更樂觀的經濟學家朱利安・西門（Julian Simon）一萬美元的賭注。西門是經濟成長力量的大力支持者，他認為鉻、銅、鎳、錫和鎢這五種原料的實際成本在一九八〇至九〇年間不會上升。在《人口爆炸》出版後，（已開發國家）並沒有發生大規模饑荒，這似乎平息了普遍反對埃爾利希的意見，而埃爾利希與西門的賭注，也讓經濟成長的大力支持者感到放心，認為資源的開採與生產將會持續滿足不斷成長的需求。然而，埃爾利希本人並沒有以任何有意義的方式收回他的觀點，[187]而二十一世紀初有許多馬爾薩斯人口論的信徒，他們的計算涉及的不是個別國家，而是地球本身的人類「乘載能力」。

馬爾薩斯的當代批評者包括素食烏托邦社會主義者威廉・戈德溫（William Godwin）。他們建議採用以豆類與穀物為主的飲食，並從二十一世紀初看來有些奇怪的前提著手，即以植物為基礎的飲食能養活更多人口，更多的人口會以某種方式增加人類總體幸福感。單單這個目標——最大限度地提升人類的幸福感而不僅僅是確保人類的生存——就提醒我們，在不同人的眼中，未來是完全不同的。貝拉斯科對糧食未來的競爭力場提出總體性的分類，將馬爾薩斯主義者和戈德溫啟發的「平等主義者」（egalitarian）與第三個群體並列，事實上，這個第三群體——所謂的「豐饒主義者」（cornucopianism）——將對已開發國家現代食品系統的形態造成最大的影響，他們相信不僅是植物的生產，還有動物肉的生產，都可以跟得上人口成長的速度。那些試圖重建政策辯論歷史的人可能會把目光轉向孔多塞侯爵（Marquis de Condorcet），將他視為與馬爾薩斯約莫同時代的豐饒主義論者，然而相較於馬爾薩斯主義，豐饒主義是一個比較不那麼自覺的思想學派。豐饒主義的傳播範圍也更廣，因為它不僅包含政策專家，還包含思想實際上就是豐饒主義的企業家，無論他們是否承認這個標籤。正如歷史學家弗雷德里克．瓊森（Fredrik Albritton Jonsson）所言：「這兩股力量一直在互相滋養，產生對技術發展的對立預測。」更不用說對技術所能提供的極限，同樣也有對立性的描述。[188]瓊森指出，一八一七年，大衛．李嘉圖（David Ricardo）用政治經濟學的直白術語表達出他的豐饒主義觀點。若馬爾薩斯認為土壤只有有限的可利用性，李嘉圖則提出，勞動與投資資本可以改善明顯劣質的土壤。李嘉圖原則的延伸是，我們可以用盡特定地點的特定自然資源，然後繼續前進，找到我們聰明才智能利用的新資源，讓我們能從中提取更多價值。李嘉圖的觀點反映出工業革命給人類帶來的經濟教訓。[189]李嘉圖同樣也認為，僅僅是自然基質的改變就能帶來持續性經濟成長，例如從化石燃料到太陽能電池板。[190]他同時也以一種詭異迂迴的方式預示了一個當代的概念：經濟成長可以完全與環境資源脫鉤，這一點在資訊經濟上很清楚地表現出來。[191]

孔多塞寫道：「自然沒有限制我們實現自己的希望。」我們在這個週末的未來研究所活動中瞭解到的許多發展都是屬於豐饒主義的，因為它們透過改變人類賴以活命之物的基質來解決食物供應的問題。有時，一如想像的「物質流」，他們提出一種新的生產方式，將徹底改變歐洲工業革命時期建立的領土控制、資源開發、物質純化以及製造等的體系。值得注意的是，戈德溫的圈子與其他之後的平等主義者（與社會主義者），經常會對農業改良（包括技術改良）與人口成長同步的可能性報以微笑；卡爾·馬克思（Karl Marx）的共同作者、也是馬爾薩斯的著名批判者弗里德里希·恩格斯當然也如是想。社會主義者和資本家一樣，長期以來都一直幻想著建立一種技術上的第二天性。

目前的豐饒主義觀點通常是由自由市場的堅定信徒提出的。他們認為，面對資源枯竭與氣候變遷，人們只需要稍微降低對成長的信心，而自二戰以來，這種信心一直刺激著經濟思想。人類的聰明才智會顯現出來；我們會適應並茁壯成長，也許會超過對化石燃料的依賴所造成的限制。從這種豐饒主義觀點看，工業肉品生產的持續成長只是我們面臨的一系列挑戰而已，這樣的挑戰是環境的挑戰，也許還有道德的挑戰。培養肉的吸引力在於，它有望使這些挑戰變成是暫時性的。生物反應器可以成為新的自然資源來源，或是成為瓊森所謂「無限替代的經濟學說」中一個新的人造領域。[192] 並不是所有提倡培養肉的人都是豐饒主義者，我在研究過程中會瞭解到這一點，不過有許多人確實配得上這個標籤。

從十九世紀中期到二十世紀，日益集中且高效率的工業化畜牧，使肉類成為西方世界豐產主義的典型食品。工業化畜牧是威爾·斯特芬（Will Steffen）、保羅·克魯岑（Paul Crutzen）與約翰・麥尼爾（John McNeil）所謂富裕社會在一九五〇年至二〇〇〇年間成長「大加速」（Great Acceleration）的一部分，在這段時間，世界人口從二十五億增加到六十億，翻了一倍多，也讓二氧化碳排放在同一段時間增加了三分之一。[193] 從這個角度看，讓食客轉向其他蛋白質形式（例如昆蟲），這裡說的並不只是為了找到攝取動物性蛋白質的另一個選擇，而是確實找到肉類的替代品，這樣的努力具有深刻的暗示意義。它讓人聯想到李嘉圖與他的設想，即當我們耗盡一塊土地的資源時，便轉向下一塊。這意味著，我們許多食品未來主義形式都是由一種靈活且持續成長的意識形態所塑造的，即使當它們試圖緩解成長帶來的最嚴重副作用時，仍然受到這個意識形態所左右。「明天的肉品櫃檯」雖有其創作魅力，卻也延續了始於二十世紀中葉的肉品消費模式，在那個年代，廉價肉類成為人類日常生活的一部分。「肉品櫃檯」假設，我們對看來熟悉的肉品有足夠的依戀，這讓我們繼續去剝削任何能夠提供它們的資源。

「肉品櫃檯」同樣也意味著一個已經失去或自願放棄傳統工業規模肉類生產的社會，在這樣的社會中，與（新形式）肉食行為相關的美德想必包括節儉、機敏，以及面對氣候變遷的靈活性。但是，這樣的社會對於「現代」意味著什麼的觀點，也可能有所轉變。讓我們想想社會學家暨現代化理論家愛德華・希爾斯（Edward Shils）在美國紐約州多布斯費里（Dobbs Ferry）所言，這段文字是關於近年來在二戰後非殖民化洗牌中產生的「新國家」所面臨困境的主題演講的其中一段：

任何國家如果沒有經濟上的先進或進步，就不可能現代化。經濟先進意味著擁有以現代技術為基礎的經濟，實現工業化，並有高水平的生活。這一切都需要制定計劃以及經濟學家和統計學家，進行調查以控制儲蓄率與投資率，並有新工廠建設、道路與港口建設、鐵路發展、灌溉計畫、肥料生產、農業研究、林業研究、陶瓷研究與燃料利用率研究等來支持。「現代化」就是要在不追隨西方社會的狀況下達到西化。這是西方在某種程度上脫離其地理根源與位置的模式。[194]

在這樣的世界裡，肉品必然便宜，而且是工業化大量生產的。如果說工業化生產的培養肉很容易符合希爾斯的設想，那就很難看出路殺動物是怎麼被列進去的。將復原草原的放牧牛群放在這裡也是挺尷尬的，它意味著對地理起源的密切關注，而不是希爾斯所暗示的全球失根性，即採納與擯棄生產策略時都不會太注意到土地的情況。

「明天的肉品櫃檯」講述了很多個故事：培養肉的出現暗示著技術不斷進步，其他肉品則表示舊的肉類生產技術被淘汰，取而代之的是不同種類的創造性再利用，它意味著一種舊的現代化模式失敗，而這個模式恰好是希爾斯描述的。漢堡肉反映的則是希爾斯現代性。

雖然未來研究所的工作人員本身並不支持任何特定的意識形態，至少沒有明確表示，但是我們在「顛覆的種子」活動看到的很多東西都是從矽谷拉過來的。實際狀況是這樣的：我們聽到一位生物化學家為漢普頓克里克食品公司（Hampton Creek Foods）發展出以植物為基底的蛋黃醬（這家公司後來參與了培養肉研究）；一家為家庭廚師製作舒肥設備的公司，派一名代表進行演示，利用精確校準的水浴來烹飪；然後是實地考察，未來研究所團隊帶我們走過兩個街區，來到全食（Whole Foods）連鎖超市的一個點，這家超市在全美大部分地區都會被視為高檔超市，不過在帕羅奧圖則是社區超市。「作為這個過程的一部分，」日程表上寫著：「參加者將被要求購買一種在未來十年即將被顛覆（disruption）的食品。」我走在超市走道上，與研討會的同伴和未來研究所的工作人員聊天，我問：「我們所說的『顛覆』是什麼意思？」在矽谷周圍的媒體話語中，這個詞最近成為被批判的對象，認為是一種混淆視聽的行話。這個最早在商學院文獻中開始流行的術語，似乎已經成為能表示意義的「能指」，而不是意義所連繫概念的「所指」。當一個現有的產業被顛覆時（就如細胞農業可能顛覆工業化畜牧一樣），年輕的公司蜂擁而入，他們的技術提供了老公司所缺乏的優勢。培養肉被認為是「具有顛覆性的」，因為它具有「創新性」。「顛覆」與「創新」這兩個詞的關係，幾乎是互為反身代詞，其中包含兩個單詞的故事，是許多人奉為真實的。

當我們在個人清潔用品走道上停下來時，我試著思考這個問題。這些詞已經是陳腐的、過度使用的、或許也是過度受到攻擊的；再過幾年退了流行，就會變成具有古趣的詞語。「顛覆」與「創新」，尤其是將這兩個詞結合起來使用時，暗指現有的商業領域（或該領域用來比喻的「空間」）之所以失敗，主要是因為它們的生活方式跟不上變化的步伐。較不成熟、更靈活的玩家來到這裡，並以適切的步伐跟了上去。但是，如果顛覆的重點在於中心不再穩固，渾沌即將降臨，那為什麼顛覆不應也成為時間的犧牲品，尤其是在創投支持的小型企業隨著可取得創業投資的減少而衰退的時候？我們停下來看了看五顏六色的牙膏，並問道，牙科是否有哪些創新可能會消弭我們對這些牙膏的需求。有些評論家認為，顛覆的概念是一種漸進式進步的替代概念，後者顯然是古板、過時且遭淘汰的。還有人認為，創新—顛覆關係的奇怪之處，在於它讓每一個成功的故事都變成一張白板，以至於那些曾經立在桌子上的博弈棋子現在都散落在地上。創新—顛覆消除了連續性，忽略了它的價值。而這也將我們帶到食品系統創新的基本困境，以二〇一三年這個週末造訪帕羅奧圖的管理階層成員的角度看：從農業到消費，食品業倚賴的是連續性與可靠性，然而它卻連續受到衝擊，一方面是社會與環境變化帶來持續且緩慢的顛覆，另一方面是新公司與新產品帶來備受討論、快速發展但未經檢驗的干擾。「顛覆的種子」的與會者大多來自擔心被顛覆的那類公司。距離我結束研究還有好幾年時間，在這段期間，大型食品公司將會對培養肉技術進行探索性的投資，或許也是出自於同樣的擔憂。

在面對顛覆性創新的概念時，我並不是第一個從馬克思《共產黨宣言》（*Communist Manifesto*）找出貼切段落的觀察者：

> 資產階級除非對生產工具，以及與之相關的生產關係和全部社會關係不斷地進行改革，否則就不能生存下去……生產的不斷變革、一切社會關係的不停動盪、永遠的不安定與變動，這就是資產階級時代不同於過去一切時代的地方。一切固定僵化的關係，連同古老陳舊的偏見與意見都一掃而空，所有新形成的關係還來不及固定下來，就已經過時了。[195]

馬克思的論點是，一場讓我們超越資本主義的終極革命將從資本主義世界內部產生，源於資產階級不斷自我革新的衝動。[196]由此產生的現象——「一切堅固的東西都煙消雲散了」——其影響比特定政治與經濟答案，包括共產主義本身更加深遠。它代表的是沒有理由的再創造的可能性，這個可能性事實上近乎必然性，也意味著不受人類真實需求所驅動的新思想。

我的團隊撿起幾包堅果、切塊水果、幾包牛肉乾以及擠壓瓶裝的番茄醬，這些都是我們認為應該改變的東西。事實上，我們有理由完全不希望食物受到顛覆，也有理由找到包括技術在內的方法，儘可能地保存我們的食物系統。我想到水，這是預計在未來幾十年中可利用性會逐漸降低的自然資源；我看著一包加州杏仁，一種耗水的農作物。拿起一包傳統的漢堡肉，爭辯說培養肉會「顛覆」它，這是非常容易的，但是我目前還不想負責這個未來的故事情節。

Chapter 9

普羅米修斯

二〇一四年夏天。在愛爾蘭科克走了一天以後，萊恩・潘迪亞（Ryan Pandya）用電子郵件給了我一段二十世紀初遺傳學家暨社會學家霍爾丹（J.B.S. Haldane）的名言，摘錄自霍爾丹的著作《代達洛斯》（*Daedalus*, 1923），該書最初是向劍橋大學一個名為「異端學會」的俱樂部發表的演講。這段話的開頭是：「化學或物理的發明者一直都是普羅米修斯（Prometheus）。無論什麼偉大的發明，從火到飛行，都被認為是對某些神祇的侮辱。」霍爾丹繼續以一種和潘迪亞自己對工業乳製品的批判態度相同的方式繼續著討論，而今天當我們在科克大學的綠色校園裡漫步之際，大部分時間也都在討論工業乳製品的問題。霍爾丹認為，對人類來說，從乳牛的乳房上擠奶是「不雅的」，是對「母子之間親密且近乎神聖的關係」的一種侵犯。潘迪亞的目標是要運用細胞農業的方法取代產奶過程中的乳牛，這也是他與事業夥伴佩魯瑪爾・甘地（Perumal Gandhi）創辦「哞自由」的原因，當時這家公司仍處於草創階段，附屬於大學實驗室的一項育成計畫，他們不像霍爾丹那樣把牛看得那麼神聖，他們談論的是工業化乳品生產所固有的結構性暴力，並藉由承認動物所受的痛苦，含蓄地提高動物的道德地位。

我們不應輕率地跳過霍爾丹提到普羅米修斯的這件事。許多作家都將普羅米修斯盜取天火與人類技術文明的肇始聯想在一起，霍爾丹亦然，並將普羅米修斯塑造成一位發明家。然而，普羅米修斯並沒有創造火，他是偷來的。在某些版本的故事中，這也不是他第一次從神那裡盜取東西。雖然他盜火的行為遮掩了事實，普羅米修斯最早盜取的其實是肉。

古希臘詩人海希奧德（Hesiod）在他的《神譜》（*Theogony*）中，描述普羅米修斯介入人類對神的第一次獻祭（這裡的人類指的是男性，因為當時的人類只有男性這個單一性別），祭品是一頭公牛。普羅米修斯拿了一堆部位最好的肉，把牛胃放在上面，將這堆肉掩飾成內臟。另一堆除了骨頭，什麼都沒有，普羅米修斯在這堆骨頭上面鋪上油亮亮的脂肪，掩蓋了骨頭黯淡的白色。他要求宙斯（*Zeus*）選擇祂最喜歡的部分，雖然海希奧德隱約表示宙斯識破了騙局，這位諸神之父還是刻意選了那堆骨頭，然後普羅米修斯就將肉給了人類。為了報復這種未遂的欺騙行為，宙斯故意不讓人類拿到火。普羅米修斯的第一次竊盜，以及他更著名的第二次竊盜之間到底有什麼關係，是很有歧義的：是因為宙斯不讓人類得到火，才有了普羅米修斯的第二次盜取？[197]或者，這只是單純的烹飪邏輯，既然偷了肉，接下來就應該盜取能用來煮肉的火？

大部分人都很熟悉普羅米修斯盜火的故事，幾乎不需要再講一遍。[198]普羅米修斯從奧林匹亞山的眾神之家偷了火，把火送給人類。在許多覆述中，例如霍爾丹的版本，火的恩賜也是文明的恩賜，因為火意味著能控制熱與光的來源，大幅將人類活動的時間擴大到夜晚，也讓人類文化的可能性擴大到滿足白日生理需求之外。宙斯對普羅米修斯的懲罰，就如這個竊盜故事一樣是眾所週知的。這名泰坦神被拴在一塊石頭上，一隻老鷹會落在他身上，撕開他的肚子，吃掉他的肝臟。之後，他的肝臟會再生，讓老鷹在隔天能夠重複整個過程。雖然在一些傳說中，普羅米修斯最後為海克力斯（Hercules）所救，但是這名泰坦的懲罰原本是永無止境的。這個故事象徵性的將「活」的火和活的肉體聯繫在一起，因為普羅米修斯不僅能自我療癒，更能再生自己的身體組織。借用歷史學家希勒爾．施瓦茨（Hillel Schwartz）的說法，就是神話本身被賦予了豐富的生物學矛盾性。[199]

在海希奧德的故事版本中，火的竊盜也從生殖根源上改變了人類的生物學。男人與普羅米修斯一起受罰，這種懲罰是透過創造女人來達成。在《神譜》中，女人被描述成一種分散注意力的事物，並可能成為其潛在配偶的經濟負擔，但是這則對女性有相當偏見的故事也突顯出另一個重點：女性開始藉由有性繁殖成為物種延續的關鍵。這也許不是最基本意義上的生命，但是我們所知的性與生殖生命，卻因此來自於盜火。科學哲學家加斯東．巴舍拉（Gaston Bachelard）在他的《火的精神分析》（*The Psychoanalysis of Fire*）一書中，詩意地將火與生命聯繫在一起，作為兩個以不同速度發揮作用的解釋原理：「如果所有變化緩慢的東西都可以用生命來解釋，」他寫道：「那麼所有變化迅速的東西都可以用火來解釋。」[200] 巴舍拉所言簡短晦澀，沒有提供任何論據，不過他似乎援引了自然與文化之間的區別，或者在人類尚未出現時的變化速度與人類及其智巧到來後的變化速度之間的區別。巴舍拉進一步表示，控制火的慾望是「普羅米修斯情結」的一部分，一種想要知道得比我們的父母與老師更多的智力意願。當一個孩子的父母禁止他玩火柴時，這種情結就會被激發出來。

難怪普羅米修斯的故事會有這麼多的重述版本，[201] 這是個起源與再生層層疊疊交織而成的故事：肉、火、女人、更別說人類的性繁殖了，全都源自原始的罪惡。因為背叛了對諸神的正確崇拜，才有了人類家庭。懸在巨石之上的是一名泰坦神的永恆肝臟，那些是早於宙斯奧林匹亞神殿的神祇。難怪普羅米修斯有時也被描述成人類本身的創造者，或者，一如柏拉圖的描述，即使諸神創造了人類，普羅米修斯的火讓人類超越了原本動物般的存在。普羅米修斯的兄弟，另一名泰坦神艾比米修斯（Epimetheus），早已把各種優勢（牙齒、爪子、鬚、羽毛、盔甲）賦予非人類的動物。普羅米修斯的名字有「先見之明」的意思，艾比米修斯的名字則有「後見之明」的意思（艾比米修斯常被描述為普羅米修斯較愚昧的雙胞胎兄弟）。霍爾登無意間在《代達洛斯》中納入了對人類體外受精與生殖方面的潛力的反思，這些文字出現在第一批透過體外受精技術受孕的嬰兒之前將近六十年的時間。這個反思基本上重述了海希奧德關於普羅米修斯的行為與人類繁衍未來之間的隱晦關係，但也讓普羅米修斯成為細胞農業最合適的守護神，而細胞農業也有自己利用試管技術的方式——考慮到艾斯奇勒斯（Aeschylus）版本的普羅米修斯故事中，這位泰坦神被認為教會人類馴養並駕馭動物，無疑又讓這位守護神的想法更合適了。他為什麼不能讓人類從工業化的農業中解放出來呢？

普羅米修斯的故事被援引到十九世紀英國的素食文學中，則是一個純粹的巧合。一八一三年，英國詩人珀西・雪萊（Percy Bysshe Shelley）在義大利利古里亞（Liguria）海岸淹死的九年前，這位素食主義者發表了一篇題為〈為自然飲食辯護〉（A Vindication of Natural Diet）的短文，文中的一段俏皮話後來成了雪萊的名言：「獨占動物肉的人，一頓飯吃掉一英畝土地的資源，破壞了他的體質。」雪萊引用了約翰・紐頓（John Frank Newton）在《回歸自然，或為蔬菜養生法變化》（*The Return to Nature, or a Defence of the Vegetable Regimen*, 1811）提供的普羅米修斯神話詮釋。在普羅米修斯盜肉與盜火的故事中，紐頓看到的是人類食肉行為的開始，因此他認為人類衰落的起源就在自己身上，這顯然也是一種對於希臘神話的聖經式渲染。根據紐頓與雪萊的說法，疾病、不穩定的生活以及青春永駐不再，這些都是烹飪與食用動物肉的結果。在雪萊的文章中，對普羅米修斯的引用反過來讓人反思另一個矛盾的問題：如何保護普羅米修斯為我們贏得的文明成果，同時拒絕「現在與我們的身體交織在一起的系統性邪惡」。也許，肉食行為不必是人類的永久狀態，人們也許可以在不用放棄泰坦神為我們點燃的文化的情況下，回到雪萊所謂的「自然」（或自然飲食）。[202]

Chapter 10

飲食文化

談話已經中斷，廚師們似乎都喝醉了，脾氣又很差，於是我站起來，走到房間後面，開了一罐啤酒。我們周圍的生命都是短暫的。更準確地說，房間兩邊牆上都掛著一系列相同的海報，宣告著生命短暫，海報兩兩間隔相同，就像城堡大廳裡的紋章旗。如果我們的眼睛像魚一樣位於頭的兩側，這些海報可能會產生一種生命有限的立體視覺。雖然「人生苦短」是主要訊息，但海報卻以大字表現了其他的概念：「活出你的夢想，分享你的激情。」「如果你在尋找生命中的愛，請停下來；當你開始做你喜歡的事情時，他們會等著你。」海報上甚至還有一道命令，意在阻止不受歡迎的人類學家或文學批評家：「別再過度分析了。」我們在一個名叫霍爾斯提（Holstee）的地方進行著一場失敗的對話，霍爾斯提既是布魯克林的一家設計店，也是圍繞著這些海報訊息發展周邊商品的公司。除了海報，這些訊息也印在咖啡杯、賀卡以及似乎除了衛生紙以外的所有東西上。這是個乾淨、現代感十足的空間，中性色的牆面突顯出生命短暫與堅持的訊息，讓我們意識到自己可以在一個讓人安心且具有回應性的宇宙中實現生命所有可能性。根據霍爾斯提的口號，最終的問題並非人與人之間的不人道，也不是底層的「一切都毫無意義」，而是時間耗盡的事實。我們很難不想到阿圖爾・叔本華（Arthur Schopenhauer）在《意志與表象的世界》（*The World as Will and Representation*, 1818）的一段話。這位後理想主義的德國哲學家是這麼寫的：

> 將死之人回顧生命的完整歷程時，會對這個在即將消逝的個體中物化的整體意志產生影響，這類似於動機對人的行為的作用。它給了它一個新的方向，相應地，這就是生命的道德與基本結果。[203]

順帶一提，儘管我對霍爾斯提關於生命目的如何從生命終結中產生的說法感到懷疑，宇宙對此似乎全然無動於衷。即使如此，霍爾斯提那線條清晰、稜角分明的表現方式（很好的設計）為今晚的活動提供了舞台，這是一場關於培養肉與其潛在優勢與風險的非正式對話。廚師們對培養肉的態度變得有些焦慮，不過他們也不是唯一感到不安的一群人。當被問及是否會在自己的餐廳裡使用培養肉時，其中一人笑了一聲說：「不！」語氣還帶著對今晚對話的不屑與鄙夷。

檯面上的問題是，培養肉在廚師與消費者這些潛在對象的眼中是否「自然」。此次對話以及它的失敗非常重要，不過這並非因為我們已經觸及事情的真相，而是因為我們當前不具有在更深層次議題找到掌控點的能力一事，是具有啟發意義的。我們大部分人都嚷道，與其仔細研究「自然」與「非自然」這兩個詞的潛在含義，也許還不如研究一下它們與工業化農業方法以及小規模有機方法之間的關係。意識形態讓我們無法就農業與糧食生產的目標達成共識，更別說其中有些人食用的肉的意義了。

套用人類學家希瑟・帕克森（Heather Paxson）的說法，此次對話中反培養肉的關鍵訴求點在於，培養肉存在於「生產的道德生態」之外。[204]這種道德生態該是將生產者、消費者與自然資源都納入的良性循環，一個在幾代人的時間尺度上而非產品週期上具有永續性的循環。換言之，在這次對話中，培養肉的比較對象不是工業規模生產的傳統肉品，而是小規模且環境友善的動物養殖。正如瑞秋・勞丹觀察到的，「自然」與「不自然」食品之間的區別是會讓人有所聯想的，但這種聯想更多是因為其修辭力量而不是其解釋作用。[205]它常被用來支持勞丹所謂「烹飪的盧德主義（Luddism，源自工業革命時代，一般民眾對新生產技術與設備的不信任所延伸出的抗拒現代化思潮，崇尚回歸較原始而簡樸的生活方式）」，也就是對她所謂「烹飪現代主義」的拒絕，而這兩個詞幾乎是不言自明的；對於一部可以壓玉米餅、磨麵粉、混合攪拌巧克力並烘焙咖啡的機器，有人想要砸，有人則讚揚不已。盧德主義認為「道德生態」的概念是完全合意的，「它涉及的並不只是口味，更是一場道德與政治討伐。」[206]在許多美食大師的書籍與文章中，在食譜裡，在用葡萄藤、乾草叉和鑄鐵烤盤裝飾而非工業麵粉廠裝飾的餐廳菜單上，我們都可以看到不同層次與形式的烹飪盧德主義。我們必須說，盧德主義有其市場所在，就像現代主義也有市場。

今晚的活動主題是「食品鬥爭：深入探討培養肉」，在這個活動中，盧德主義（也可以更仁慈地稱為新農業主義）與現代主義藉由這種實驗室培養肌肉組織的典型範例相互衝撞。此時此刻，在我拿起啤酒時，活動已經在二〇一四年十一月十三日這個異常溫暖多雨的傍晚進行了好幾個小時。這次的活動是由來自三所機構的記者群所舉辦，分別是：非常成熟的科技雜誌《科技新時代》（*Popular Science*），由一個記者團隊經營、專門報導氣候問題、農業與科技的網站「氣候機密」（Climate Confidential），以食品與農業議題為主、能在時尚都市與實際農業經驗之間取得平衡的《現代農夫》（*Modern Farmer*）雜誌。瀏覽現代農夫的網站時，你可以透過遠端的「山羊攝影機」觀察反芻動物的田園大冒險。我猜想，我應該是氣候機密網站邀請的來賓，讓我成為今晚活動第一個專題討論的講者。幾個月來，我斷斷續續地跟他們交換意見，分享我對培養肉的初步研究，因為我知道這種善意的分享有時候會讓我接到這類活動的邀請。

霍爾斯提在「食品爭鬥」活動中並沒有直接的發言權（只有那些隱約可見的海報），但是它對食物確實有一些自己的想法。霍爾斯提的設計師群製作了一張名為「食品規則」的海報，靈感來自美國一次大戰期間的一張經典海報，它為大後方的飲食實踐提供指引，其中包括「購買當地食品」的建議。這道來自一九一〇年代的指令，與二十一世紀早期普遍存在的一種飲食智慧是一樣的：減少生產者與消費者之間的運輸鏈長度可以減少食品系統的碳足跡。[207]這些運輸鏈原本是十九世紀城市化的結果，它將城市與鄉村繫在一起，並改變了北美的大片領土與生物量，迎合城市與城市化人口的需求。威廉．克羅農曾用「毀滅空間」來描述肉品工業的現代化。這句話一語雙關，指的是十九世紀芝加哥的畜牧場（芝加哥是現代肉品工業的搖籃之一），也指肉品供應鏈基本上消滅了動物從孕育到出生、生命過程、隨後的殺戮與屠宰以及最後的消耗之間的物理距離。[208] 供應鏈就如工廠生產線，是現代化的引擎，根據所謂在地飲食主義者對工業食品改革的觀點，供應鏈必須縮短。所謂的在地飲食主義者，顧名思義，就是只吃在地生產的食材。從這種（並非毫無爭議的）智慧中得到的結論是，我們應該鼓勵本地農業，也許還應該在城市中心內推動農業，這樣的做法有望縮短農民與消費者之間的距離。都會農業無論是藉由水耕法，或是在摩天大樓、都會區倉庫或地段內的堆疊式垂直農場，都是未來食品會議上極受歡迎的話題。[209]

霍爾斯提的新農業工義觀點與這間設計公司所在街區的水文特徵形成鮮明的對比。霍爾斯提的辦公室位於布魯克林的郭瓦納斯（Gowanus），距離郭瓦納斯運河不遠，運河建造於十九世紀，是布魯克林工業區包括造紙廠與製革廠在內的諸多工廠使用的運輸路線。霍爾斯提辦公室附近的倉庫上有已經褪色的廠名，讓人想起過往紐約的製造與消費制度，以及商品出口。在運河開鑿之前，郭瓦納斯的沼澤低地接受了來自東邊帕克坡區（Park Slope）這個地勢較高、較富裕社區的污水；郭瓦納斯的西邊是卡羅爾花園（Carroll Gardens），南邊是雷德胡克（Red Hook），北邊是波恩蘭姆丘（Boerum Hill）。在整個二十世紀，工業廢料會隨著污水進入郭瓦納斯，尤其是在大雨造成布魯克林下水道滿溢時，這為郭瓦納斯帶來污染嚴重的名聲，而且延續至今。二〇一〇年，環境保護局給予運河「超級基金」（Superfund）資格，長達1.8英里的運河被認定為美國污染最嚴重的水道之一。[210]

在郭瓦納斯地區文化的特定展示中，人們對污染的嘲諷式頌揚並沒有任何有關新農業主義或任何農業主義的成分，這些讚美之言似乎是在此地區房市熱絡以後才出現的，而就布魯克林的標準看，房市熱潮來得很晚。「郭瓦納斯遊艇俱樂部」（Gowanus Yacht Club）是一間酒吧，如果在這段橋梁點綴的短運河上有任何遊艇活動的話，這間酒吧就不會有這個帶有諷刺意味的店名。「薰衣草湖酒吧」（Lavender Lake Bar）的名稱指的是十九世紀對運河外觀的描述，在那些年，運河表面是紫色的，底部污泥被稱為「黑色蛋黃醬」。有人猜測，那些讚美之言來自布魯克林周邊社區中產階級化與郭瓦納斯中產階級化相對滯後所造成的特殊緊張關係，最終讓郭瓦納斯成為一個位於時尚邊緣的後工業化保留地，廢水與富裕並存之地。霍爾斯提的設計師群在一個社區裡精心打造了這些有關人生成就的訊息，社區成員曾經邀請並大為讚揚環保局將運河指定為超級基金位址的提議。他們知道，這個資格有助於保護他們的社區免受房地產開發商的影響。現在，高級連鎖超市全食超市的一家分店就開在附近。我以前住在幾個街區外的卡羅爾花園，雖然在全食超市開設之前就離開了這個社區，但是我還記得，過去對於超市的到來對該地區有什麼意義確實曾有爭議，不是有關街區是否中產階級化的問題，僅是我們在中產階級化曲線上達到什麼程度的問題。當然還有一個問題：世世代代在該地區生活的家庭是否還能留下來。我在布魯克林期間，希望探索運河自然史的遊客可以前往名為 Proteus Gowanus 的小型博物館暨美術館欣賞少許展覽，這所博物館距離目前霍爾斯提的所在地並不遠，位於運河邊的一棟磚造建築中。[211]

當我抵達霍爾斯提時，辦公室的大型開放大廳還擺放著一排排的辦公桌。在我們陸續前往報到的同時，活動主辦者也在迎接講者與來賓的到來。一天的工作剛結束，夜晚活動才開始。漸漸地，辦公桌消失了，取而代之的是面對著房間一端平台的一排排椅子，平台是供討論者使用的臨時舞台。在一旁的房間裡，一名記者將攝影機對著現代牧草公司聯合創辦人暨行政總裁安德拉斯·弗加奇，錄製了一段有關該公司在培養肉與一種利用組織培養技術以膠原蛋白製作人造皮革材料的作為（該公司於二〇一四年結束培養肉相關業務，後來協助創設另一家旨在生產肉品的公司）。我見過弗加奇，知道他是可以代表新興生物科技的熱心發言人，他在今晚討論中扮演的角色是代表培養肉界，而且將面臨巨大的反對意見，其中大部分來自新農業主義食品價值觀的擁護者，這些價值觀與霍爾斯提製作的小型食品海報所表現的價值觀很接近：在地性、有機性與真實性，這些通常被視為生產、消費與土地管理的道德生態的組成部分。[212]正如勞丹所言，這些對食物的冀望也是非常現代的東西（相對於傳統），它們更多是出於一種虛假的懷舊情緒，而不是對祖先吃什麼和怎麼吃的強烈歷史情懷。我觀察到，二十一世紀初，食物在已開發國家的富裕地區獲得新的地位，「價值」的兩種意涵似乎在這裡融合在一起，資本主義的行為（生產、運輸、銷售、購買）似乎同時服務於經濟目的，也服務於道德目的。同樣地，手工食品生產的工作也被視為一種職業，就像馬克斯·韋伯（Max Weber）在他所謂「新教倫理」中發現的過程一樣。[213]今晚談話最失敗的地方，並非與會者無法對「自然」達成一致的定義，而是在涉及手工食品生產與工業規模食品基礎設施的價值時，我們看不到自己在意識形態純潔度的深耕。

前來參加活動的觀眾成員大多是年輕、衣著光鮮的白人，我對此並不太驚訝，有關培養肉的對話往往吸引較年輕、教育程度高且相對富裕的觀眾，不過在種族與宗教背景方面通常是多元的。活動主持人先歡迎觀眾的到來，然後介紹專題討論小組的成員，活動對話便開始了。首先上台的是弗加奇和我，我一直被他外套上印的字「Solve for X」給分散了注意力。Solve for X 是 Google 舉辦的一系列講座，在這些講座中，演講嘉賓會針對宏大的全球挑戰提出解決方案，這些挑戰往往是技術性的，例如「解決氣候變遷」或「解決農場動物受虐」等。弗加奇必然曾在該講座演講過。這種夾克或 T 恤是矽谷會議演講者的常見紀念品，它們傳遞出一種高度特定的社會信號，有點像曾經在美國高中與大學運動員之間大肆流行的棒球夾克。弗加奇很年輕，不過現代牧草公司並不是他創立的第一家公司。他和父親加柏．弗加奇（一位從理論物理學轉到生物物理專業的科學家）之前創立了 Organovo 生技公司，目的在於製作適合進行藥物測試的人體組織。

在開場白中，弗加奇介紹了現代牧草公司以及該公司在二〇一四年當時的使命。創設現代牧草公司的靈感，來自 Organovo 在組織工程與 3D 列印技術方面的工作。如果我們能列印人體組織，為何不能列印非人類動物組織，將之用於衣著或食品呢？在二〇一三年六月 TED 全球大會（TED 為科技、娛樂、設計的縮寫）的一場演講中（約在馬克．波斯特培養牛肉媒體活動的兩個月前），弗加奇介紹了現代牧草公司的目標。他在一開始就提出，到二十一世紀中葉，用動物製作「手提包與漢堡肉」不僅是瘋狂的，也是過時的。他提出全球用於肉品與皮革供應的陸生動物數量為六百億隻，與地理學家瓦克拉夫．斯米爾在其關於肉類與地球動物生物量關係的著作中提出的數字不相上下。弗加奇指出，到二〇五〇年，這個數字可能會增長到一千億隻，支撐著大約一百億人口，對我們的資源和環境造成巨大損失。弗加奇還引用了一個大家都很熟悉的數字：在人類釋放到大氣的溫室氣體中，飼養牲畜所產生者占了18%。[214]除了弗加奇並非不敏感的道德代價以外，我們目前取得肉類與皮革的工業策略還會危及「環境、公共健康與食品安全」。

幸運的是，弗加奇接著說，另一條道路是可能的，因為「動物產品只是組織的集合」。這可能是細胞農業的關鍵與基礎觀點。弗加奇問道：「如果我們不從複雜且能表達情感的動物入手，而是從組織的構成，也就是生命基本單位的細胞來入手呢？」其中有些說法提出了合理的反對意見。雞、牛與豬的感覺性是值得商榷的；動物產品可能是「組織的集合」，但是說動物「只是」組織的集合就掩蓋了牠們的結構複雜性。就肉類而言，「組織的集合」忽略了時間這個重要的維度，也就是骨骼肌的發育與成熟需要數月或數年的時間，更不用說空間的維度，亦即整個動物生命所處的環境（工業化或鄉村，狹窄或相對自由）。「組織的集合」這句話支撐著這樣的觀點，即組織可以在不重現動物生活史的情況下進行複製。然而弗加奇並不是在撰寫論文或提供註解，他代表的是企業的觀點，稱他的演講為絕佳的推銷話術，並不會減損他通篇談話的崇高地位。

截至二〇一四年底（本文寫作時），現代牧草公司的目標是利用膠原蛋白這種動物皮膚中的天然構件，來製造類似皮革的材料。作為企業策略，這樣的目標是完全正確的。相較於肉，皮膚由更少的細胞類型組成，結構也更簡單，比肌肉纖維排列或一片片肌肉的層疊更不需要倚賴三維結構的複雜性。就技術挑戰而言，現代牧草公司的科學家在面對皮革時所需要清除的障礙比肉類來得低，而且皮革作為一種產品也更具市場優勢。弗加奇表示，相較於我們咀嚼和吞嚥的東西，我們穿戴的東西對「消費者與監管者來說比較不那麼極端」。如此一來，現代牧草公司的生物材料就不用通過和培養肉一樣的管理機制。弗加奇將皮革稱為「門戶材料」，它「在沒有動物犧牲的狀況下」，為其他種類的生物製造產品開闢了道路。值得注意的是，皮革的利潤通常比肉類高出許多。

弗加奇接著提出一個他與其他培養肉支持者的共同想法：培養肉產品不是藉由牲口宰殺來生產，而是在先進無菌的硬體設施中生產，看起來有點像啤酒釀造廠——這是對培養肉生產方式一種非常普遍的想像。他以一個更具猜測性與概括性的說法作結：「也許生物製造是人類製造業的自然演化。它有利於環境、高效且人道。它讓我們發揮創造力。我們可以設計新材料、新產品與新設備。」他繼續說道：「我們需要超越將殺戮動物當作一種資源，轉向更文明、更進化的東西。也許我們已經準備好去接受一些就實際或形象而言都更有文化的東西了。」此時，他舉起了類似皮革的材料讓觀眾觀看，這是實驗室工作檯上得來的早期勝利。其一是黑色不透明的，另一個只有幾層細胞厚，像彩色玻璃一樣可以讓光線通過。這就是現代牧草公司在接下來幾年內開發出第一個生物製造材料品牌的前身。

弗加奇提出的是一種觀點，也是一種承諾。這類談話的性質大多都是這樣，由一位推廣新興技術的企業家講述這種技術的未來優勢。有時不太清楚的是，他們提出的承諾到底是兩種中的哪一種：是「承諾」這種新技術「有前途」，還是有人「承諾」透過技術帶來未來利益？這種含混有其用處，當承諾的未來無法如期實現時，承諾者可以不履行義務。換句話說，現代牧草公司這樣的投機性研究計畫本身就有風險，而承諾的模糊性有助於風險管理。

像是弗加奇在TED全球大會上發表的這類演說，可以說是一種演講類型的一部分，它對理解有關培養肉的對話非常重要。當弗加奇在布魯克林發表演講之際，我分神了，不僅想到我在網路上看到的那場TED全球大會演講（這支影片有超過一百萬瀏覽人次），也想到有關TED以及TED所屬的「大創意」會議圈的評論。除了TED和相關會議（包括地方上似乎數不清的TED附屬會議、TED全球大會與醫藥健康主題的TEDMED），其他屬於這個會議圈的還有阿斯本思想節（Aspen Ideas Festival）、西南偏南大會（South by Southwest, SXSW）等，都有某些共同的特點。

記者內森・海勒（Nathan Heller）曾在二〇一二年撰文稱TED是「數位時代知識風格的展示廳」。[215] 豪華車展示廳是個不錯的比對，因為雖然許多會議史上最受歡迎的演講並非由工程師或科學家發表，會議卻還是與技術以及調動能源和財富以因應大規模（全球性）挑戰有關，這些挑戰往往與我們的自然環境、人類健康，或是已開發國家或開發中國家的教育有關。「大創意」一詞中所謂的大，是指一些絕對非觀念性的東西，即某一特定新技術或社會實踐對世界的潛在影響。

TED和它的演講也招致批評，這通常針對的是會議將知識性內容轉化為不太需要重複思索咀嚼的小訊息。加州大學聖地牙哥分校視覺藝術教授班哲明・布拉頓（Benjamin Bratton）以TEDx演講為平台，對TED批評道：「TED當然代表著技術、娛樂、設計……我認為TED實際上是符合中產階級口味的大型資訊娛樂教會。」這可能是有意為之，但也只是將一些學者和科學家的共同恐懼用更強烈的措辭表達出來而已，也就是說，TED和其他非常有影響力的「大創意」會議的做法，並不是讓公眾因為我們工作上遭遇的困難或歧義而重視我們的工作，而是只有在我們的工作能承諾「解決X問題」並激勵啟發他們時才加以重視。海勒提出一種較溫和的解讀，認為大創意談話已經成為當代的一種「感性」模式，尋求靈感的觀眾不僅出自資訊或商業的原因，也出自不太嚴謹的道德因素而加以消費。其中有些演講甚至在霍爾斯提的標誌情感中發揮作用，作為讓人類在這個世界上採取行動追求特定情感的指令，以回應人類有限生命的頓悟。在二〇〇九年的一次TED演講中，機器人手術設備設計師凱薩琳．莫爾（Catherine Mohr）解釋說，危及生命的疾病不會管「你寫了多少書或你創設了幾家公司、那個你還沒獲得的諾貝爾獎或你打算花多少時間陪伴你的孩子」。她設計的設備旨在幫助治癒患者，讓他們能「走出去拯救世界」。[216]我們必須超越迂腐：言下之意是，一種新奇的技術暫時矯正了衰退中的身體，至少為被拯救者提供更多活下去的潛力，讓他們能在這個世界上多一點意志的表達。

就連美國國家公共廣播電台（American National Public Radio）都有一檔專門播放TED演講的節目，這些「值得分享的思想」（正如口號所言）無處不在，激怒了許多以不太容易分享的想法維生的學者。知識份子在TED上抱怨知識淺薄，似乎是菁英之間的小型地盤之爭。然而，TED大會的創始人理查．伍爾曼（Richard Wurman）卻很簡短地描述了他昔日事業中一個可以說是更深層次的問題：「他們在上面推銷『做好事』。」[217]要提出這樣的觀點必須慎重。許多TED演講者，或是阿斯本思想節或Google「Solve for X」系列講座的演講者，態度都是相當真心誠意的。伍爾曼所謂的「推銷『做好事』」描述的問題比純粹的虛偽更複雜，輿論對終極目標的觀點與理解，可能會模糊特定人類活動的獨特性與挑戰。機器人專家提到了拯救世界；一位電玩遊戲設計師聲稱，可以透過某種方式利用遊戲玩家的心理動機，藉此保證社會財。從語言學家、遺傳學家、物理學家到電玩遊戲設計師等的各種專家占據著同一個舞台，最後都被擠進同一個標題好被突顯出來，而這些標題又被證明為一個具有影響力的問題（「被證明為」是TED演講中經常聽到的話語），詩歌、政治與質子都被期望或多或少以相同的方式衝擊這個世界。精心打上燈光的舞台可以消弭差異，無論是區分語音與光子的類別差異，還是區分組織培養實驗與速食漢堡生產的規模差異。

TED演講作為感性形式的情形似乎完全是偶然的，但它對於理解圍繞著培養肉的對話非常重要。透過網際網路觀看TED之類的演講，已經成為觀眾瞭解培養肉製作的一個主要途徑。不僅如此，與培養肉相關的道德計畫以及大創意圈呈現的基本前提之間，存在著一種特殊密切的關係。培養肉具有技術性與創新性，也有改變遊戲規則的潛力——這些都是人們在會場外與記者會上會聽到的時髦說法，它的目的也是透過市場、食慾與消化道來讓這個世界變得更好。作為一種消耗品，其形式與在會議舞台上概念被當成可消費品來呈現的方式產生了共鳴。當晚稍後，有名觀眾問弗加奇，現代牧草公司對他和他父親來說是否「只是一個樞紐」，一個讓他們從一個商業機會轉到另一個商業機會的方法。這樣的說法對加柏和安德拉斯．弗加奇來說挺刻薄的，但當有人提出要透過市場經濟機制製造積極的社會變革時，這樣的問題總是值得一問。

與安德拉斯．弗加奇一起站在台上，我對新興技術的社會科學研究以及飲食文化隨著時間推移而改變的方式，笨嘴拙舌地講了幾句。我更想請弗加奇針對他的工作做一些澄清，於是提了一個與他的訊息相悖的問題。「所以，如果馬克・波斯特想做一個漢堡，」我說：「現代牧草公司似乎對複製現有形式的肉品不太感興趣。」弗加奇同意我的說法。現代牧草公司培養了一些弗加奇所謂的「牛排片」，我認識的幾位培養肉運動支持者曾經品嘗過。它們的生產成本仍然很高，不過比波斯特的漢堡低得多，可惜的是弗加奇今晚並沒有帶來任何樣品。我繼續說：「然而，如果漢堡的目標最終是要透過提供一種確切替代品的方式來侵蝕動物肉製品的基礎，那麼當我們向人們提供不複製自然的實驗室肉製品時，又會發生什麼呢？它們能達到同樣的目的嗎？」弗加奇已經準備好答案，即我所說的「擬態」（mimesis）是不必要的。如果消費者選擇了一種新奇的肉品形式，他們對舊有肉品形式的消耗必然會下降。我不停地在思考替代的肉品形式。前往布魯克林前不久，我收到一本名為《試管肉食譜》（*In Vitro Meat Cookbook*）的藝術書，是荷蘭設計工作室「下一代自然網絡」的作品，它探討的是培養肉的追求能夠如何帶來新奇而非模仿的方式。設計工作室成員、該書的諸位作者與藝術家共同想像著未來，從「肉漆」（想想手指畫）到在狀似小貝殼的生物反應器中培養的人造牡蠣，每一粒牡蠣也許都泡在一種添加劑裡，添加劑可以是透過北大西洋或日本外海的海水所營造的海洋風土（這個概念來自動植物生長的地方會影響到由它們製作的食物或飲料的風味）。

我的下一個問題是針對會場內所有與會者的蓄意挑釁。我問，培養肉是否反映出對人性的一種憤世嫉俗態度，因為它似乎更相信組織工程，而不是人類控制吃肉慾望的能力。「這是個有趣的問題，不過也是非常學術性的問題。」弗加奇如此回答我。他接著說：「到頭來，如果世界上每個人都開始吃素或吃純素，那就太好了，不過這是不切實際的想法。」弗加奇承認很多人都試著盡量少吃肉（在富裕的已開發國家，在像是布魯克林這樣的高級地區），這一部分是為了自己的健康，但他還是對這種趨勢能否解決畜牧業產生的問題表達出合理的懷疑。他說，北美與西歐的任何收益都可能被世界上其他地區動物產品消耗的成長抵消。他針對一個已經成為開發中國家肉類消耗增加的標準解釋，提出自己的版本：「在新興市場中，隨著你晉身中產階級，你首先花錢購買的是品質更好、更有營養的食物，而這通常是肉類的形式。」他在主持人的催促下做了總結：「我們希望生產讓消費者能做出選擇的產品，並讓他們做出總體上能產生更好效果的選擇。」

接下來的專題討論由推廣在地與永續性農業的機構代表發言，尤其是推廣此類肉品生產的組織。他們的許多訊息都與霍爾斯提的「食品角色」以及它提到的在地性一致，其中有些人還發表了另一種常見於新農業主義份子之間的觀點：大自然有一套自己的「智慧」。他們說，相形之下，藉由科學來為我們的糧食問題尋找靈丹妙藥完全是錯誤的。一名發言者提出，我們距離所消費物越遠，情況就越糟。在她看來，培養肉似乎讓動物與人類保持著相當遙遠的距離。弗加奇很婉轉地回應，強調現代牧草公司並不想要成為工業化食品系統的一部分，而是要以手工方式生產產品（他特別指出「我們的科學家團隊裡有一名法國人」）。不僅如此，在這場辯論中，他和反方都認同捍衛環境的價值觀，儘管他們並未深入討論究竟什麼才是環境保護論。有位新農業主義者一度搞不清楚狀況，似乎忘了弗加奇和波斯特是兩個完全不同的人，開始談起「安德拉斯的漢堡」。然而在第二個專題討論中，共同的思路是培養肉並非環境問題、食品安全問題或動物福利問題的解決方案，我們被告知，更好的解決方案在於那些生態友善且相對人道的小規模畜牧，也就是新農業主義者所喜愛的方式。規模的問題以及餵飽一顆個飢餓的星球所需面臨的挑戰，似乎都被忽略了。一名主要工作是代表小型農場進行宣傳的與會座談者抱怨說，培養肉在增強農民能力方面幾乎沒有任何作用。雖然我在培養肉運動中幾乎沒有遇到反農業主義者，但是大多數培養肉研究確實是從城市消費者而非農村生產者的角度來想像食品生產的。沒有人喜歡這樣的故事：他們、他們的技能與他們所熟悉的世界都慢慢煙消雲散，而其他人則朝著更美好的未來前進。

一位名叫麥克的廚師問弗加奇：「你不收誰的錢？」麥克暗示，弗加奇一定會受到大型農業企業的金錢誘惑。弗加奇堅持認為，現代牧草公司的投資人大部分都是投機性的創業投資家，而不是大型農業公司的代表。事實上，雖然弗加奇沒有耗費太多唇舌解釋，現代牧草公司更應該被理解為一家小型科技公司，而不是動物產品公司。現代牧草公司並不想被史密斯菲爾德食品（Smithfield）、泰森食品（Tyson）或其他大型肉品公司收購。弗加奇的父親加柏坐在觀眾席上，他已經試圖澄清現代牧草公司並沒有要站在大型農業公司那邊打壓小農，也不是要扼殺傳統農業。加柏繼續說明，任何可以開發的技術都會被開發出來，而且形式有好有壞，比較可能的是，手工與工業版本的培養肉都會出現。

麥克的問題有助於我們瞭解食品／科學區別的確切含義：這並不是關於科學本身，而是關於大規模、工業與資本主義的農業企業。在場的與會者都可以接受，農業歷史充滿了我們不得不勉強接受的「技術性」物品，從犁到精心培育（或基因改造）的種子。再者，任何人都能看到植物育種的技術特徵與基因工程植物的技術特徵之間的區別。若進一步追問，所有人都可能同意，在美國政府的監管體制下生產、購買與銷售的任何食品，都要遵守諸多專業行政機構的健康與安全標準，這些都可以說是廣義的「科學」，因為它們是科學家幫助制定、讓我們的食品必須符合的標準。然而，這些協議並無法讓新農業主義者認同培養肉。我們的論點其實與透過定義來確立自然性沒什麼關係，而是與工業、規模與商業有關。培養肉代表了一種與以往所使用的任何食品生產技術完全不同的食品生產技術，與任何類似於生產道德生態的東西都沒有關聯。

當我從啤酒桌上觀看最後一個專題討論時，也在思索著這一切。大廚們登上舞台，與會者竊竊私語，音量越來越大。「反正我們吃太多肉了。」「大公司也可以有道德。」「如果培養肉實現了，應該會是在麥當勞這樣的地方出現。」「為什麼創投家不把錢投在恢復農地上？」「因為那裡賺不了錢！」弗加奇開始說，製作培養食品產品與傳統發酵類型如魚醬之間有直接的平行關係，結果觀眾席間的一位食品記者直呼這樣的說法犯規，表示雖然你可以說一罐羅馬魚醬或越南魚露是包含細菌培養的生物反應器，這樣的發酵卻是一種不同類型的生物過程，與培養肉使用的細胞培養技術不同。弗加奇接受了來自各方的批評，仍能保持相當冷靜的態度。此刻，他的大部分貢獻都是在針對一群堅持食品生物技術帶有邪惡特質的群眾，試圖將現代牧草公司去妖魔化。

有名新農業主義講者將農業描述為一種代代相傳的形式。我們會死，但是農業與飲食文化會延續下去，因此我們必須以正確的方式實踐並傳承它們。專題討論參加者開始互相詢問是否有小孩。新農業主義者（當我情緒不佳時會習慣性地稱他們為盧德主義者）大肆頌揚與自然和諧相處、代代相傳的農業生活有著什麼樣的優點，其中一人說，為人父母會讓你意識到生活中什麼才是重要的。原本看著小組成員的我，眼光向霍爾斯提那「生命短暫」的標語瞟了一眼，然後又看了回去，腦海中浮現起佛洛伊德所謂的「多重性決定」（Überdeterminierung，英文 overdetermination），其意涵（在《夢的解析》中）是指特定夢境在患者清醒時有多重來源，這讓夢的解析變得複雜。然而，在常見的口語中，這個字眼卻有過度武斷的意思，它顯然會掩蓋掉更微妙、也許更重要的意義。我不禁想知道我們是否真正瞭解霍爾斯提的標示有著什麼樣的意義。顯然，也許不僅僅在今天晚上，有關特定食物是否自然的爭議，是道德而非科學的爭議。這對任何一個正在尋找一種共同且不模糊的語言來談論未來食物的人來說，都具有重要的意義，這顯示出我們使用的詞彙更多是規定性而非描述性的，調性上比較不取決於最新的科學發現，而是更著重於我們的價值觀。正如勞丹所指，烹飪盧德主義實際上是現代工業食品系統的「寄生蟲」，它投射出一種道德生態的幽靈，認為它的宿主不如它所投射的形象，而與此同時，工業生產也阻礙了手工同行的發展。[218] 郭瓦納斯所在的後工業化地區為這個現象的思考提供了一個絕佳的有利位置：手工食品業者與銷售者被陰影籠罩，永遠無法與這些造成陰影的龐然大物競爭。整個郭瓦納斯都可以說是對工業化的讚頌，雖然從某些角度看是一種醜陋的讚美，但工業化從根本上提高了生活水平，儘管不是以土地與水能夠永遠支持的方式。

今晚在郭瓦納斯的會議上，關於目前改革工業化農業的必要性並沒有任何爭論。我們的群眾最終在細雨中散去，對於改革應該利用想像中的過去還是想像中的未來的資源，在這個問題上仍然意見分歧。短短幾年後，現代牧草公司將改變重心，不再利用組織培養技術製作肉類與皮革，改為追求生物製造材料的時尚與設計潛力。二〇一七年，紐約現代藝術博物館（Museum of Modern Art）收購了一件委託現代牧草公司製作的T恤，該公司的首席創意設計師蘇珊・李（Suzanne Lee）將這款上衣描述為一個「如果」問題的答案：如果採用的材料是液狀的，我們會如何重新想像這些服裝？現代牧草公司的目標仍然是用非動物來源的替代品創造出動物產品的類似物，這裡的非動物來源替代品是要找到新方法以製造膠原蛋白這種通常在動物體內作為膠合劑的細胞外物質。若液態生物皮革能夠規模化量產，最終創造出動物來源皮革的替代品，這無疑會是一場材料革命，而且爭議性或許比培養肉來得小：相較於食物的天然性，衣物的天然性是個爭議較小的議題。

Chapter 11

複製

我想起了布爾哈夫博物館裡經過塑化處理的漢堡肉，它與馬克・波斯特演示中使用的那塊很像，可以說是顏色較淺的雙胞胎。就像其孿生兄弟，它模仿傳統肉餅的外觀，但我在談到仿製品或複製品時措辭應該更小心，我不想暗示虛假，好像細胞新陳代謝、分裂與組合形成功能性組織的行為在生物反應器裡比在牛身上更不真實。這都得看你所謂「真」肉到底是什麼意思。真實性是在於你吃下的東西嗎？還是染色體的近似度？在青草餵養的風土中？還是什麼未命名的體細胞特質原則？無論如何，試管漢堡在某種意義上絕對是複製品，它是一種熟悉肉品形式的複製品，由一種新的原料塑造而成，其特性與「原版」略有不同（「原版」這個字眼挺微妙的）。

擬態（mimesis）已經成為製作與銷售培養肉的重要基石，與擴大規模同樣重要（mimesis 這個字源自希臘文的 mimos，意為「模仿者」）。二〇一七年出現了一支為培養雞肉拍攝的宣傳影片，和波斯特在二〇一三年演示時使用的宣傳片差異挺大，它的鏡頭反覆回到一位藝術家繪製雞毛的畫面。藝術家手握鉛筆，紙上的石墨痕跡漂亮又乾淨。這是讓我挺驚訝的選擇，提醒觀者機械或電子複製品表面上的完美與手繪渲染的不完美之間的差異。也許我們會想到手工食品的生產，也許這幅畫隱藏著工廠的一塊遮羞布。這讓人很想引用艾蜜莉·狄金生（Emily Dickinson）的「希望是長著羽毛的東西」，不過幾乎可以肯定的是，細胞培養雞是沒有羽毛的。

波斯特對培養肉的期望是以擬態為前提的。他建議，只有當培養牛肉漢堡在咬勁、嚼勁與價格上與傳統漢堡相當時，消費者才會開始選擇培養牛肉漢堡。雖然也有一些標榜符合道德標準的產品（例如公平貿易咖啡或土雞），在價格上比傳統同類商品稍高卻能暢銷的例子，波斯特並不想過度倚重消費者的利他主義，他的理由是，消費者只有在能保住他們已經享受的飲食時，才會做出合乎道德的選擇。

德國猶太文學評論家華特·班雅明（Walter Benjamin）在其一九三六年的著名論文〈機械複製時代的藝術作品〉（The Work of Art in the Age of Mechanical Reproduction）中，專注於探討二十世紀頭幾十年間藝術作品大規模複製的情形。[219] 獨特藝術作品所擁有的「靈動」特質，以前只能在儀式性的距離上體驗，例如在博物館裡欣賞畫作。在觀眾可以藉由明信片審視這些作品時，這樣的距離突然消失了，他們不用去博物館，就可以觸摸這些藝術品的圖像，把它們放在燈光下欣賞，或是堆在桌子上。然而，複製並非沒有損失。文化歷史學家希勒爾·施瓦茨對班雅明的評價是：「在機械複製的時代，凋零的不是藝術作品的光環、發生的姿態，而是我們對自身生命力的把握。」問題不在原作有什麼元素佚失了，我們仍然可以去參觀原作，無論是博物館裡的藝術品，還是著名且影響深遠的建築物，也就是實習建築師研究的那種；相反的，複製品的存在讓我們對作品的生命力與原創性本身感到焦慮。我們真的擁有它們嗎？它們是否確實存在？經歷昇華的並非藝術品的實體存在。我們不再確信自己能區分出當前的固體物質與它未來即將成為的空氣。

對於這樣的類比，一個明顯的異議是，漢堡與班雅明描述的藝術品是不同種類的東西。一個是食物，另一個，至少對班雅明來說，與我們經驗能力本身有關，與經驗（相對於自然物）能否複製的問題有關。[220]而且漢堡已經存在著大量的多重性，它們實際上都是彼此的複製品，在這樣的狀況下，靈氣是不是一個相關的概念呢？然而，想想班雅明在另一篇有關詩人夏爾·波特萊爾（Charles Baudelaire）的文章中對靈氣的描述：賦予一個物體氣味「意味著賦予它觀看我們的能力作為交換」。[221]在這裡，我們不應太就字面意思去解讀。想像我們自己被我們的藝術（或我們的食物）審視，其實是在想像一個審美時刻的另一個角度，從而豐富對藝術的體驗。如果說複製會讓靈氣衰減，從而使藝術欣賞或飲食瞬間的「生氣」受到質疑，那麼我們就有了一個班雅明可能對複製食物有何想法的線索。按班雅明的說法，我們很容易理解義大利農民卡羅·佩屈尼（Carlo Petrini）於一九八六年發起的慢食運動（Slow Food movement），就是為了再次賦予食物「靈氣」，從而恢復對食物的崇拜。一九八六年，當羅馬第一家麥當勞開業時，提倡「快樂權」的佩屈尼加入抗議這家速食連鎖店的行列，向抗議者供應一盤盤的筆管麵。慢食運動支持者喜歡說，一盤義大利麵比一百個漢堡好得多，這句話巧妙地傳達出義大利的在地性與漢堡的多重性與全球無根性的鮮明對比（漢堡既是全球性的又是美國的，這是這種食物的一個悖論）。那些按照慢食運動要求烹飪的人，通常比較喜歡用手操作以及手作所具有那種粗糙的獨特性，而不喜歡用機器。[222] 瑞秋・勞丹向佩屈尼提出一個重要的反駁：當佩屈尼帶著他的筆管麵出現時，勞丹寫道，「速食店」在羅馬是一個古老的傳統，「可以追溯到凱撒的時代」。這些街頭攤販提供廉價快速的油炸食品，包括著名的羅馬甜甜圈。油炸是很難在家裡進行的，最好由專業人士操作。[223]

恢復理論上因為食品工業化而失去的靈氣，並不是培養肉從業者的主要關注點。在有關複製與規模化的討論中，要求一份「正宗的」漢堡幾乎沒有任何意義，而培養肉從業者最想取代的肉品形式（典型的速食漢堡）通常也不會因為其「真實性」而受到高度評價。關於擬態的問題既是技術性的，例如如何以最佳方式生產出合適的肌肉組織類型，並將它們與適當的脂肪與其他元素結合起來，以獲得接近牛排或雞肉的味道；擬態問題也是策略性的，例如如果我們希望獲得消費者的青睞，那麼哪種類型的肉是最重要的。就此意義而言，波斯特做漢堡的決定是策略性的——香腸可能無法以同樣的方式吸引廣泛的國際關注。我們完全有理由認為，波斯特對擬態的看法是正確的，一如他對漢堡的看法。

但是，儘管擬態對培養肉的未來至關重要，它仍然是個尚未解決的問題，周圍環繞著干擾與挑戰。如前所述，挑戰是技術性的，事實證明，要重現我們稱為肉的動物肌肉與脂肪，比早期的許多說法都來得困難許多。分心是我們朝向發明與競賽的推動力（我在這裡用「分心」這個詞表示肯定而非譴責）。假設我們能將肌肉、脂肪與其他細胞的培養物變成製作食物的原料，那為什麼還要拘泥於傳統形式呢？為什麼不學著烹煮雞胸肉磚、骨髓薄片、豬腰肉丸與鱒魚金字塔？當然，有人可能會反對說，素肉產品早在世界上許多地方行之有年，而且緊緊依附於傳統的肉品形式，尤其是漢堡與香腸。沒有人問，為什麼具有特定紋理的植物蛋白沒有被做成十二面體的形式大量推廣。然而，在自然肉有可能（或者承諾）摒棄其自然形態之際，實驗室培養肉的薄透特質加上做到完美的技術難度，啟發了一系列的替代方案。有人幻想著培養出半透明的魚肉片來製作透明壽司；有人將火雞細胞放在波羅蜜做成的架子上，以製作出混合雞塊。儘管基於體外與體內培養的肉的生物等效性概念，擬態的故事線持續推動著這個領域的發展，但培養肉還是引發了關於複製自然形態意味著什麼，以及打破自然形態意味著什麼的問題。[224]

一般人對於複製、模仿與重複會有許多不同的說法，其中包括有意的（例如為小學科展製作乾冰火山）與無意的（例如雙胞胎的出生）。[225] 讓我們先來談一個模仿的哲學說法，在柏拉圖《理想國》中，模仿就受到尖銳的批評。《理想國》第十卷有個反對具象藝術的論點，其基礎是，對自然的模仿在本體論上遜於新發明。在《理想國》中，更值得稱道的是「分受」（Methexis，**原指團體共享、創作以及即興表演，柏拉圖進一步描述為由某項典範事物中誕生出具有共通性但並不相同的新事物**），用以替代擬態；分受是一種與形式本身相關的方式（也許是透過建造一張桌子，柏拉圖舉了個例子），擬態會同時複製出現象事物相對於理想形式的缺陷。這種有關擬態的看法，在諾斯替（Gnostic）宇宙論的一些版本中可以找到更詳盡的演繹，在這些版本中，世界是由一位瞎眼白癡的半神巨匠造物主所造，祂在創造時扭曲了來自完美形式領域的傳達。然而對培養肉來說，最貼近骨子的複製版本就是細胞複製，這也是整個技術企業所依賴的。組織培養透過細胞複製來生長，細胞培養實驗中最常出現的擬人觀，就是細胞「想」分裂與生長。但是，沒有什麼東西能將自然生長過程與組織培養的最終形態如培養肉區別開來，因為產品的最終形式不需要和取得細胞檢體的動物身體一樣。組織培養不需要與體內自然達到的形式相同，這樣的可塑性可能導致圍繞著培養肉的一些疑慮。也許這種可塑性正是一些粗俗笑話的導因，比如從名人身上來的培養肉，或是將自己的肉拿去培養出來後享用，這些都以可預見的形式在網路上流傳。可塑性帶來一種讓人毛骨悚然的不適感。

從模仿逐漸步入發明時，是否有更廣大的意義呢？一九五七年，漢斯・布魯門伯格（Hans Blumenberg）在他的文章〈模仿自然：走向創造性存在理念的史前史〉（Imitation of Nature: Toward a Prehistory of the Idea of the Creative Being）中，曾針對廣泛的歐洲歷史提出這個問題。[226]他認為，現代人對製造新事物的態度，即我們對發明的熱情以及在試圖與所製造物共存時經常經歷的合理危機，源自於人類技能在特質與意義上的一系列轉變。被廣泛理解為「製造」的技術，一開始是對自然過程的模仿，但最終成為發明的自由發揮，脫離了自然模式。布魯門伯格的敘述誠然是哲學上居高臨下的鳥瞰，它始於一種亞里斯多德式的花園，在那裡，所有技術都被理解為自然過程的模仿或延伸。在這座花園裡，模仿不僅僅是形式或功能的再現，也確保了在自然秩序中的位置感。他的敘述以現代作結，這個時代對自身技術的體驗建立於一種對自己被設定為創造者的極度不安情緒之上。在沉迷於權力之後，我們發現自己宿醉未醒，但是這種宿醉實際上來自先前世界的宇宙動力學，一個我們在現代化過程中逐漸遠離的世界。這一切都需要解釋。

布魯門伯格在文章開頭描述了一名湯匙製作者，他是神學家庫薩的尼各老（Nicolas of Cusa）一四五〇年《三段對話》（*Three Dialogues*）中的一名主要對話者。尼各老筆下這位有發明才能的湯匙製作者在製作湯匙時並沒有以某種自然形式為模型，而是基於一種只存在於人類頭腦中的人造工具理念，因此，湯匙製作者仿效了神的自發創造能力。對布魯門伯格來說，現代性的特點是人類對模仿自然的反叛，人類渴望把自己塑造成創造者，而且自己的創造是有效的，但為此付出的代價則是要接受一種「無根」的存在。因為擬態始終是一個與世界的關係或關聯的首要問題，而現代「生態系統」一詞並沒有完全捕捉到這個世界的連結性，儘管英語中 eco 這個前綴詞確實來自希臘文的 oikos（家或家庭）。我們對於自己對模仿的反叛並不是那麼自在，在尼各老之前，哲學的一個罪魁禍首，在於柏拉圖主義中「分受」（或是一特定對象與該對象相關的終極形式之間的關係）比擬態更具價值的概念，滲透到一個大致上是亞里斯多德式的工藝與創造制度之中，[227] 而且它對擬態的價值要不是感到自在，就是漠不關心。換言之，柏拉圖主義有效插入了一個從前沒有的製造等級制度，這個等級制度很容易就被轉化成神學術語，認為透過模仿來反叛，不只是反叛自然，也是反叛上帝。布魯門伯格認為，與技術專家的衝動有些許關聯的是，現代人把 techne（通常譯為「手藝」）當作一種形而上的事件，新奇則是一種形而上的需要。然而，我們自身的需要與它們的適當性，仍然是個問號。*Homoiosis theoi*（如神一般）是既令人信服又難以忍受的。關於技術與文明失衡的故事已經講過很多次，而且是以許多政治化的方式。布魯門伯格對於這個故事的補充是，問題不僅在於我們的創造物對世界與身心的影響，也在創造物本身的特性。

在布魯門伯格對世界的理解中，培養肉占據了一個有趣的中間地帶。它似乎在某些方面符合亞里斯多德對技術的理解，因為它「擴展」了細胞與肌肉發展的自然過程，超出自然界所能提供的範疇。同時，它也提供一個明顯的機會，讓肉能以新的形式出現，只有密切依附在人們熟悉的形式，培養肉才能保持在模仿自然的模式中。許多進行培養肉生產實驗的科學家都認為，他們培養的肌肉細胞與動物體內發育的肌肉細胞是一樣的。然而在實驗室中，它們必須努力尋找促進細胞生長與健康的環境條件，而這種純粹的努力讓他們敏銳地意識到我們目前與模仿的距離。他們明白，目前，甚至可能是永遠，培養肉只能在最終形態而非實驗室中產生擬態效果。儘管許多推廣者聲稱，培養肉製造並非「在實驗室裡而不是在動物身上讓肉生長」，好像「生長」在每個例子中的意思是相同的。與我交談過的科學家與工程師可能不認為自己屬於亞里斯多德學派，但他們若是聽到生物技術在亞里斯多德的「能產之自然」（*natura naturans*，即作為生產過程的自然界）和「所產之自然」（*natura naturata*，即作為一組特定形狀的自然界）這兩個範疇之間引進了一個重要的區別，也不會感到驚訝。[228]

在培養肉的例子中，擬態受到束縛的問題在於，這整個哲學動態必須壓縮成漢堡的形狀，而它又如此明顯可以滿溢出這個模子。對亞里斯多德而言，模仿自然是一種關係原則，人類雙手製造的東西仰賴他們的祖先，並將這種依賴性記在心裡。在二十一世紀初的組織培養與組織工程中，這種依賴性變得日益薄弱，人類意識的存在會很敏銳地感受到。布魯門伯格在一九五七年文章中的論點，並不是說擬態以及它可能帶來的連結感對我們這些陷入困境的現代人來說會比發明更好，也不是說亞里斯多德是關鍵的思想家，我們應該從他的作品中紡出一部科技史，或者尤其是技術史。他下的賭注無非就是讓我們有能力去看待現實，無論這個現實是有機的還是人工的，長出來的還是造出來的，我們都會將之視為合理，並承認被稱為創造的人類自由，不至於陷入對下一個工具或玩具的強迫性搜索。布魯門伯格希望的是一種比較不扭曲的人造物。

我在培養肉實驗室的對話者似乎並沒有特別受到困擾，至少沒有被模仿與發明的區別所困擾。組織培養工作中「能產之自然」與「所產之自然」的劃分，多半是為新的可能性打開另一扇門，導致複製的技術將（假設複製成功）不可避免地超越複製，最終通向原始創造的挑戰，即布魯門伯格可能將之定位於某種世俗化的、等同於人類靈魂之內的東西。問題是，當我們在實驗室裡創造出肉類時，我們的創造物會講述哪些關於我們和我們胃口的故事呢？

Chapter 12

哲學家

「夥計們，你們在一個有彼得・辛格（Peter Singer）參加的專題討論上大放厥詞！」那些奇怪的日子裡，動物保護份子打斷了有關動物痛苦的哲學討論，也就是哲學家彼得・辛格專擅的主題。那是二〇一四年十月。我在紐約下東區的曼尼坎托社區中心（Manny Cantor Community Center）加入一群人的行列，參加一場有關蛋白質未來的圓桌會議，其問答環節已經成為一個三環馬戲團（Three-ring circus，指中央表演空間排列了三個環狀場地進行不同表演的馬戲團表演方式，引申為歡樂而混亂喧鬧的場面）。一個名為「食品飲料博物館」（Museum of Food and Drink, MOFAD）的組織辦了一場專題討論，與會者包括非營利機構新收穫的伊莎・達塔爾、傳統肉品分銷公司美國傳統食品公司（Heritage Foods USA）的負責人派屈克・馬丁斯（Patrick Martins），以及《食肉動物宣言》（*The Carnivore Manifesto*）的作者麥克．艾迪森（Mike Edison）。[229]專題討論的成員還有辛格與另一位哲學家馬克．布道爾夫森（Mark Budolfson）。辛格一九七五年出版的著作《動物解放》（*Animal Liberation*）常被稱為動物權利運動的聖經。[230]主持人戴夫．阿諾德（Dave Arnold）是一位廚師，也是食品飲料領域的專業創新者。阿諾德在食品界的某些神秘領域名氣很大，他最重要也最具代表性的成就包括成立食品飲料博物館，以及在博物館成立之前創設的 Booker and Dax，一間廣受雞尾酒行家喜愛的時尚酒吧。阿諾德曾是哲學系學生，也是雕塑家，他最近創造了一種他命名為「Searzall」的裝置，這基本上是將一組鐵絲網放在廚房瓦斯噴槍的末端，如此一來可以達到替食物煎封的效果，味道又不至於混入焦味。在問答環節中，阿諾德忍不住對那些打斷活動的激進份子大聲了起來。

辛格的《動物解放》至二〇一四年已出版三十九年，我在培養肉運動的田野調查中交談過的每一位哲學界人士，其思想背後都受到辛格提出的功利主義詮釋所支持。這本書仍然是一個里程碑式的論點，支持將動物從我們的食品生產系統與醫學實驗系統中解放出來，也從有利於化妝品產業與其他產業的實驗中解放出來。其出發點並不是對動物的愛，而是始於一種激發動物保護的哲學信念。「我是素食主義者，」辛格曾寫道：「因為我是個功利主義者。」[231]那為什麼這些激進份子選擇這場活動舉行抗議呢？「彼得，我們欣賞你，我們愛你，但這裡沒有人談論要讓動物活下去。」他們的發言人如是說。她的評論無意間道出辛格對待動物痛苦的方式與這些激進份子的態度並不相同。「讓動物活下去」似乎意味著讓動物單純過著自己的生活，儘管口號中並沒有說明這些生活是什麼樣的，只是說牠們要活得和人類一樣有尊嚴。相形之下，辛格所言並非與動物生命固有價值相關的哲學，對辛格來說，人類與動物生命總是被快樂或痛苦的經驗勾勒出來的。這些與固有價值等概念不同，是一個功利主義者可以用以衡量的條件，並希望藉此讓世界變得更美好。對人類經驗敏感的哲學家不願意譴責同情與共情的情感反應，但辛格的方法要求我們不要從自身的情感對象而是從論證開始。

這些激進份子是一個名為「集體自由」（Collectively Free）組織的成員，他們舉著印有食用動物圖片的牌子，如牛、豬、龍蝦。牌子上寫著：「我想活下去」，他們呼喊回應著這樣的口號：「牠們想活下去，就像你想活下去，讓牠們活下去。」[232] 集體自由組織為何決定擾亂這場特定的專題討論仍然是個謎，因為發言者幾乎都不是提倡工業化規模飼養、屠宰並大量享用肉食、造成大量動物犧牲的肉食主義者。派屈克．馬丁斯確實為某一種肉食主義提出辯護，但這是美國慢食協會（Slow Food USA）提倡的，較為溫和。美國慢食協會由馬丁斯成立，是國際慢食運動的成員。慢食活動的複雜計畫可以概括為工業化農業與快餐的退落，以及人類遺產與社區價值的提升。馬丁斯反對工業規模的畜牧業，在他眼中，這樣的畜牧業被環境浪費與不必要的殘忍所包圍。他讚美義大利農民（在義大利工業化之前）高尚的食肉習慣：義大利農民吃的肉醬，每份可能只有一盎司的絞肉，而且很少吃。馬丁斯說，這樣一來，一隻火雞可能養活一個村莊。這種小規模的消耗可以由小型農場的肉類生產來供應，從環境的角度看，這是一種更具永續性的選擇。很少有肉類推廣者會告訴你少吃肉，但是馬丁斯會，他會很樂意告訴你，要求窮人吃比較便宜肉的人，反映出一種可恥的階級偏見。他認為人們得捨棄便宜的肉，每個人都應該渴求吃到相對少量但品質較佳的肉。

達塔爾也是改革者，作為新收穫機構的負責人，她的目標是推廣藉由組織培養製作的動物產品替代品，她對今晚演講的貢獻，是一個沒有任何動物受苦的食品生產願景。在她描述新收穫機構的工作時，我注意到她的語氣很溫和。她將培養肉當作一種值得我們研究並投入時間和金錢的技術可能性，而不是解決食品系統問題的必然方法或萬靈藥，只是碰巧在這個特殊事件中，細胞農業的承諾被更早有關傳統活體肉品生產倫理的辯論所淹沒。彼得．辛格也是一位改革者，這位哲學家花了很多時間向大眾推廣利他主義或是更廣義的「結果論主義」道德哲學。布道爾夫森也在同樣的結果論主義哲學框架下工作，不過對辛格的論點——特別是提倡將消費者選擇作為社會變革的手段——有所保留。布道爾夫森反而讚揚利用政府監管來減少對動物與環境的傷害，他對討論的貢獻之一是「傷害足跡」（harm footprint）這個術語，這個從碳足跡轉過來的概念不僅結合了衡量痛苦的渴望，也讓我們像對待環境破壞一樣地認真對待我們的道德缺陷，將它們視為我們文明中的結構性問題。[233]

專題討論並沒有優雅地回應激進份子，我不怪他們。集體自由組織緊盯著馬丁斯，問他如果自己即將被殺，會有什麼感受。馬丁斯為自己辯解了一下，也許是覺得雙方可以進行一場理性辯論。他描述了一個品種的家養豬紅荊豬，如果不是育種家把牠從瀕臨絕滅的境地帶回來作為食用動物，現在早就不存在了。然後，馬丁斯因為整個狀況的粗暴處理顯得有些煩躁，不過這是值得原諒的，他針對「我想活下去」的口號想了想，說：「好吧，我並不總是想活下去的。」這句話並不是說他有自殺傾向，而是說從人類的角度看，想望或渴望一個人的生命是一趟複雜的旅程，其間點綴著許多粗糙的阻礙與令人震驚的再出發。辛格表示，目前尚不清楚哪些動物（如果有的話）知道自己有未來，我們也不清楚我們的食用動物是否有意識地希望牠們的存在能隨著時間的推移而延長。生存本能可能只是本能，而不是存在感的標誌。我記得有些動物保護激進份子曾批評辛格，認為他對動物生命神聖性的立場不夠極端。集體自由組織不只是想要其他人幾近同意他們的計畫，他們要的是完全同意。辛格沒有也不會承諾不惜一切代價捍衛動物生命，這樣的立場並無法反映他的觀點。

作為一名功利主義者，辛格是十八世紀末出現的一個英國學派的支持者，它有時稱為古典功利主義，是一個綜合了學術、政治與社會的理論類型。功利主義結合了下列特點，它是結果論主義（也是結果論主義的一個子類型），因為它透過考慮行動的結果判斷對錯，而不會專注於行動本身的本質。它是個關乎目的而非手段的學說，它也是普遍主義，因為它聲稱要平等地考慮到每一個生命的意義。它是福利主義，因為它從滿足人們需求的角度來理解並衡量人們的福祉。它是集體性的，因為它在考慮時會把每個人的利益加在一起，以最大限度讓多數人幸福並將痛苦最小化為目標。個人只能作為整體的一部分，每個人都算作一，不會多於一。

如果說這種對功利主義各部分的描述似乎是示意性的，那麼值得一提的是，許多功利主義者對世界的描述，可能看起來就像是線圖或藍圖。正如哲學家伯納德．威廉斯（Bernard Williams）在一篇批評功利主義的論文中所指出的，這種方法「迎合一種心態，在這種心態下，技術困難……比道德上的不明確更可取，這無疑是因為它不那麼令人擔憂。」[234] 也就是說，對一名功利主義者來說，與其不確定什麼才是理想結果，不如做一份得平衡多方利益的複雜工作。功利主義吸引了那些不喜歡道德模糊的人，也吸引了那些關注結果的人，而這也描述了許多培養肉領域的行為者，他們熱切期待著畜牧業的結束。我們可以說，它是一種哲學，適用於實際和可能的問題解決者。

功利主義的記錄者之一哲學家巴特・舒爾茨（Bart Schultz），將早期的功利主義者稱為「幸福哲學家」。這個名詞讓人想到威廉・戈德溫、傑瑞米・邊沁（Jeremy Bentham）、詹姆斯・彌爾（James Mill）與約翰・穆勒（John Stuart Mill）的計畫中一個非常積極的層面。哲學家伯特蘭・羅素（Bertrand Russell）在其一九二六年的文章〈好人帶來的傷害〉（The Harm That Good Men Do）中，將英國十九世紀的許多偉大社會變革都歸功於功利主義的影響，從〈一八三二年改革法案〉（Reform Act of 1832）（讓議會更能反映出中產階級而非嚴格意義上的貴族利益）到一八三三年的〈廢奴法案〉（Slavery Abolition Act），到一八四〇年代晚期〈穀物法〉（Corn Laws）的廢除（降低糧食價格），再到義務教育的推行。[235]因此奇怪的是，一種看似在權力上如此進步、並在減少痛苦與使所有人幸福最大化方面令人欽佩的道德哲學，在羅素之後的幾十年裡，可能被視為一種官僚主義與限制性的推理形式，與個人自由與尊嚴背道而馳。正是在後一種關鍵中，米歇爾・傅柯（Michel Foucault）寫道：「我希望哲學史家會原諒我這樣說，但是我相信，邊沁對我們的社會比康德或黑格爾重要。我們整個社會都應該向他表達敬意。」這是諷刺。傅柯指的是邊沁的行政發明，即「圓形監獄」，這種建築設計目的在改善機構條件，幫助糾正囚犯。[236]雖然傅柯聲稱「全景敞視主義」是邊沁遺留給後世的真正遺產，這對他的目標造成一定的損害，但是這個說法確實有其正確之處。從一開始，功利主義的想像往往（但不總是）是一種行政想像。它假定一個完全無私的視角，評估不同生命各自的幸福與痛苦，彷彿它們是要被管理的單位。為了達到這個目的，它必須在所監督的不同單位之間建立某種等價關係。辛格在處理這個問題時承認，雖然人的需求與動物的需求很可能大相徑庭，但是兩者都要滿足功利主義者常說的「滿意度」。

從這個意義上來說，滿意度是一個具有分析優勢的概念。雖然你我的需求無疑是不同的，我們都可以感覺到自己的需求得到很大的滿足、一點點滿足或是根本得不到滿足。但值得注意的是，在針對個人的不同利益時，這個滿意度原則可以有一種撫平的功能。如果每個人都算作一，而且不會多於一，結果就是嚴格拒絕優先處理特定個人或特定個人的目標。邊沁在一七七六年寫道：「最多數人的最大幸福才是衡量是非的標準。」[237] 在辛格看來，這是一種「健全的理論」，我們可以從這種理論出發，走向正確的行動，而不是將自己的道德直覺（或是我們對特定生物的同情心）當成起點然後建立起能夠解釋和辯護這些直覺的理論。一名好的功利主義者會注意到自己的偏見，並記得在進行道德算計時加以檢查。正如哲學家阿拉斯代爾．麥金泰爾（Alasdair MacIntyre）所指，這種「檢查」的問題在於，它表明功利主義「沒有為真正的無條件承諾提供任何空間」，例如父母對子女做出的承諾。[238]

「功利主義者」這個名詞是邊沁在一七八一年夏天作夢夢到的，當時他已經開始寫作他的重要哲學著作。在這個決定性的夢中，他創立了「功利主義教派」，他的著作已經直接導致一個具有共同信仰與信念的共同體。邊沁的觀點表達的不只是一時想說服他人的興趣。[239] 英國古典功利主義的悖論在於，它的「幸福計算」同時包含對兩件事的衝動。首先，它推動社會進步、顛覆並瓦解那些不利於人類進步的傳統形式；其次，它逐漸演變成一種官僚主義的推理，特別是從其他道德哲學說法的觀點來看，它藉由將「幸福」或「滿意度」之類的概念變得不完全讓人信服，來降低道德決定的複雜性。功利主義者希望能從宇宙的立場出發，觀察世界的笑與淚。

對於關乎與非人類動物生活在一起的哲學後果（借用哲學家柯斯嘉德的話）的一系列更廣泛對話，功利主義並不特別感到興趣。[240]克里斯汀・柯斯嘉德（Christine Korsgaard）認為，在我們對世界的思考中，動物給我們帶來「深刻的干擾」，就好比我們「無法堅定地將牠們帶入視野，無法看到牠們的真實面貌。」[241]由於它們是如此難以思考，所以思考起來成果豐碩。動物似乎不像人類一樣會組織生活，一隻熊可能會分辨漿果的好壞，但這並不是透過相同的認知工具，或是在讓我認識到自己是不是好兒子的同樣文化環境中。熊和人這兩種動物都有規範，卻是不同種類的規範。人類生活由一種「奇怪的額外維度」來加以區別，一種生活感，就好比我們每天努力實現的計畫。

詩人保羅・穆爾登曾寫道：

我和潘古爾，我的白貓
同樣都有慾望，
潘古爾追逐老鼠，
我找尋準確的詞……[242]

然而，找尋一個詞與獵捕老鼠並不完全一樣，這就是穆爾登的詩所仰賴的張力。精確的詞語與其他詞語和表達目的感聯繫在一起，這種目的感到頭來超越了貓殺死一隻老鼠，或許還把老鼠呈現給人類同伴的意義。一如詩人和貓相似卻又不同，這種投射特質將我想要活下去的經驗與龍蝦的類似慾望區分開來。這並沒有說明我們各自慾望的相對有效性，卻說明它們的不同特性。[243]然而，如果說與動物一起生活會引發人類特殊性的重要問題，這並不能解決我們關於對待動物方式的道德問題，除非我們把自己的特殊性當成宰殺和食用動物的論據來炫耀；也就是說，除非我們全盤接受人類中心主義，認為作為人類，為了滿足內心慾望，就可以殘忍地對待非人類。

辛格《動物解放》的核心就是前述的動物痛苦問題。辛格的目標始終都是要「擴大道德圈（moral circle）」，這個道德圈圍繞著那些我們認為值得考慮的生命。[244]辛格並不認為動物的生命與人類的生命具有同樣的價值，但是他也從來沒有主張人類在道德上的優越性或是人類需求的道德優先性。辛格沒有辯稱動物或人類的生命具有某種內在價值，而是認為我們（在「我們眾生」的意義上）的幸福或痛苦才是讓我們值得道德考量的原因。我們目前與將來潛在的經驗狀態集合，其正確性讓我們做出是否飼養動物為食之類的艱難道德選擇。

與其說《動物解放》是一本哲學書，不如說是一本從哲學角度出發的行動主義者著作。就其哲學論證段落以及我們食品與醫學研究系統中對動物的殘忍行為的詳細描述而言，前者與後者的比例讓人聯想到一杯非常乾澀的馬丁尼酒：極少量的苦艾酒加上相對大量的琴酒。這在哲學上並非無效（儘管有些哲學家會反對我將哲學與苦艾酒而非琴酒劃上等號），論證並不是長才有力。辛格想要克服一種他稱之為「物種主義」（speciesism）的偏見，或者說，他認為人類的關注點遠遠比其他動物的關注點來得重要，以至於其他動物的痛苦都不作數。柯斯嘉德指出，哲學中物種主義最引人注目的表現，可以在康德關於人類起源的思考中找到，他在其中考慮了人類與其他動物之間的區別：

> 理性的第四步也是最後一步，從而使人的地位完全超越動物社會，是人類……意識到他是自然界的真正目的……當他第一次對羊說「你身上的皮毛是大自然賜給你的，它不是給你自己用的，而是給我的」，然後從羊身上取下皮毛穿在身上時，意識到一種特權……一種自己對所有動物所享有的特權；現在，他再也不把牠們視為同類，而是將牠們當成為了達到他所喜歡的任何目的而可以隨意使用的手段和工具。[245]

動物只是「手段與工具」的概念，與人類的「任何目的」相比，不值得道德考量，這種觀點肯定會冒犯辛格及其追隨者。從宇宙的角度看，野獸的痛苦與人類的痛苦是一樣的。邊沁自己在《道德與立法原則概論》（*Introduction to the Principles of Morals and Legislation*）中，曾從動物與人類所受痛苦的道德考量角度，寫下動物與人類之間的可能區別：「問題不在於牠們能不能思考，也不是牠們能不能說話，而是牠們會不會痛苦。」[246]辛格選擇用「物種主義」這個詞來描述對動物道德地位的否定，他借用了在牛津大學認識的心理學家暨動保份子理查．萊德（Richard Ryder）的說法。萊德在一九七〇年出版的一本同名小冊中創造了這個詞。[247]這個詞的含義與其說是哲學性的，不如說是社會科學性的——「物種主義」診斷出一種類似種族主義的社會偏見——但它可以被理解為功利主義在非人類身上的普遍性應用。同樣的，從知覺能力（能感受痛苦或幸福的能力）的角度，在人與動物之間劃定一種等價關係，並不是在截然不同的各類生命之間建立起一種更徹底的道德等價關係。

辛格反對工業或食品系統中的動物受苦，但奇怪的是，他並不反對動物死亡本身。在辛格的思想中，沒有任何東西迫使他將生命本身或是個別動物的生命視為神聖不可侵犯。他強調，生命中的痛苦，實際上比生命的消逝更成問題。辛格指出，目前還不清楚許多動物是否意識到自己正在過的生活與未來，這使得牠們的死亡與大多數人類的死亡有著不同的意義。儘管如此，他堅持認為，只有當一個人也願意殺死一個與動物有相似認知水平的人時，無痛屠宰才是一種能夠免於物種主義指控的行動。辛格堅持這個觀點，這並不是為了將物種主義解釋為道德上的錯誤，而是因為他認為物種主義為動物痛苦的概念打開了大門。[248]

辛格的《動物解放》並非沒有批評者，有些人乾脆否認動物痛苦的道德意義，但辛格比較有趣的反對者是一群哲學家，他們同情保護動物的總體計畫，但對辛格的功利主義方法表示懷疑。[249]其中一位批評者是法律學者蓋瑞．弗蘭西昂（Gary Francione），他認為令人費解的是，辛格（一如邊沁）可以反對受苦，卻不把動物的死亡視為一種需要道德補救的傷害形式。[250]弗蘭西昂的理由是，辛格誤解了所謂的知覺能力，因為他強調出這知覺能力表面上的目的，即幸福或痛苦的紀錄。弗蘭西昂表示，知覺能力的實際作用在於幫助動物個體生存。將動物的死亡從對動物造成的總傷害計算中剔除，就是逃避知識與道德責任。弗蘭西昂的觀點是有道理的，因為生物並不是直接情感與認知狀態的集合體。

在辛格的義務論（即注重一行為的固有正確性或錯誤性而非其結果）的批評者中，哲學家湯姆・雷根（Tom Regan）也很突出，他在著作《動物權利案例》（*The Case For Animal Rights*, 1983）中提出主張認為，我們對動物施加的主要錯誤並非痛苦。小牛犢與活生生下水烹煮的龍蝦所遭受的所有痛苦，只是加重了工具性對待生物的更深層錯誤，這些生物是可能被賦予自身權利的。雷根駁斥權力的契約理論，也否定功利主義，儘管它具有吸引人的平等特質。他寫道：「我們在功利主義中發現的平等，並非動物權利或人權倡議者應該想到的那種平等。功利主義沒有為不同個體的平等道德權利提供空間，因為它沒有為他們的平等內在價值提供空間。」這個觀點很微妙。從雷根的角度看，功利主義是值得稱道的平等主義，但是它對個人價值這樣的觀點卻不感興趣，這是不可取的，因為它把個人和他們的經驗（幸福、痛苦）分隔開，決定只有後者才有重要性。這與弗蘭西昂的觀點一致，即知覺能力並不僅僅是一動物所經歷的東西。

在早期的一篇文章中，雷根認為如果某些人類（即弱智者與嬰兒）擁有權利，那麼動物也可能擁有這些權利。之後，雷根繼續提出一種權利理論，其基礎並非契約的概念，而是內在價值的概念，即人類與動物等所有「生命的主體」都擁有的一種特質。[251] 相較於辛格的功利主義，雷根的權利理論對畜牧業的影響更具有強烈的廢奴主義色彩（用一個在動物權利運動中常見的歷史術語來形容）。當然，權利理論對於捍衛動物固有權利在實踐中該如何發揮作用，或者對於人類為了看到動物權利獲得捍衛而願意付出的代價（真實的代價或是以機會損失來表達的代價），並沒有怎麼著墨。有關對待動物的道德問題，其哲學爭議的諷刺之處在於，主要爭論者的目標都是為了同一個結果，即畜牧業本身的終結。在曼尼坎托爾社區中心，我與鄰座與會者閒聊時得知，周圍有許多人都是吃純素的廢除主義者，他們除此以外別無所求。還有一些人是熱衷於批判工業化農業的美食愛好者，他們會滿足於小規模畜牧業所能帶來較和緩的動物痛苦，也可能會願意相應地減少自己的食肉行為，偶爾吃少量豬肉或牛肉，偶爾吃點火雞。

迫切需要解決的問題是，是否有一種令人信服的道德哲學，能為人類吃動物的行為辯護。這不是要為了在人類生命受到威脅的特殊情況下吃動物的情況提出辯護（許多功利主義者會寬恕在墜機於大雪封山處的緊急狀況，只有態度特別嚴格的義務論者才會反對），而是為工業規模畜牧業的實踐提出辯護，或者換句話說，是對日常肉類消費的辯護，對廉價肉品的辯護。正如辛格指出的，如果用功利主義的術語表達這樣的論證，就需要權衡人類的快樂與動物的痛苦，並賦予每個單位的人類滿足比相同單位的動物痛苦更高的權重。事實上，這確實描述了我們現在生活的世界，並不是因為已經做出道德判斷，而是因為透過動物飼養、殺戮、屠宰、進食等歷史事件的自然累積，以及（對功利主義者來說最重要的）上述做法在工業現代化中的大規模升級，這個現象是此刻在食品飲料博物館參加活動的每一名與會者，無論其哲學取向如何，似乎都感到遺憾的。

辛格主張物種主義是一種道德腐敗，讓我們思考一下另一種捍衛物種主義的心思。一九七八年，哲學家麥可・福克斯（Michael Allen Fox）對辛格的論點與湯姆・雷根的一篇文章作出回應，在過程中將這兩種截然不同的動物解放方法合而為一。[252] 福克斯承認動物可能有利益，但是對辛格與雷根的共同主張提出質疑，也就是說，他並不贊成動物利益等同人類利益的論點。此外，他也不認為人類可以代表動物提出任何基於權利的主張。然而，福克斯並不是為殘酷對待動物提供哲學上的辯護，他的辯解只是針對人類擁有比動物更高的道德優越性，以及動物存在於我們的道德圈之外的說法。福克斯認為，將知覺能力與感受痛苦與樂趣的能力劃上等號，並將人類與非人類動物統一放在有知覺能力的範疇之下，是有問題的，因為這是為道德權利的擁有追求一種特定的經驗基礎。事實上，福克斯認為，試圖將人類的道德權利具體建立在一套普遍的、經驗上可觀察的特質上，往往會因為純粹的人類能力差異而受挫。福克斯表示，道德權利必須來自其他地方，他聲稱，儘管認知能力不能為我們的權利提供依據，我們的自主性傾向（由認知能力保障的東西）卻可以作為這些權利的基礎。人類因為自身條件自然而然地擁有道德自主的能力，所以可以成為道德共同體的一部分，而真正保障道德權利的，是共同體的成員資格。

在這裡，重要的不是福克斯的哲學觀點是否勝出雷根與辛格，這兩位作者也都否認了這一點。[253] 重要的是，即使在論證人類道德獨特性的過程中，福克斯也不認為他已經得出一個允許對非人類動物殘忍的論點。然而，他確實認為，在動物受到人道對待的情況下，沒有代表動物的道德權利論點，就意味著人類可以將動物當作食物。他承認，工廠化養殖並無人道可言。福克斯對辛格所謂「物種主義」的辯護，只是肉食行為的部分辯護，這種辯護可能涵蓋了馬丁斯的肉品生產方法（前提是這種方法要如馬丁斯承諾的那麼人道），但是並無法為廉價肉品提供辯護。

假設我們不考慮〈創世記〉第九章第三節[254]的一段經文，截至本文撰寫之際，我還沒有遇到任何能為廉價肉品提出滿意辯護的哲學論點。根據這段經文，上帝把所有動物都賜給諾亞和他的兒子們（從而賜給大洪水之後的人類）作為食物。我可以想到好幾個吃動物的論點，這些論點有的是基於文化（包括宗教）傳統的合法性，有的是基於慣於飼養和享用自己飼養的動物的人們有食物主權的政治論點，但是我無法憑良心說，這些論點似乎克服了功利主義與義務論對食用動物的異議，尤其是食用那些生來就是廉價肉品的動物。正是基於這些理由，我把自己的肉食行為視為我道德瑕疵的標誌。我可能為吃肉而提出的任何道德哲學論點，在我看來都是為了維護我美食便利的遮羞布。

哲學很少會以自己偏好的方式面對意識形態爭論的世界。「你讀過甲殼類動物傷害感受的文章嗎？」戴夫．阿諾德怒氣沖沖地向一名舉著龍蝦牌子的激進份子問道。集體自由組織是否曾查閱過有關龍蝦感受痛覺方式的科學文獻？有名激進份子回應道：「你有權坐下來討論殺害牠們的話題，那麼牠們為什麼沒有生存的權利？」阿諾德試著提醒這名激進份子，專題討論一般都是站在他們那邊的，然後他就因為這些人的堅持而開始感到惱火，這是可以理解的。他說：「你在這裡給我一張怪異豬寶貝的照片。」他指的是一張草地上有隻豬的田園形象。「請你只問一個問題。」阿諾德嘆了口氣，從一位同事手中拿回麥克風，這位同事可能是為了不讓阿諾德說出一些他可能會後悔的話而拿走他的麥克風。辛格試圖讓房間裡的氣氛輕鬆一點，他說他很欣賞這名激進份子所言，而且對於有意識想活下去所需要的認知能力，著實存在著真正的哲學問題。辛格表示，豬或牛可能具有這些能力；至於龍蝦，他則有些疑慮。[255]但是牠們會痛苦，這名激進份子說。當然，辛格說，牠們顯然是有這種能力。馬丁斯利用這個機會對辛格強調的痛苦進一步發揮，表示像他這樣致力為農場動物謀求幸福並讓牠們輕鬆死去的公司，是解決痛苦的部分手段——當然，如果培養肉能成為現實，也會是一種手段。「萬物都想活下去，」達塔爾說：「如果我們能在不殺生的狀況下生產食物，我不明白我們為什麼不這麼做。」辛格曾對觀眾說，他希望肉食根本不會有未來，而當一陣陣的掌聲逐漸平息時，他修正了這句話，說他希望肉食沒有未來，也許，除了以培養肉的形式以外。更多的掌聲響起。

但是培養肉也有道德問題，這無關乎我們對收穫細胞的道德關注，而是關於培養肉可能對我們對動物的道德觀所產生的影響。事實上，培養肉對於我們對動物的道德哲學觀的影響，可能比我們對於動物的道德哲學觀對培養肉的影響還來得大。相對而言，我們很容易看出，培養肉是否適用於不同的動物保護哲學觀點。辛格支持的培養肉論述似乎是，試管技術讓我們消除了大部分或全部的現存肉類生產基礎設施，結束了數以百萬計動物的痛苦，以及不斷繁殖更多動物的需要。我們可能會為每個物種保留下少量的種子種群，數量為數萬隻，目的在於保存遺傳多樣性。對這樣的安排，最顯著的哲學異議可能來自湯姆·雷根，即對細胞進行活組織檢驗只是對動物身體又一次的工具性利用，也許是對動物權利的侵犯。

但是，假設培養肉導致畜牧業的廢除，它將改變我們對這些生物、這些非人類動物存在意義的認定。完全或部分解放的動物會是什麼狀況？儘管我們使用了牠們的一些細胞，在一個細胞農業的世界裡，食用動物可能會回到牠們自己的功能上。因此，牠們會以與今天截然不同的方式出現在人類的視野中，雷根所謂「生命的主體」似乎是個恰當的用詞。如果我們到鄉村去冒險，可能會遇到更多自由追求個體潛能的動物，牠們在那裡覓食、交配、育幼、變老、社交、並以自己的方式反芻。這裡顯然有個問題是，一隻更滿足的豬或雞，是否比那些被幽禁的、被剪羽的、不開心的同類更值得獲得滿足感。就像人類擁有自己的終極目標一樣，牠看起來像是一種擁有自身終極目標的動物嗎？一個「想要活下去」的生物，牠的生活方式與我們渴望自己生活的方式不同，但我們是否能認識到這一點？在我們討論這個世界能有多幸福的時候，一個生物的個體經驗，而不僅僅是在牠體內蕩漾的積極或消極情緒，到底重不重要？

Chapter 13

馬斯垂克

培養肉為什麼能在荷蘭找到第一個據點？為什麼荷蘭科學家是第一個擁抱這個理念並嘗試將它帶入實驗室的人？最簡單的答案可能是純粹的巧合：威勒姆・范艾倫，一位特別執著於培養肉的倡導者，在晚年組織起研究人員並贏得政府資助，導致馬克・波斯特的漢堡計畫，范艾倫恰巧是荷蘭人。我在二〇一四與一五年一有機會就待在一起的波斯特是荷蘭醫學博士、科學家、教授與企業家，他給出了一個不同的答案：荷蘭人並不像其他歐洲人那樣崇尚自己的美食，他們可以自由地將食物視為單純的燃料，也可以自由地對食物的設計與創造進行創造性思考。就像他們對自己的土地進行創造性思考一樣，在過去幾世紀以來，他們與海爭地，造陸面積達該國領土的五分之一。[256]在荷蘭，你不用走得太遠，就會發現整片土地已經有效進行地形改造，每一公分的土地都變得肥沃，發揮效益。波斯特的答案無從考證，但它符合荷蘭大量建造堤防水壩的歷史，也符合荷蘭人的肉食文化，其中包含高度加工處理的肉丸與香腸，特別是一種名叫 frikandellen 的特色香腸，這種加工食品的工業起源不明，但在荷蘭非常流行。多年來，波斯特每天午餐都吃同一種三明治，在衡量他對本國美食的評價時，我們應該記住這個事實。

二〇一四年，我第一次在舊金山見到波斯特，經由一番曲折迂迴，我來到波斯特在荷蘭馬斯垂克的實驗室，他態度友善地俯視著我。按我家的標準，我已經很高了，但是我的身高剛好在荷蘭男性平均六英尺身高之下，而波斯特的身高遠遠超過這個數字。[257] 初見時，我們倆同為一場會議的講者，那是一場有關培養肉的晚間對話，在舊金山港口大樓附近的荷蘭領事館辦公室舉行，它位於城市東北角的碼頭旁邊，離通往奧克蘭的海灣大橋橋塔不遠。在漢堡演示的一年以後，波斯特仍然是培養肉界的英雄，也許在荷蘭的活動中尤其如此。五十多歲、精力充沛的波斯特很常笑，很愛開玩笑，也不會迴避像是歌劇這樣的話題，他其實是個歌劇愛好者。從領事館的窗戶可以看到舊金山灣的迷人景色，在那裡，他講到地中海島嶼上的圓形劇場廢墟，以及與墨西拿（Messina）隔水相望的義大利海岸景色。人們很容易覺得波斯特這個人行動力十足，這位身兼醫師與企業家身分的行動家，他的才能終於將他推到比診所和實驗室還更大的舞台。我獲悉，製作波斯特二〇一三年演示所使用宣傳片的拓展部紀錄片公司製作了第二部影片，將重點放在波斯特，講述漢堡製作背後的故事。雖然這部影片並未完成或發布，製片還是跟我分享了一些片段，像是波斯特和家人一起用餐、在後院做仰臥起坐、在海上航行等等。自從波斯特在二〇〇八年加入范艾倫成立的荷蘭培養肉研究計畫，他就成為一名新興產業的代言人，只要在網路上搜索一下，就能看到他的笑容。

我們今晚的講座，由帕羅奧圖的未來研究所與隸屬於荷蘭經濟部的矽谷荷蘭科技辦公室（Netherlands Office for Science and Technology, NOST）合作舉辦。這個活動從 Prospect 餐廳的晚餐開始，這是一間在城市時髦區也非常突出的餐廳。Prospect 的菜餚可以說是「加州菜」，我們這個龐大的團體有荷蘭代表處的職員、矽谷荷蘭科技辦公室的成員、未來研究所的成員，以及美食作家哈洛德・馬基。一開始，我們的討論就出現一個驚人的轉折。我們的爭論點是，被認為在意識形態上與加州美食對立的東西，有著什麼樣的優點與缺點。這裡指的是一種名叫 Soylent 的代餐。受到一名年輕的領事助理讚揚的這個代餐產品，是市面上相對較新的商品，不過在灣區的名氣越來越大，因為它相當受到年輕男性電腦工程師歡迎，這些人不想花時間做飯，想與他人分享食物，也許這樣他們就可以多花時間在工作這種超越身體的薄弱形式上。加州菜比較複雜，請三位廚師給加州菜下定義並解釋其起源，你會獲得四個略微不同的答案，其中大部分牽涉到本地食材的特性、花費的精力，以及一盤特定菜餚與地區農民和採集者所形成的具體網絡之間的關係。「加州菜」這個名詞代表高價值，供應加州菜的餐廳也相對昂貴。相形之下，Soylent 代餐是一種乾粉或製備好的漿料，成分表不明。加州菜與 Soylent 代餐都是菁英階層的標誌，儘管兩者對於食物和土地以及食物和社會性之間的關係有著截然不同的想法，更別說對人類時間的適切利用了。在 Soylent 的一則廣告中，消費者一手拿著電玩遙控器，另一手拿著一瓶代餐，很貼切地表現出產品定位。

在 Prospect 這樣的餐廳裡，一邊和衣著講究的同事共進晚餐，一邊批評 Soylent，實在是低級趣味。我們可能會認為，Soylent 助長了一種當代的反常現象，一種近乎荒誕的美食孤獨感。然而，這名領事助理提出了一個耐人尋味的觀點：透過工業化，烹飪史的弧線傾向於花費越來越少的時間準備餐食。Soylent 代表這個趨勢一個貌似合理的終點，儘管並非所有人都接受，因為它明顯將食物分子化，暗示著完整性在哪裡，營養就在哪裡。正如瑞秋・勞丹所言，在農業與食品加工業的現代化造就的世界中，下廚者（鑑於性別分工，大多為女性）所花的時間只有她們祖母輩在廚房裡所花時間的一小部分。[258] 在任何情況下，假設加州菜或 Soylent 代表人類生存的一般性選擇而非少數群體的選擇，似乎是愚蠢的。這些少數人中，有些希望食物被賦予豐富的象徵性價值，其他則希望將這種象徵性價值清除掉。

Soylent 的產品名稱來自一九七三年電影《超世紀諜殺案》裡的神秘食品，這部電影是改編自哈利・哈里森（Harry Harrison）的小說《騰出空間！騰出空間！》（*Make Room! Make Room!*），一部出版於一九六六年、以人口過剩為題的馬爾薩斯主義科幻小說。[259] 這部電影中最著名的台詞是「綠色豆餅是人做的」（Soylent Green is people）。這綠色豆餅是由加工過的屍體製成。這讓人懷疑，現實世界中 Soylent 產品的創造者到底想傳達什麼訊息。同一家公司還利用了另一個反烏托邦式的幻想，將咖啡味的 Soylent 飲料命名為 Coffiest，在弗雷德里克・波爾與西里爾・科恩布魯斯的小說《太空商人》（一九五二年）中，這是企業薪資奴隸喝的咖啡替代品。《太空商人》這本小說最具特色的是關於培養肉的文學描寫，至於這樣的命名有多少諷刺的成分，就不得而知了。

波斯特明天要去洛杉磯羅登貝瑞基金會（Roddenberry Foundation）發表演講。我們倆都認為，如果《星艦迷航記》（*Star Trek*）製作人金・羅登貝瑞（Gene Roddenberry）的兒子所建立的基金會能支持培養肉，那真的再合適不過。波斯特提到《銀河飛龍》（*Star Trek: The Next Generation*, 1978-94）裡的「複製機」（replicator），這部複製機是一項科幻小說的技術，能透過微小分子的靈巧組裝，幾乎憑空製造食物與飲料。劇中角色常會說「working on a recipe」，這是指重新修改電腦程式，比如說，藉以平衡肉豆蔻和薑在溫牛奶裡的比例。不論培養肉是否有什麼荷蘭色彩，波斯特工作的大部分資金與靈感都是來自加州的支持者與加州人的想像力。

如果說波斯特是將培養肉做出來端上桌的企業科學家，威勒姆・范艾倫（1923-2015）就是培養肉的人類催化劑。一九九〇年代，在醞釀了數十年的想法後，本身並不是科學家的范艾倫與醫學研究人員合作發展一種製造試管肉的方法，雖然他們在荷蘭與美國都申請了專利，但在實驗室裡並沒有取得太大的成就。到二〇〇〇年代中期，范艾倫越來越迫不及待地想看到自己的願景實現，決定與烏特勒支大學（Utrecht University）獸醫系教授暨肉品科學家亨克・哈格斯曼（Henk Haagsman）合作。哈格斯曼即將成為一名實質研究計畫的主要研究人員，這個計畫將哈格斯曼與他在烏特勒支大學的同事伯納德・羅倫（Bernard Roelen）、卡琳・布頓（Carlijn Bouten，恩荷芬理工大學〔Eindhoven University of Technology〕）與克拉斯・赫林格夫（Klaas Hellingwerf，阿姆斯特丹大學）等人聯繫起來。他們獲得來自荷蘭經濟部創新及永續發展局（SenterNovem）的資助，研究從二〇〇五年持續到〇九年。二〇〇八年，當時在恩荷芬大學任職的波斯特加入這支團隊，接替卡琳・布頓的工作。正如他承認的，波斯特是荷蘭培養肉研究的繼承者，並不是發起人。

波斯特有時會說，他會出名是偶然的。當一名記者為路透社與美聯社撰寫報導時，他恰巧是可以接受採訪的研究人員，事情就是從那裡開始的。即使他沒有尋求名氣與形象包裝，他顯然很喜歡這個舞台，甚至是荷蘭駐舊金山領事館提供的小舞台，也就是我們的團隊度過餘下夜晚之處。舊金山、東灣與馬林郡（Marin）一覽無遺的北景，是我在這裡生活多年來看到最美的景色之一，這讓我想起漢斯・布魯門伯格的幾句話：「高峰會將保有它們的光環，即使它們往往一無所成。一種形式的迷信與最高權威連結在一起：從這種權威出發，一定可以做出既能抵禦災難又能獲得救贖的安排，這些預防措施是別人無法想像的，甚至無法負責的。」[260] 最高權威？也許不是，但我們有高度、有觀點、還有意圖防止全球範圍災難的共同興趣，儘管我們對災難究竟是什麼並不完全清楚。雖然我們都同意氣候變遷是真實且緊迫的威脅，但對動物痛苦的重要性與食品安全的未來，大家的看法卻不盡相同。四十八層樓高的泛美大樓（Transamerica Pyramid）是一棟細長形的金字塔型商業建築，科伊特塔（Coit Tower）於一九三三年初次打開大門，座落於遠處山丘上，兩棟建築從我們的所在位置都清晰可見。在這樣的背景下，荷蘭領事在夕陽西下時大刀闊斧地在引言中談到「利益、人與地球」這個金字塔的重要性，他希望我們能夠共同創造，並引用北美原住民易洛魁聯盟（Iroquois）的理想，即在制定未來計畫時要考慮到子孫後代整整七代人的利益。然後他道歉並離開，先前他提到女兒要從阿姆斯特丹飛來參加內華達沙漠的火人祭，他得去接機。

波斯特向大約四十位來賓發表演講，演講的核心是我們日益熟悉的人類與肉食關係之謎。人類似乎喜歡吃肉，但是他們並沒有明顯的營養需求，世界上數以百萬計的健康素食者就證明了這一點。一種只與飲食需求勉強有點聯繫的慾望，似乎讓我們被它神秘地控制住了。波斯特贊同一個在培養肉圈很普遍的觀點：人類大規模改吃素的可能性極小，我們必須希望科技能完成行為改變所無法完成的事情，因為工業規模的肉品生產正在助長我們共同的厄運。波斯特不是推銷員，而是一位科學家，他對眼前技術挑戰以及清除這些挑戰的緩慢進展有著透徹的瞭解，這是值得稱讚的。然而，對這類話題接觸不多的聽眾，很容易就會讓人產生這樣的印象：相較於最終讓消費者接受的挑戰，技術障礙不值得關注。波斯特說，他希望能在今年內找到一種經濟的、非動物性的培養基（以取代胎牛血清），這個消息讓我很驚訝，他接著用一種我經常聽到的樣板方式描述牛：牛是一種過時的技術，無法有效地將飼料熱量轉化成可食用的肌肉。

波斯特想用生物反應器取代那些「過時的」牛，每具生物反應器的容量為二．五萬公升，生產的肉足以養活四萬人。如果這樣的生物反應器裡裝滿水，你無法在裡面順暢地游上幾圈；二．五萬公升約莫一輛小型油罐車的乘載量。波斯特也向我們介紹他和他的團隊採集幹細胞的來源：比利時藍牛，這個品種具有有利於肌肉生產的突變，採集幹細胞的效率也比一般牛隻來得高。正常情況下，哺乳動物會製造一種叫做肌肉生長抑制素的蛋白質，它可以抑制肌肉生長。比利時藍牛的細胞不會製造肌肉生長抑制素，也就是說，比利時藍牛的肌肉生長量是其他牛的兩倍，而且因為肉質而受到高度評價。這同時也表示，比利時藍牛犢出生時就已經很龐大，無法通過母親的產道，只能剖腹生產。儘管如此，比利時藍牛的肌肉細胞在試管培養中並不會自己變大，需要透過電、機械或化學手段進行人為刺激。波斯特詳細介紹了他用來製作漢堡的肌肉纖維，在製作時如何讓人煞費苦心，我不禁想，我是不是在看一個類似的過程，觀眾在過程中受到刺激，將試管方法視為一種合法的肉類來源，其中一種進行的方法，是將牛描述成機器。這就很容易讓人認為，生物反應器中的細胞生長與肌肉發育多少可能與體內過程相同。

波斯特正在描述英國與荷蘭消費者的早期市調，表示大部分人可能願意嘗試培養肉時，有名自稱吃素的觀眾打斷他的談話。她不同意波斯特之前的說法，即大規模素食主義不可能發生（儘管雙方都沒有提出論據支持自己的說法）。她試著改變措辭，問道：「你為什麼不直接告訴人們，他們在吃的肉有什麼問題呢？」整個晚上，波斯特第一次暫時無法給出答案，但是他很快就恢復過來，回應說，即使大規模素食主義可以是工業化畜牧問題的合理回應，但是人類選擇食物的依據是情感，並非理性。他提到荷蘭的特色香腸，表示儘管一般都承認這種食物從健康到風味到工業起源的各個層面上都很糟糕，它還是廣受歡迎。波斯特順帶提了一句，情感反應是他認為讓培養肉「模擬牛肉」的重要因素，所以只要有可能，他都會複製活體牛的組織。美食慣性有強大的力量，因此才要儘可能貼近人們現有的口味，而不是提議讓他們發展新口味。波斯特獲得滿堂彩，然後我們就把目光移到其他講者身上，其中有些人確實希望我們能開發出新的口味——這些人是昆蟲粉、無奶素食起司與整隻蟋蟀的供應商。活動最後，我們討論了隨著全球暖化，可利用土地面積減少，畜牧業將不得不改變的可能性，更不用說這樣的氣候也讓動物本身的生活變得更加艱難，不得不把寶貴且有限的能量用來保持儘可能低的體溫。那名素食主義者是我們聽到的唯一一個反對意見。

沒有人質疑波斯特的主要前提，即動物性蛋白質的未來問題可以透過技術解決，這也許比透過任何形式的社會變革都來得容易。

默茲河（Meuse）將馬斯垂克一分為二。這座城市原為羅馬人的居住地，位於默茲河的另一側，拉丁文地名為 Traiectum ad Mosam，有「穿過默茲河」的意思，很後來城市名才演變成荷蘭文的 Masstricht。[261] 有天早上，我慢跑過荷蘭最古老的橋，跨越默茲河，發現一群羊安然地坐在一條主要道路的中間。羊群圍在柵欄裡，看不到牧羊人，也不見其他人，因為仍是清晨。我很少在城市裡遇見羊群，很高興地盯著牠們看了一會兒，同時在原地跳一跳，以免腿變冷。我想到從倫敦搭火車過來的途中，在比利時境內看到的羊群與牛群，同車眾多的美國旅客中有許多人操著德州口音，年齡接近七十歲。在火車從倫敦聖潘克拉斯車站（St Pancras railway station）優雅的鋼鐵結構屋頂緩駛出後，我們經過一片片種滿芥菜的金黃色田野與牧場中的成群牛羊，這是一個比較不密集的畜牧業的殘跡。一名遊客轉身對同伴說了一個讓他很懷念的故事，一個大型飼養場興起前在德州長大的故事。「那是農業綜合企業，」他嘆了口氣，對這個世界的沒落感到遺憾。在這個世界裡，他可以在放學回家的路上看到自己能一隻隻認出來的動物。我在城市裡長大，沒有這樣的成長記憶。我從來沒被這麼多隻羊看過，[262] 我很擔心自己看起來有掠奪性。

在馬斯垂克，我看到的是一種表面上的平靜。波斯特的工作很忙，他既是教授又身兼行政人員，又是生理學系主任，還得照顧到家庭的日常生活。與他的培養牛肉專案有關的技術人員、助手與志工都在進行實驗工作，但是目前並沒有在製作肉。如果我原本預期會看到一間製作牛肉漢堡的小型工廠，那麼現在一定會非常失望，但我已經習慣了一種想法，即我所處的是一個漸進式進展而非戲劇性進步的世界。與此同時，波斯特的實驗室工作平衡經常被媒體要求給打斷。截至二〇一五年初，當記者接到報導培養肉的任務時，波斯特仍然是他們第一個打電話聯絡的人。然而，這種表面的平靜會造成誤解。波斯特正在談論他協同設立的新創公司莫沙肉品。他同時也根據一家大型運動鞋公司的諮詢，正在討論製作皮革的問題。實習生與學生在他的實驗室裡做實驗，其中有些是國際學生，對組織培養肉的可能性感到興奮。儘管在必要的情況下，波斯特將注意力集中在企業的行政管理、資金籌措與業務方面，他並沒有放慢工作速度。我找上他時，他剛好處於一個過渡時期，從展示他的技術在實驗室中是可靠且有效的，過渡到展示他們可以踏出實驗室，進入更寬廣的世界。

馬斯垂克是個擁有十萬人口的國際化小城，是比利時林堡省（Limburg）的省會，幾世紀以來一直是比利時、德國與荷蘭的十字路口。馬斯垂克人在羅馬人紮營之前就已經在此建造建築，不過羅馬人似乎是第一個在聖彼得山（Sint Pietersberg）附近開採白堊、燧石與石灰石的，他們開採了足夠的白堊，以建造十六英尺的高牆，圍起來的區域就是日後的馬斯垂克。如果你知道去哪裡找的話，馬斯垂克仍有古羅馬遺跡的痕跡。[263]據說，當地方言比我在阿姆斯特丹聽到的荷蘭文更接近德語，我的耳朵在街上也證實了這一點。從我入住的酒店到馬斯垂克大學的路很長，途中有許多二十世紀末期的大型建築，形成長長的隧道，讓寒冷的春風匆匆穿過。這所大學成立於一九七六年，建築風格樸實無華，著重功能性，位於城市外圍。抵達校區以後，我試圖藉迷路的藉口博得同情，在偶有學生幫助的情況下，終於在一棟棟的混凝土與玻璃建築之中找到路。

薇薇安．謝林斯（Vivian Schellings）是生理系的行政主任，她領我走進波斯特的辦公室等他。辦公室裡的東西不多，但還是能看得出波斯特的課外興趣：一張普契尼（Giacomo Puccini）《蝴蝶夫人》的海報，上面有名手中持扇、風格鮮明的日本仕女；還有博物館與美術館的海報，上面是西蒙．柴（Simon Chaye）與林布蘭（Rembrandt Harmenszoon van Rijn）的作品，後者來自紐約大都會博物館。我記得波斯特曾在美國工作很多年——在波士頓貝斯以色列醫院（Beth Israel）任職六年，當時他住在比肯丘（Beacon Hill）附近，另外他也曾在新罕布夏州漢諾威（Hanover）的達特茅斯希區考克醫學中心（Dartmouth-Hitchcock）工作過一段時間。辦公室裡有兩張桌子，一張有電腦，一張是波斯特用來和學生會談的，兩邊各有一把椅子。波斯特來了，我們的初次談話就是有關隱私的問題。我給他看了一份我和受訪者共同簽署的表格，上面訂定了我在正式訪談中引用陳述的條件。他認為這個表格沒有必要。他說，隱私已經過時了，這句話他在我訪問期間重複了好幾次。我承認我很疑惑，雖然我沒有追問。波斯特指的是網路公司蒐集到有關使用者的大量數據嗎？他對透明度的興趣不禁讓我想起 in vitro 在拉丁文的意思：在玻璃下。

我們討論接下來一週的行程，在這段期間，我將儘可能地跟在波斯特身邊。除了他的教學、諮詢與實驗室行程以外，還有一些特別活動，包括兩支電視新聞組團隊的參訪，其中一組人沒有出現，不過這也許讓波斯特經常被打斷的實驗室團隊鬆了一口氣。波斯特還要去離恩荷芬大學不遠的奈美根市（Nijmegen），在一個會議中心給一群醫學系學生做講座，並作為專家小組成員參加一個他經常以來賓身分出現的當地電視節目。波斯特對自己的忙碌一笑置之。他說，在荷蘭，像他這樣的學者基本上就是公務員，有義務做很多教授職責以外的事情。波斯特領著我參觀實驗室，包括他的團隊專門為培養牛肉漢堡打造的房間。我看到波斯特和他的技術人員使用的操作櫃，他們在那裡使用細胞培養瓶、培養基與吸量管，還有他們用來觀察細胞形成肌肉纖維的顯微鏡。走廊牆壁上的會議海報提醒我，波斯特實驗室所做的大部分研究都是醫學研究，而且是在馬斯垂克心血管研究所的贊助下進行。

有關培養肉漢堡的研究工作，並沒有在這裡留下什麼痕跡（沒有慶祝性質的旗幟或倫敦活動留下的海報），不過在通往一間我在參訪期間也占了一小張桌子的共用辦公室的門上，掛著一面用英文寫著「我是肉品科學家」（I am a Meat Scientist）的牌子，辦公室牆上還掛著一件印有 kweekvlees 字樣的 T 恤，這個荷蘭字多少有「培養肉」的意思，並以荷蘭文繼續說：「你的終極肉是什麼？鴕鳥菲力。產品資訊：實驗室製備，非基因改造食品，沒有狂牛症。」培養肉技術的能力觸動了人們的幻想——如果你能夠培養出任何生物的細胞，你會吃什麼動物呢？除了幾包應該不是用來當作細胞支架的泡麵以外，這裡幾乎沒有其他飲食文化的痕跡。實驗規程檔案夾放在架子上，旁邊是操作手冊與實驗室設備目錄。我瞭解到，實驗室的大部分工作都涉及豬等大型動物的心臟衰竭，豬的心臟組織與人類相似。實驗室有相當多工作都在動物身上進行，波斯特對此並不擔心，認為只要人類能從中受益即可。我也看到波斯特打算用來擴大培養肉製作規模，進入工業化量產的一具生物反應器，看起來像是裡面放了金屬旋轉葉片的錐形瓶，葉片連接著讓培養基進入和流出生物反應器的管子。我稍作想像，如果將規模放大到啤酒廠的酒槽會是什麼樣子。

安農・范埃森（Anon van Essen）是讓波斯特的漢堡成為現實的技術人員之一。自二〇一二年以來，他就是這個計畫的全職技術人員。「我喜歡這個想法，」他用不流暢但嫻熟的英語說，「用細胞做漢堡的想法，」如此一來就能少吃牛，「變得更環保。」不是素食者的安農表示，他做出來的東西「看起來像漢堡肉，吃起來也有點像漢堡肉。」受訓成為組織工程師的他，正在尋找一種替代物，以替換用於培養當初那個培養肉漢堡的胎牛血清。市場上有數百種商品有待選擇，其中大部分太過昂貴，無法用在工業規模的培養。這裡的訣竅是要找到能讓特定衛星細胞成長的培養基，然後看看是否有辦法藉由反向操作的手法，做出更便宜的替代物。安農提醒我，計畫的其他技術需求包括脂肪生成，或者說要找到一種方法為漢堡肉生產合適的脂肪細胞，以及發展合適的細胞支架或珠粒，讓細胞能附著生長，這可能是用海藻酸鹽為基質。我問他是否能預測漢堡何時能商業量產並以能和速食競爭的價格問世，他說，大約要十五至二十年；第二天，我聽到波斯特說大約三到五年，比他在二〇一三年預測的時間短得多。我不確定，如果花很多時間在實驗室工作檯上操作，每天都要面對技術挑戰，會不會讓目標看起來變得更遠，不過我很高興的是，波斯特並沒有讓他的員工機械化地模仿他的預測。安農在二〇一三年倫敦活動的記者會工作證就放在他的辦公桌上方；當時他的兒子剛出生，儘管如此，他還是前往倫敦參加活動。

我在走廊上和幾名實驗室成員短暫閒聊。丹尼爾是波斯特實驗室裡的資深博士後研究員，他在推測荷蘭人為什麼長得這麼高時，指了指那條富含鮭魚的河流，從前人人都可以自由在裡面捕魚。對於當代人普遍希望所有食物都是「天然的」，丹尼爾持懷疑態度，認為倘若真的有這樣的標籤，也是個不科學的標籤。關於另一種標籤，他提到荷蘭實際上是帕爾馬火腿生產的重要環節；豬隻在荷蘭飼養，然後運到義大利帕爾馬（Parma）的南方，在那裡待上足夠長的時間，用能賦予風土條件的當地飼料來飼養，最後在義大利的土地上屠宰。麥可是正在努力研究安農的培養基數據的志工技術人員，他認為他們很有可能找到胎牛血清的替代品，不過可能無法與胎牛血清的功效完全符合。他預計純素替代品可能提供同樣生長速度的80～90％，其他實驗室的研究人員也證實了這一點。有個前來參訪的實習生名叫丹，目前正在攻讀一個結合生物技術與商業的碩士課程，他似乎一心想用他的熱情打動我。他目前的任務是找到微載體與細胞的合適比例，好讓細胞以我們需要的方式繁殖。丹對於歐洲民眾對科學在食品中應用的態度感到沮喪，他提到，基因技術的應用可以為培養肉生產的許多層面帶來益處，其中包括脂肪細胞的培養。[264] 馬可是另一名年輕的實習生，他的探索性研究可能有助於實現用細胞培養來生產皮革的目的，目前他正在研究纖維母細胞在皮膚生長中的作用。馬可在幾週前遇到一個常見的組織培養陷阱：真菌感染讓他不得不銷毀一整批纖維母細胞的培養。波斯特認為，他可以藉由設置完全無菌的設施來避免這樣的問題，在無菌設備中，機器人負責照顧組織培養，消除此類感染的風險。

兩天後，我已經適應了做筆記和觀察實驗的日常工作，此時安農進來告訴我，德國之聲（Deutsche Welle）的電視團隊來了。過來的是導演安德烈亞斯・豪斯曼（Andreas Hausman）以及他的攝影師和一名年輕助手，助手將負責在拍攝過程中拿著懸吊式麥克風的累人工作，拍攝將以英文進行。我想，他們的重點是要重現波斯特團隊製作漢堡的過程。身穿實驗衣的安農坐在實驗室工作檯邊，拆開一小包牛肉。攝影師將攝影機對準他，拍下他取下一小塊牛肉和一些溶液一起放入培養皿的情景。這是分解組織的過程，目的在於讓樣本中休眠的幹細胞活躍起來。這些是骨骼肌肉細胞的衛星細胞，也就是波斯特實驗室用來製作漢堡肉的那種，這些細胞增殖以後會形成肌肉束，最後成為肉。這種骨骼肌肉細胞在體內扮演著重要的角色：在肌肉受傷時進行修復。當從剛殺死的動物身上切下肌肉樣本時，這些還活著的幹細胞就會開始運作。培養肉始於肌肉修復的機制，是將癒合過程轉化為潛在的製造過程。

安德烈亞斯問安農，培養足夠製作一塊漢堡肉的材料需要多長時間？「大概兩到三個月吧，」安農邊進行技術演示邊回答。這個程序仍然是手工藝，它必須成為一種工業才可能實行。「你認為這是未來的趨勢嗎？」安德烈亞斯問道，安農回答說：「我想是的。」之後，我們休息一下，拍了幾張照片。安農搖晃著一支帶著一點肉的試管讓攝影機拍攝。安德烈亞斯問，漢堡肉裡有多少細胞？安農回答，裡面有很多股肌肉組織，每一股大約含有一百五十萬個細胞，因此一塊漢堡肉應該有數十億個細胞，而最初的樣本只有三十個細胞。

這時波斯特進來了，他向安德烈亞斯打招呼，然後穿上實驗衣。接下來的步驟，樣品將放入離心機高速旋轉。「這不精彩。」波斯特半帶歉意地說，指離心步驟在視覺上並不引人注目，但是這部離心機確實有個名字，叫作 Gentle Max，因為它的旋轉速度較慢。波斯特對著麥克風說了幾句總結：理論上，培養牛肉比傳統牛肉需要的資源少得多，以那些資源換來的食物價值也多得多；它產生的溫室氣體比傳統養牛業少；它可以讓牛的生命得到保障。接著，波斯特突然開始發表小型演說，涵蓋了荷蘭近期培養肉研究的歷史，安德烈亞斯問他是否像范艾倫那樣癡迷於培養肉。波斯特笑了笑說，「不，沒那麼癡迷。」他喜歡表現得很穩健的樣子。他直言，二〇一三年嘗到漢堡肉的人並不覺得味道可以和傳統漢堡相比擬，還有很長的一段路要走。

這裡出現了一個有關健康的意外轉折：波斯特承認，某些維生素，例如 B_{12}，必須添加到培養肉裡，因為組織培養與體內肌肉不同，無法從周圍組織吸收維生素 B_{12}。但是，他繼續說，我們也有機會增進培養肉的營養，也許可以誘導脂肪細胞產生 omega-3 脂肪酸以降低膽固醇。有關利用這些方法讓肉品變得更健康的可能性，討論其實相對較少，這也許是因為對一些受眾來說，可能讓人聯想到基改食品；換言之，更健康的肉可以是擬態程度較低的肉，也可能更令人厭惡。波斯特繼續在鏡頭前表示，消費者絕對會購買培養肉製品。在這段時間，我一直往後退好避開拿著懸吊式麥克風的助理，因為他也一直在往後退。

我們走出實驗室，進入大學的大廳，這完全是為了講述故事所需。安德烈亞斯想拍到波斯特走過科學圖書館的鏡頭（波斯特承認，因為實驗室工作與教學工作，他很少去圖書館；他很多年沒走進這裡了），還有騎腳踏車抵達校區，把腳踏車鎖在車架上的鏡頭。我想，如果真有的話，這大概是荷蘭人才有的動作。波斯特表示，你得確保自己的腳踏車鎖比腳踏車更貴才行。

我們坐上德國之聲的廂型車，開到馬斯垂克市中心距離河岸不遠的一家漢堡店。廚師的女兒是波斯特的鄰居，波斯特常到那裡用餐。然而，這家餐廳的裝潢並不像淳樸的小鎮風格，而是半正式的。我們可以是在舊金山、波士頓或芝加哥的一家漢堡店，那種藍紋起司、焦糖洋蔥與非牛肉漢堡肉如火雞或羊肉都是現成的地方。安德烈亞斯讓波斯特點了一個名叫「黑虎」的牛肉漢堡。攝影機對著波斯特，他一邊吃，一邊又說了一下他預計能與素食競爭的培養肉漢堡有著什麼樣的時間表。他說，可能需要三到四年才能製作出可以在餐廳裡供應的培養肉漢堡，然後又要七到八年才能達到可以與大型速食連鎖相競爭的程度。波斯特手上黑虎漢堡的醬汁與融化的起司滴落在盤子裡，此時他注意到，這小圓麵包並沒有完成它容納漢堡的任務。安德烈亞斯讓他把手中的漢堡當成道具，藉此說明他的觀點：波斯特盡職地說道，如果這個漢堡能少花一點資源，少讓被殺害的動物遭受痛苦和折磨，那就更好了。

波斯特提到他曾與分子料理名廚費蘭・阿德里亞（Ferran Adrià）談過，看他是否有可能在二〇一三年的活動中，在鏡頭前烹煮波斯特的漢堡肉，阿德里亞曾是目前已經關閉但非常有影響力的elBulli餐廳主廚。阿德里亞顯然認真考慮過，但認為他的出現對演示活動沒有好處，並提出一個有趣的解釋。如果阿德里亞碰了這塊漢堡，就會改變這塊漢堡的烹飪價值，就好像他在烹飪界的聲望會改變這塊肉的屬性一樣，這會分散人們的注意力，讓人們忽略培養肉本身就可以是一種可信賴且牢靠的食材的想法。我想起另一位名廚在我研究期間參加的許多媒體活動中對培養肉概念的回應。一如阿德里亞，這位名廚也在分子料理界，這個標籤並不怎麼受廚師喜愛，但一般都是指在烹飪時使用複雜的設備，有時還會從實驗室借來器材，藉此改變食材，讓食材跳脫人們熟悉的形式。鵝肝可能會汽化成為內臟雲，班尼迪克蛋可能會包含裹著麵包屑油炸、在叉子上碎裂成蛋黃的小丁。這位名廚表示，他不會採用培養肉，因為這種食材明顯缺乏「完整性」。這種對完整性的堅持，在分子料理這個往往將食材改造成與原本面貌相去甚遠的烹飪流派，著實讓人納悶。這是否出於對自然與文化之間的某種界限的考量，在這樣的概念中，（經過一代代動植物繁殖而生產的）食材取自於自然，並透過廚師的處理變成文化？真正的動機是否為控制——換言之，就是相信廚師應該能決定到底什麼是自然，什麼是文化？

我們向餐廳老闆致意後再次動身，來到距離聖瑟法斯橋（St. Servaasbrug）不遠的地方，聖瑟法斯橋是橫跨默茲河的人行橋，被稱為荷蘭最古老的橋，自古羅馬時期以來曾多次重建。波斯特背著河擺出姿勢，安德烈亞斯請他再次複述他的主要觀點。我不禁想知道，到底有多少類似的新聞拍攝小組來到馬斯垂克，波斯特又對著多少地標性建築擺過姿勢供人拍攝。我漫不經心地想，這一切打造形象的活動是否讓他厭煩。拍完以後，雙方互相致謝，然後安德烈亞斯的人馬就把設備打包堆進廂型車，打道回府。

傍晚時分，波斯特和我騎著腳踏車穿過鄉間，經過農田，來到他在附近村莊的家。他指出獾洞，告訴我哪些鄰居養豬。當我們把腳踏車停在他與妻子莉絲貝絲（Liesbeth）和兩名青少年的小孩共同居住的大房子裡時，我對他沿路的滔滔不絕留下深刻印象。房子有一部分是波斯特自己修復的穀倉，木工是他的愛好之一，我在實驗室裡得知，當時他的一名博士後研究員提到想要在附近買一棟待修的房子，波斯特馬上提到他可以出借工具。莉絲貝絲為我們五人準備了豐盛的晚餐，我們享用著青醬培根義大利麵，回憶著新英格蘭，莉絲貝絲和波斯特在那裡生活了很多年，我自己則在那裡出生長大。對話很快就回到實驗室，波斯特表示，他對培養肉工作的開放態度可能很快就得改變。創投基金意味著需要保護智慧財產權，也就是說，邀請像我這樣的訪客到實驗室參訪的次數得減少。我們討論到如何定義「食物」，波斯特提出的定義相當符合一名多年來每天只吃同一種三明治的人：食物就是燃料。稍後，隨著夜幕降臨，我感謝他們提供的燃料，便騎車穿過漆黑的田野回到馬斯垂克，心裡還特別感謝這租來的腳踏車配備了摩擦發電的車燈。

隔天早上是我在實驗室的最後一段時間，下午和波斯特坐上他的旅行車，駛向奈美根。我們的目的地是一個從中世紀修道院擴建的郊區會議中心，波斯特將在此向一群醫學生發表演講。我在途中問了他不少問題。我聽到許多觀察家認為，培養肉的進展可能比再生醫學來得慢，因為醫學研究能吸引更多資金，我想知道他的看法。他承認，培養肉的技術始於醫學組織工程，但是他懷疑再生醫學的發展會落後於一個年輕且充滿活力的培養肉產業，並從培養肉產業吸收技術。我們經過一座養豬場，我問波斯特，為什麼選擇以牛為對象。他回答說，這反映出他對環境與食品安全問題的優先考量，牛隻是對環境造成最嚴重破壞的養殖動物，從飼料轉化率的角度看，也是最沒效率的一種動物。如果動物福利是他的優先考量，那麼雞會是最重要的目標動物。我們養的雞比牛多得多，也可以說是在更不人道的條件下飼養。當我就這個問題追問時，波斯特堅持表示他並沒有以任何方式執著於牛肉的象徵意義。他對牛肉的選擇與漢堡的國際地位無關，也與牛排的聲望無關。我問他如何回應那些不相信培養肉能規模化量產的批評者，他回答，舉證責任在懷疑者身上。誠然，培養肉代表一種前所未有的努力，將尺度從醫學領域擴大到工業領域，但是波斯頓認為，沒有先例並不代表不可能。

當日稍晚，他發表完演講並回答完問題後，我們疲憊地踏上回到馬斯垂克的路，途中，波斯特出人意料地提到喀爾文主義（Calvinism）。我們的談話從荷蘭人對美國醫療照護體系私有化的懷疑，到科學與工程之間的不同區分方式，再到荷蘭作為福利國家的現狀。波斯特提起喀爾文主義，是為了說明他的職業道德。這不是他從事培養肉工作的動機本身，而是他作為一名在職業生涯中已經獲得安全地位的科學家，為什麼不願安於現狀。波斯特說，在當代荷蘭社會，要坐下來喝杯白酒，享受一天的生活，其實是很容易的。他認為，一種安逸氣氛已經籠罩著低地諸國，他擔心這種氣氛帶來的停滯。將科學當成一種生活方式，是波斯特對這種停滯狀態的解藥，他已經習慣不斷的挑戰，以至於對他來說，一頭栽進下一個計畫遠比為自己的成就感到自豪來得更容易。

波斯特對喀爾文主義的引用指向了一段眾所週知的歷史。新教改革後，喀爾文主義成為荷蘭文化中一股極具影響力的力量，它結合了救贖的教義與世俗活動的教義。荷蘭喀爾文主義信徒認為，物質上的成功為天堂提供了命定的證據。這種思想一代代傳承下來，建立了一種工作與行為的文化，而根據社會科學中的一個經典論點，這種思想促成了現代資本主義本身的興起。社會學家馬克斯．韋伯在《新教倫理與資本主義精神》（*The Protestant Ethic and the Spirit of Capitalism*）中曾如此論述，而在我們回到馬斯垂克時，我無法反駁喀爾文主義文化、現代化與大規模畜牧的危險之間的關聯性。在我看來，培養肉常常像是一種努力，在修復現代化所造成損害的同時也利用市場資本主義本身的工具（並維持在市場資本主義的範圍內）。我知道，這麼做會把整個故事包裝得太漂亮，但我不禁想到，許多培養肉企業家都把自己的創業理念描述成對道德責任的響應。

幾個月後，我在馬斯垂克與附近瓦爾肯堡市（Valkenburg）之間的一個山洞裡，與一群科學家、記者等共進晚餐。我們受到波斯特的邀請，參加第一屆培養肉年度論壇。雖然這不是第一場有關這個主題的國際會議，但它具有特殊的重要性，因為它是波斯特漢堡之後的第一場會議，第一場由波斯特召開的會議，是創業投資家開始對培養肉產生濃厚興趣之際舉辦的第一場會議。波斯特召集了組織工程、幹細胞科學、肉品科學與更廣泛食品科學等各領域的專家進行演講，甚至還有一場社會科學家組成的專題討論，我注意到在會議日程中，這場社會科學專題討論被標上翹拇指與「接受」的標籤。

順道一提，社會科學專題小組的學者們並沒有提出完全符合翹拇指標誌的數據。他們的研究顯示，這個大拇指往側邊倒，可能表示「矛盾」。維姆．韋貝克（Wim Verbeke）的調查研究檢驗了受訪者處理風險問題的方式，更不用說對培養肉「非自然」來源的厭惡感與擔憂。生物倫理學家科爾．范德韋勒（Cor van der Weele）與克萊門斯．德里森（Clemens Driessen）認為，他們發現的矛盾情緒標誌著享受吃肉與關注動物福利之間的緊張關係。[265]用「尚未定義的本體論客體」來描述培養肉的社會學家尼爾．史蒂芬斯指出，上述肉類似乎已經走過最初的模糊階段。也就是說，關於培養肉的性質，人們已經有越來越多的共識，一種被「培養肉」這個詞本身所捕獲的共識。雖然所討論的社會科學只有一部分與早期對潛在培養肉消費者的調查有關，在這些講座中，在場企業家紛紛拿出智慧型手機對著簡報拍照。「他們會把這個帶回去給他們的創業投資者看，」一位和我聊天的科學記者低聲說：「然後將它融入他們的推銷術，作為市場存在的證據。」

好諷刺啊，我邊看著洞穴岩壁邊想著。這洞穴岩壁是由「泥灰」（marl）構成，這個意義含糊的地質學名詞是指由黏土、粉砂以及石灰或碳酸鈣組成。在聖彼得山（Sint Pietersberg）裡面，白堊與泥灰岩開採形成了一系列分佈廣泛的長廊，以至於在納粹與支持納粹的荷蘭人掌權時，約有一萬名馬斯垂克居民躲藏於此。[266] 遭擊落的盟軍飛行員也曾在這些地道中避難，並經由地下沿著所謂的「飛行員之線」（Pilot's Line）抵達比利時的安全地帶。林布蘭的畫作《夜警》（*The Night Watch*）在這裡被捲起來偽裝成石筍，直到一九四四年九月馬斯垂克解放才重見天日。然而，我們現在所在的山洞並不在聖彼得山；我們離大學有一段公車的路程，在搭車時，我的科學記者朋友告訴我，科學新聞中大多數文章的基本結構都是指向未來：一篇報導由引言破題，然後描述最近的突破，再有根據地推測它可能會如何改變我們的生活。我想，也許科學新聞與「世俗」未來主義的相似性，就是那些草率承諾，或至少是非正式承諾的環境氛圍的來源。波斯特在論壇的開幕致詞中提醒我們，我們的工作得到媒體的大量關注，我們在自己的社群中同樣也需要進行批判性論辯。

當然，我並沒有吃下滿肚子的培養肉；我不在馬斯垂克的五個月，技術上只夠做出一塊漢堡肉，但我們今晚並沒有吃到任何細胞培養的比利時藍牛。會議安排了很多演講，許多都強調醫學幹細胞科學與肉類生產之間的關係。這些大多也是推測，主要有鑑於肌肉與幹細胞研究人員相信自己的工作可能對培養肉的生產有影響。專長領域從幹細胞功能到化學工程的瑪麗安・艾利斯（Marianne Ellis）觀察到，細節的力度令人印象深刻，她在一場有關生物反應器的演講中表示，細胞培養實驗中用到的每一支細胞培養瓶裡都有很多浪費掉的空間。其他講座則檢驗了歐洲工業化肉品生產與監管的現狀，或是培養肉生命週期的分析。伊莎・達塔爾談到新收穫機構推廣培養肉與其他細胞農業產品的努力。

會議的第一位主講人是渥太華醫院研究所（Ottawa Hospital Research Institute）的麥可・魯德尼基（Michael Rudnicki），他是幹細胞專家，演講內容是關於瞭解骨骼肌生長與再生過程中控制肌肉幹細胞功能的分子機制所面臨的挑戰。魯德尼基解釋道，正常情況下，靜息期的肌肉幹細胞會對受傷或負重壓力做出反應，進入細胞週期；安農在德國之聲的攝影機前切割肉樣本時，就是引發這樣的反應。然後，幹細胞就會藉由一種叫作不對稱細胞分裂的過程產生子細胞，這些子細胞會成為肌原細胞，或是肌肉組織的一部分，再反過來產生更多肌原前驅細胞。此時，其他過程會引導最初的幹細胞重新進入靜息期。

魯德尼基的研究以發生在創傷或疾病如肌肉萎縮症時的肌肉再生為對象，並試圖在分子機制的層面上處理這個問題。他一直在研究幹細胞的減弱，尤其是針對幹細胞對稱性分裂（即產生兩個相同的幹細胞）減少，幹細胞的對稱性分裂可以補充現有的初始靜息期幹細胞。通常情況下，對稱與非對稱分裂會在一種平衡狀態下運行，由癒合組織內部的回饋控制，以確保肌肉在後續一輪的損傷或壓力之後不僅能再生，還能保持再生能力。魯德尼基發現，添加一種特定的蛋白質，可以增加幹細胞在癒合過程中的對稱性擴張，其醫學意義不僅涉及肌肉異常與疾病，還涉及老化導致的幹細胞功能減弱。

魯德尼基的研究引起在場聽眾的興趣，因為它意指可以藉由幹細胞誘導肌肉生長，藉此進行肉類生產。魯德尼基的研究目前使用的是小鼠而非人類模型，當被問到研究應用於治療或食品層面的時間表時，他拒絕表達意見。我始終尊重這樣的選擇，但同時也發現自己在思考修復導致生產的意義，以及癒合過程「規模化」的能力是否會受到限制。

在我們聆聽更多有關幹細胞科學的論文發表時，會場中也有人低聲表示反對與疑慮。有人在餐巾紙上寫寫畫畫算了算，告訴我如果任何人試圖建造一具奧林匹克標準游泳池大小的不鏽鋼生物反應器，他們很快就會發現，世界上沒有足夠的不鏽鋼來容納他們的夢想。我對這個控訴的準確性表示懷疑。紐約克萊斯勒大廈（Chrysler Building）的頂部是用不鏽鋼包覆的，聖路易市的大拱門亦然。另一個批判性的觀察又更切入重點，我的科學記者朋友指出，若是有能力用生物反應器製作培養肉，那麼這些生物反應器的用途就會引發生物倫理方面的問題。任何能夠生產適合人類食用的肉的生物反應器，也可以生產可以移植到病人身上的人體組織。如果你可以製造心臟組織來挽救心臟病人的生命，為什麼要把設備拿去生產一種根本無法維持一個人一天所需、存在時間極其短暫的食品呢？從道德和經濟的角度看，這裡根本不需要做決定。如果說這是一個純粹的假設性觀點，因為它假設有一種萬能的資源分配機構存在，可以在食物和醫學之間自由選擇，那麼它還是捕獲了有關培養肉想像的一個層面。認定培養肉的可行性，就等於想像醫學組織培養技術可以在不占用醫藥資源的情況下，以工業規模生產食品。對一些人來說，也是想像從環境與道德的角度看，一個成功的培養肉產業所擁有的道德與實踐效果，可能比醫學進步更有價值。我也曾遇到一些科學家和企業家，他們想像組織工程科學將有水漲眾船高的效果，迎來一個豐產論的時代，在這個時代裡，我們為醫學與食品應用培養組織的能力有效且完全地改變了我們與生物材料的關係，包括我們自己的身體。

波斯特明白表示，他希望我們能成立一個科學協會推廣對培養肉的研究，他用一整節的時間討論這樣的一個組織可能的樣貌。結果，科學家與企業家毫無禁忌地爭論，每個人對策略都有自己的想法。一名與會者說，我們需要生產漢堡肉、香腸與其他擬態肉品形式。另一位出聲反對，表示我們需要製造消費者從未見過的東西。我們應該考察的是歐盟與美國現有的肉品監管途徑，還是試著找到另外的解決之道？這也引發了另一場爭論。波斯特重申，他想的是一個致力於推廣將組織工程技術運用在肉品生產的科學組織，而不是一個面向公眾、角色在於推廣產品並引導產品通過或繞過監管設施後進入消費者生活的機構。然而，即使他這樣說，科學實踐與商業實踐之間的界線似乎消失了。有人問，徹底取代目前肉品工業到底有多重要？我注意到，這個房間裡對培養肉感興趣的人，有動保份子，也有將培養肉視為獨特市場機會的其他人士。

還有人提出一個很棒的觀點，即生物學家與工程師之間的分工，按順序來說，不是應該生物學家制定出方案，然後讓工程師執行？換言之，生物學家不應該把升級的挑戰留給其他人處理。

而且，非常巨大的生物反應器帶來了工程上的挑戰，從溫度控制到培養基循環，再到細胞在整個生物反應器室裡相對均勻分布——這樣的清單還只是觸及問題表面而已。根據該評論員的說法，相較於斷斷續續的溝通，更理想的應該是在整個培養肉生產的發展過程中，兩類專家之間持續不斷地對話。

休息時，一名服務人員問我是否吃過北極熊幹細胞做的冰淇淋。北極熊幹細胞？後來我發現，這只是個精心設計的玩笑，她指的是荷蘭設計工作室「下一代自然網絡」舉辦的展覽。該工作室也出版了《試管肉食譜》，他們在書中呈現出推測性的未來食物，好像它們已經存在一樣。當我重新投入會議時，腦子裡還在想著北極熊、冰川水（更不用說消失的冰川）。我聽到一位演講者說，肉的主要結構是水，這話沒錯：我最常看到用來描述肉類構成元素的一個比例是75%水、20%蛋白質與5%脂肪。達塔爾說，當我們開始在實驗室裡培養肉的時候，我們還無法想像最終肉的定義會是怎樣的，我發現自己大力點頭贊成她的看法。畢竟，水的形狀又是什麼呢？會議結束時，波斯特站起來，把雙手合在一起鼓掌，眾人見狀亦起而傚之。

Chapter 14

猶太潔食

長久以來，猶太人一直在提問培養肉是否符合猶太教規。這個問題甚至出現在猶太教文獻〈塔木德〉（Talmud，猶太教拉比對《希伯來聖經》的評論集），其中的〈猶太公會篇〉（Tractate Sanhedrin, 65b）提及，兩位拉比夏尼納與歐沙亞在每個安息日的晚上都會研讀《創世之書》（*Sefer Yetzirah*），即卡巴拉的創世之書。他們用《創世之書》的教義創造了一隻犢牛，然後按照「飲食規條」（kashrut，猶太教律法），不宰殺就吃了牠。儘管有這樣的越界行為，解經者有理由懷疑夏尼納與歐沙亞是否真的違反了飲食規條。人造的犢牛可能不是「真正的動物」，至少根據拉比以賽亞・霍羅威茨（Yeshaya Halevi Horowitz，活躍於十六世紀晚期至十七世紀早期）的說法。牠的非自然狀態意味著「猶太屠宰條例」（shechitah，符合猶太潔食的屠宰方式）是不必要的。然而，其他權威人士雖然同意這犢牛是不自然的，卻認為不執行猶太屠宰條例違反了另一項 marit ayin 原則：避免採取看似不正當的行動，儘管這些行動實際上並無不當之處。因此，即使人造犢牛也必須以適當的方式加以宰殺，以免夏尼納與歐沙亞看起來似乎地位更甚於律法，吃著看似自然但因為沒有適當宰殺而不符合律法的犢牛。這是一個有關維持表象的故事，但也是關於對待動物、以及肉與動物生命週期之間的關係。

在另一個〈塔木德〉的敘述中（〈猶太公會篇〉59b），出現了另一種不同的培養肉。一位旅行的拉比在途中受到獅子的威脅，向天祈禱，並得到立即的回答：兩塊肉從天上掉下來，分散了攻擊者的注意力。獅子抓住其中一塊，不再管拉比，而拉比則把另一塊肉拿到書房。在那裡，這塊肉滿足了另一種飢餓：對辯論的飢渴。對這塊肉的最終判斷是「從天而降的東西沒有不合宜的」。這塊肉不僅「對猶太人有益」，同時也能給身體與精神提供能量。這則故事就像夏尼納與歐沙亞的故事一樣，讓我們思考這塊神奇或魔術般的肉，在自然界的秩序中處於什麼位置。要把一種新形式的肉放到我們對世界的認知，並將其置於管理我們飲食的監管體系中，會需要什麼樣的心理操作呢？

猶太潔食的律法既古老也現代。kasher（kosher）一詞的原意是「適合」。〈塔木德〉約在公元前五世紀按其巴比倫形式編纂完成，儘管如此，在〈利未記〉與〈申命記〉中，《聖經》起源的飲食規條在時間上卻要早得多。同時，猶太飲食規條的現代性來自它們會隨著猶太人生產與消費食物方式的轉變而改變。在過去一百年間，正如已開發國家的所有飲食者，猶太人的飲食模式也受到食品工業化所改變。從動物膠到白麵包再到肉類的每一種東西，更別說護手霜與洗髮精等非食品類的家庭用品，都可以買到貼有猶太潔食標籤的產品，而且全是工廠規模生產的產品。許多標籤是由監督猶太教認證的特定機構貼上的，反映出人們對特定成分的潔淨地位仍有爭議並有待立論，而這種爭論本身就是猶太人現代化過程的一個重要組成。現在，有關飲食規條的持續辯論，來到了實驗室培養的肉類之上。

二〇一六年春末，我前往加州奧克蘭參加一場食品未來的專題討論，當一名新收穫組織的代表發言時，我在觀眾席上。當我問及培養肉是否符合猶太潔食的標準時，她很高興地報告說，猶太飲食規條的議題最近在一次線上討論時解決了，其中一名投稿人引用了一位拉比的建議，表示實驗室培養的肉應該可以過關。[267] 因此，我的對話者繼續表示，猶太人沒有理由不參與蛋白質的未來。儘管有這麼一個信心滿滿的回答，培養肉產品可能的猶太潔食資格仍有歧義，拉比社群的意見分歧，並不一致。

好食研究所是另一個推廣透過組織培養生產肉品的組織。該機構（截至二〇一六年）主張，我們應該用「淨肉」（"clean" meat）這個詞代替「培養肉」，這樣的提議很棒，因為它讓〈利未記〉在二十一世紀得到強烈的迴響。通常情況下，「淨」這個字會讓人想到它的反義詞，而就傳統肉品而言，反義詞就是「髒」。因此，「淨肉」一詞激怒了很多農民與肉品工業的說客。人類學家瑪麗·道格拉斯（Mary Douglas）寫道：「污穢從來都不是一個孤立的事件。除非考慮到系統性的思想順序，否則就不可能發生。」就潔淨而言亦是如此。[268] 從道格拉斯的角度看，猶太飲食規條就是這樣的一種「系統性的思想順序」，是一種建構人類經驗與行為的方式。多年前，我在肯塔基州鄉下參加一場烤豬派對，享用著從豬側腹扯下那入口即化的香噴噴烤肉，搭配在豬腸裡烤過、仍然冒著蒸氣的蘋果時，道格拉斯的《潔淨與危險》（*Purity and Danger*）就在我的背包裡。這隻動物在地上的坑裡燒烤了好幾個小時，周圍都是熱呼呼的石頭。在我看來，牠的肉很潔淨，而且如果沒記錯的話，非常美味。

新收穫機構的網路討論中引用的那位拉比認為，由於生產培養肉不需要殺死動物，所以從猶太飲食規條的角度看，這些肉根本不算是肉。培養肉可以被認為是「素馨食品」（pareve，又作中性食品），也就是既非肉品（fleischig）亦非乳製品（milchig）的食物類別，根據猶太潔食律法，肉品與乳製品絕對不能混合。在同一場網路討論會的其中一個討論串（值得注意的是它完全沒有反猶太主義的痕跡），第一個回應是一種異端但也歡樂的「歡樂培根」，一系列有關培根與豬肉的玩笑評論，開頭的建議是，如果從牛細胞培養出來的肉根本不算肉，那麼為什麼不培養符合潔食律法的豬細胞呢？這個越界的討論串繼續著，轉換到一種完全猶太式的幽默：「潔食培根（kosher Bacan），夢想成真！」「我們可以把這個當作下一次募資活動。」「如果你做了潔食培根，還得拍攝拉比吃下潔食培根的影片。」幾年前，有人創設了一個網站，專門講一些不一樣的越界笑話。他們宣稱自己有一家公司，可以用名人的肌肉細胞製造培養肉，這與其說是吃人肉的實踐，不如說是一個不用太認真看待、帶有玩笑性質的秘密願望實踐：消費小報堅持要我們追隨的明星，將我們對他們生活的占有慾與對他們顯赫地位的怨恨，以社會禁忌的方式終結之。

新收穫機構並非第一個提出以組織培養技術生產的肉品是否符合猶太潔食律法的問題。二〇一三年八月左右，當馬克・波斯特揭露他著名的培養肉漢堡時，各種稀奇古怪的問題開始在網路上出現。早期有關培養肉與猶太飲食規條的討論，往往著重在〈利未記〉十一章所描述哪些動物是猶太人允許或禁止食用的問題上。換句話說，早期的問題假設，細胞培養的來源動物會是成品是否符合潔食律法的一個主要決定因素。根據這個推理，從牛身上採集的檢體可能可以做出符合潔食律法的細胞株（cell line），但是從豬或駱駝身上採集的檢體可能會做出不符合的細胞株。

然而，正如〈塔木德〉中拉比夏尼納與歐沙亞以及他們那隻人造犢牛的故事所示，猶太潔食資格不僅僅取決於動物類型，還受到更多因素的影響。首先，任何生病或受傷的動物都不符合潔食律法。其次，即使是合適物種的合適動物，也必須按照猶太屠宰條例正確屠宰，才能視為猶太潔食。按猶太屠宰條例宰殺的動物，在宰殺前不會被弄暈，因為讓動物昏迷不符合猶太潔食的傳統。當一把稱為chalif的長禮刀劃過動物喉嚨時，動物必須保持清醒警覺，這一刀會瞬間殺死動物，同時開始放血的重要過程；有些人甚至認為，這種屠宰方法能迅速讓腦部缺氧，使痛苦降到最低。完成放血後，要仔細檢查屍體是否有畸形、增大、靜脈與血管破裂、血瘀等狀況，因為這些都符合《聖經》中禁止吃血或患病動物的訓諭。禁血令有時意味著許多遵守潔食律法的猶太人只會吃動物軀體前半部的肉，而不會砍後腿與臀部，因為後腿與臀部的靜脈與動脈很難移除。坐骨神經也被認為不符合猶太潔食律法。當然，整個宰殺過程是勞動密集的工作，因此符合猶太潔食律法的肉通常比不符合規範的同部位貴上許多，這也是為什麼會有「shver tzu zein a Yid」（猶太人難為）的猶太諺語。

此外，拉比社群對猶太潔食肉品是否比非潔食肉品更道德的問題，意見也不一致。有位拉比在二

○一四年的一篇報紙社論中寫道，由於絕大多數的猶太潔食肉品生產都是在傳統工業條件下進行，所以這類肉品實際上並不比非潔食肉品更好。[270]

值得注意而且對培養肉生產非常重要的是，根據 aver min hachai（來自活體動物的肢體）原則，在動物還活著的時候，人不能切斷並食用動物身體的一部分。這很大程度上取決於一位拉比認為從供應檢體的動物身上取得的組織檢體到底是否該算做這隻動物的「一部分」，以及從該樣本培養出來的漢堡肉是否也算作這隻動物的一部分？殺死動物以吃掉其培養細胞的做法，會讓許多培養肉支持者感到不快，即使（理論上）一個檢體可能透過細胞培養產生數噸的肉；如果拉比的裁決是贊成的，那麼一隻特定動物的獻祭就可以獲得相當於許多隻動物所能提供分量的猶太潔食肉。

來自活體動物的肢體原則引出另一個在猶太文化中更普遍、哲學上更誘人的培養肉問題。用來自動物身體的取樣製作的組織培養物，與動物本身之間的關係是什麼？從一頭牛的細胞培養出來的肌肉纖維，是否和那頭牛具有相同的本質？果真如此，那麼這個本質是否在某種程度上是由檢體細胞中的DNA所承載？我們應該以親子關係的模式來理解供應檢體的動物與所培養出的肉之間的關係，還是將它理解為一個可能活著也可能已經死掉的原始成熟身體的延伸？就此而言，動物身體的界線到底在哪裡？也許更實際的是，若將培養肉認定為素饗食品而非肉品，那麼這種判斷對於更廣泛的培養肉「肉性」問題又意味著什麼？在更廣泛（即包括猶太人與非猶太人）關於組織培養細胞是否在所有傳統意義上可以算作肉類的對話中，這種猶太人的觀點又有多大分量呢？我們很容易想像，如果一位宗教權威判定培養肉符合猶太潔食律法，但理由是因為它實際上不是肉，那麼培養肉的擁護者在同意之前必須多想想。對他們來說，這可能是錯誤的「系統性思想順序」。

二〇一六年，有家新加入培養肉製作競賽的以色列新創公司「超級肉品」（SuperMeat）在猶太飲食規條的議題上做了很多努力。如記者莎拉・張（Sarah Zhang）在《大西洋月刊》（*The Atlantic*）上所言，公司共同創始人科比・巴拉克（Koby Barak）對於猶太潔食律法宣稱的爭議地位是毫不閃躲的，尤其是那些基於新興科技的主張。[271] 工業產品的猶太潔食資格必須基於對個別成分的測定。[272] 就培養肉而言，用來餵養細胞的培養基、細胞生長的支架與原始細胞本身都需要檢查。意識到非潔食原料可能產生的問題，超級肉品公司諮詢的拉比們似乎準備求助於一個特定猶太潔食律法的詮釋，即所謂的「panim chadashot」（新面孔）。panim chadashot 的意思是，如果一種物質的物理形態發生根本的變化，那麼原本不符合猶太潔食律法的原料可能會失去原本的狀態，以新的形態被視為符合猶太潔食律法的材料。舉例而言，從豬皮的膠原蛋白提取的動物膠就被授與了猶太潔食資格，這是因為最終的動物膠似乎由一種與加工開始時的動物產品完全不同的物質所組成。然而，這種「新面孔原則」的運用並非沒有爭議，儘管拉比做出肯定的判定，豬皮動物膠的例子還是引發了醜聞，而猶太潔食動物膠的生產商最終不得不使用其他來源的膠原蛋白。這個具體的例子可能對培養肉造成影響，因為膠原蛋白是一種有用的成分，可以用來製作組織培養物的有機支架。

猶太飲食規條與工業食品生產的遭遇是一個複雜的故事，它的中心是一個對現代猶太人的經驗至關重要的問題，也就是說，遵守律法的猶太人如何能在不逾越猶太律法限制的情況下參與非猶太人的世界？這個問題以一種獨特的形式出現在美國人的生活中：在美國主流社會和主流文化中的生活意義上，同化是否會以猶太教自己的方式發生？[273] 更簡單地說，一名猶太人是否可以喝按照原始配方製作的可口可樂？可口可樂包括少量的甘油，因此並不一定符合猶太潔食律法。一名遵守律法的猶太人是否只能喝用符合猶太潔食律法的甘油製作的可口可樂？當然，猶太人有好幾世紀的經驗，根據他們所居住國家的風俗習慣與資源來調整哈拉卡（halacha），即猶太教律法。davar hamamid（使之成立之物）的議題非常具有啟發性：通常情況下，根據 bitul（無效）原則，不符合猶太潔食資格的成分出現在符合潔食律法的食物或液體中，若兩者比例為1：60或更大，那麼前者就可以忽略不計。然而在某些情況下，少量不符合潔食律法的元素可能對食品的整體結構起了催化或決定性的作用，也就是「使之成立之物」所指。現代化之前的一個典型例子，是動物凝乳酶的使用（凝乳酶通常從小牛胃黏膜取得），以將牛奶變成起司。在現代的脈絡下，許多工業食品都採用這種催化劑，而這種催化劑是否符合猶太潔食資格，則需要弄清楚。

二十世紀的猶太飲食規條歷史，是一個監管制度與市場不斷變化的歷史，也是某種「解釋多元化」的歷史，即有好幾個機構可以做出受到特定猶太社群接受的認證決定。猶太教正統派、保守派與改革派都以不同的方式解釋飲食規條，不同的猶太潔食權威機構也會產生不同品牌的猶太潔食認證。消費者決定自己該相信哪些潔食標籤（hechshers），這往往但並不總是由他們所屬的猶太教派所決定。除此以外，還有聯邦法律規定猶太潔食機構與產品製造商可以做出什麼樣的陳述，同時也規定了企業可能不得不訴諸私人訴訟的事宜。這樣的結果就是一個公部門與私部門混合監管猶太潔食產品的環境，商業利益在其中扮演著重要的角色。提供猶太潔食認證的機構針對這項服務收費，而生產這些受認證產品的食品生產商則因此獲得進入特定猶太潔食市場的機會。

或許，培養肉是否「適口」的問題會先出現，並不是那麼奇怪。它反映出一種監管想像的早期萌動，因為我們旁觀者（猶太人與非猶太人）都知道，新食品在可以銷售之前，都會經過政府機構的檢驗與歸類。早期有關培養肉是否符合猶太潔食律法的爭論，開始看起來像是為後來的爭論做了預演，而後來的爭論將影響到培養肉是否可以銷售，或該在什麼條件下銷售。在〈塔木德〉的故事中，當他們問到我們可以將沒有明確或自然動物來源的肉放在什麼類別下時，就把這件事說得很清楚。培養肉可能不容易進入我們關於肉與動物身體之間關係的「系統性思想順序」，它可能迫使我們重新思考甚或完全放棄這種排序。我們可能會發現，當肉品不再源自於更大的動物軀體時，世界上某些我們習以為常的既有事物便不復一體適存。

Chapter 15

鯨

怎麼聊到鯨魚了？我在史丹佛大學商學院的一間禮堂內裡，美國人道協會政策副主席保羅·夏皮羅（Paul Shapiro）正為一個以細胞農業與培養肉為題的專題討論做總結。在過去的一個半小時，聚集在這裡的觀眾聽到夏皮羅的發言，也聽到好食研究所創辦人與主任布魯斯·弗里德里希（Bruce Friedrich）的談話，好食研究所與新收穫機構一樣，也在推廣細胞農業作為畜牧業的替代產業。在過去一年裡，好食研究所像是突然冒出來的組織，資助者的口袋夠深，而且與動保組織密切結盟。曼非斯肉品公司的創辦人暨總裁烏瑪·瓦萊蒂（Uma Valeti）也有發言，荷蘭瓦赫寧恩大學（Wageningen University）哲學教授、也是培養肉最早的一位生物倫理評論家科爾·范德韋勒亦然。傍晚了，一部分人在大學校園裡度過一整天後顯得疲憊不堪，另一些人則滿心期待閉幕式之後的交流時間，忙著合影和交換名片。這不是一次引發分歧的會議，關於培養肉（弗里德里希與瓦萊蒂都喜歡稱之為「淨肉」）是否為確保蛋白質的永續性、減緩氣候變遷或保護動物的適當策略，並沒有任何爭論，會中也沒有對資源是否能以其他更好的方式加以利用進行對話，任何細微的分歧都被一種對新技術的共同熱忱以及新技術能帶來正面改變的能力掃除了。

夏皮羅非常關心鯨豚類。擅於博得眾人笑聲與掌聲的他，以一則美國捕鯨後期的故事結束討論。他告訴我們，在南北戰爭之前，捕鯨業是美國第五大產業。全國每家每戶都有燈，而這些燈的燃料是鯨油。但在一八五三到七三年間，捕鯨船隊減少了80％，主要是因為一種新產品煤油的出現。加拿大地質學家亞伯拉罕・格斯納（Abraham Gesner）發現了一種從石油中提取煤油的製作法，這種新產品席捲燃料市場，取代了鯨油。換句話說，單一的技術發展改變了人類對一種動物產品的依賴性，替代了原本的產品。這是個好故事，夏皮羅以此為實驗室培養肉提供一個先例。我聽得很仔細，因為這種用具體歷史案例作為未來技術先例的方式，在培養肉圈內很常見。而且，在公開討論新興科技時，這種挖掘歷史記述的風格也蔚為特色。[274]但一項新技術並不是故事中的唯一「演員」，市場也在起作用，更好的選擇會贏得勝利，就好像天擇一樣。對一名動保人士而非技術商人來說，這是一個很有趣的故事。[275]這表示他採用了這類商人的做法。

夏皮羅採用的故事版本流傳得很廣，[276]你甚至可以在自然史博物館與捕鯨專題博物館裡看到這則故事。然而，鯨油的故事確實有其含混不清之處，而且也曾因為其他高度政治化的原因，在其他脈絡中被重新講述。根據環境歷史學家比爾・科瓦里克（Bill Kovarik）的說法，「鯨油神話」

（"Whale oil myth"）經常被當成論述的核心，即技術創新結合自由市場，可以讓自然環境的元素免於工業與發展的最嚴重剝削。[277] 誠然，技術發展在十九世紀中葉引入燃油，讓美國人遠離了鯨油；然而，當鯨油的使用開始衰落時，最廣泛的替代燃料並不是煤油，而是各種以酒精為基底的混合燃料，包括一種在當時特別流行的莰烯（Camphene），這種燃料由酒精和松節油做成，比鯨油便宜得多，主要缺陷在於易揮發性。當煤油作為燈油出現在市場上時，鯨油（以及捕鯨業）早已過了巔峰期好些年。煤油贏過它的酒精類競爭者，並不是因為效能優越，也不是因為商人的商業頭腦，而是因為稅。煤油的興起，乃至於整個石油工業的興起，都得益於南北戰爭期間政府對酒精的徵稅；無論是用於飲用或燃燈的酒精都課以重稅，而對煤油課的稅相對較輕。

夏皮羅講故事的輕鬆口吻，掩蓋了這個案例的複雜性。這個技術突破是受到市場對更好、更便宜產品的自然偏好所驅策，它並沒有介入拯救鯨魚的事宜。鯨油需求下降的故事似乎既不是對發明的美化，也不是對市場的頌揚，但它確實直接指向政府行動在調解新技術出現與既有技術衰退方面的重要性，沒有一個市場也沒有一位發明者會在政治真空中運作。一八三〇年，在鯨油市場達到頂峰之前約十五年，捕鯨代理商查爾斯．摩根（Charles W. Morgan）在美國麻州新貝德福（New Bedford）這個捕鯨重鎮發表了題為「鯨魚自然史」的演講。[278] 摩根與新貝德福一家製作鯨蠟油蠟燭的工作坊有商業往來，他擔心橄欖油這個競爭商品的進口關稅會降低。他非常清楚，捕鯨活動是在管制與課稅的情況下進行的，還伴隨著可能會造成他利潤減損的燃料競爭。摩根還談到「碳氫化合物」，他承認這種氣體在靜態照明與亮度方面確實比鯨油更具優勢，但他認為這種物質太「微妙」(即易揮發),不適合長距離運送。

鯨油的情況是否完全適用於培養肉?我們確實有理由懷疑。鯨油之所以變少,是因為從被殺的鯨魚身上提取鯨油的速度比鯨魚能繁殖、生長與再繁殖的速度更快;工業化肉品生產可能會落後於發展中國家日益成長的需求,但是並不是以同樣的方式。[279] 夏皮羅笑著描述了一八六一年刊登在雜誌《浮華世界》(*Vanity Fair*)上以鯨魚為主題的漫畫:鯨魚在派對上尋歡作樂,就像人類的社會名流一樣,牠們為賓州土壤流出來的石油感到歡欣鼓舞,一個名叫埃德溫.德雷克(Edwin Drake)的人在這裡打了油井。德雷克的油田被稱為「佩特羅利亞」(Petrolia),它很快就會供應美國大部分的石油需求,而且最終也將供應全球石油所需。難怪煤油燈被認為是海洋的救星。我們很容易就能想像到類似的漫畫,把牛、雞和豬換成狂歡的主角,為了人類發明了牠們的肉的人工替代品而感到高興。這是故事的情感核心,促使夏皮羅講出這個故事的原因,然而它與一個被監管、因而無可避免地帶有政治色彩的新燃料市場所具有的錯綜複雜完全無關。歷史上經歷的所有坎坷都被抹平了,鯨魚的故事勉強成為一種天然資源,一種未來創新的先例。

Chapter 16

同類相食

「我們為什麼不培養並吃自己的細胞？」開這個玩笑的人是一名醫學生，他坐在一個大禮堂的後排，觀眾的目光都集中在台前的馬克・波斯特身上，當時他正在進行一場培養肉專題講座的問答時間。聽到這個問題，會場中只有少數人尷尬地笑了笑。我們有人聽過這個問題，在波斯特漢堡演示所引發的炒作風暴中，一個網站刊登了一家虛構公司的廣告，提供從名人身上採樣培養的肉，而在有關培養肉的網路新聞報導中，有關培養並吃掉自己的細胞的想法也在評論區大肆流傳。這則笑話的挑釁看似淺薄，實則不然。畢竟，如果培養肉是一個浪漫的花園幻想，在這個幻想中，我們對肉的胃口得到緩解，我們不再是殺手，那麼，當我們掩蓋了一整天的殘暴從下頭奔湧而出時，擔心花園在夜間的景況，確實也是有道理的。

波斯特一聽到就笑了，他也聽過同樣的問

題。止住了笑，他繼續講下去。「我常從八到十二歲孩子那裡聽到這個問題，」他說：「這是有道理的。」然後他吸了一口氣，我以為他會說什麼培養並吃下自己的細胞，會變成培養肉在醫學組織培養起源的一種奇特轉換，他並沒有這樣說，反而開始做起精神分析。他說，佛洛伊德告訴我們，品嘗自己的慾望是正常的性發展的一部分，是我們在成長過程中學會壓抑的一種情色幻想形式，孩子們就沒有這種成年人的限制。會場裡一陣笑聲，藉由波斯特的性心理解讀，這名醫學生反而因為自己開的玩笑而成了笑柄，不過他也拿出風度自我調侃，隨眾一笑置之。你可能會說他的玩笑很「髒」，就如人類學家瑪麗．道格拉斯曾把污物稱為「錯位的物質」：我們的組織可能會在食物鏈中變成錯位的物質，占據原本由豬或山羊占據的位置。[280]

佛洛伊德在〈狼人：孩童期精神官能症案例的病史〉（From the History of an Infantile Neurosis）一文中寫道，人類發展的口腔期在我們的語言使用上留下「永久的痕跡」，因此，我們會將情慾對象形容成「開胃」，或是稱我們的戀人為「蜜糖」。[281]在其他地方，佛洛伊德認為，在很小的孩子身上，對食物的慾望與性衝動仍然是一樣的（性衝動不是在青春期早期突然出現的，而是整個童年時期都存在），等到孩子經歷性心理發展中的潛伏期，才會區分開來。[282]因此，兒童只能將性慾理解為把想吃的東西吃進並融入身體裡的願望。同類相食是生殖器發育前的性慾組織。佛洛伊德作品中有零星幾處，交替提到「口腔期」或「同類相食期」，後者指人類食人，這個術語可能起源於哥倫布（Columbus）前往西印度群島的航行。哥倫布遇到的一個民族自稱卡尼巴萊人（Canibales），他懷疑這些人會吃人肉。這個詞從哥倫布開始藉由歐洲語言傳播開來，因為歐洲人把目光投向「未知之地」（terrae incognitae），想像這些土地上的人類有相殺相食的越界行為。對一些啟蒙時代的思想家來說，同類相食行為甚至出現在有關偏遠孤立地區（尤其是島嶼）人口容量的思想實驗中。這個具有假設性與幻想性的研究問道，在經過多少代繁衍以後，人類為了平衡人口與食物供應，會開始出現吃人肉的行為？

在早期現代歐洲人的想像中，同類互食是諸多地理環境的共同特徵。你可以說，它是那些地圖上的一個道德標記。許多歐洲作家都對同類互食的行為作了推測，在他們眼中，這種行為存在著一種矛盾特質。吃人是違反了人類社會生活與生存策略的自然秩序，還是反過來令人不安地成為自然狀態下生活的一部分呢？[283]佛洛伊德晚期提出的解釋，認為兩者都有（與他的現代前輩們相反），他認為，錯誤在於想像食人行為只會發生在其他地方，只會發生在與我們完全不同的人中間，只會發生在那些生活在我們道德共同體之外的人身上。佛洛伊德在晚期宗教著作《幻象之未來》（*The Future of an Illusion*）中寫道，吃人的衝動會與亂倫的願望和殺戮的慾望一起「在每一個孩子身上重新誕生」。[284]佛洛伊德說，在這些本能中，只有吃人「似乎是被普遍禁止的，而且根據非精神分析的觀點，已經完全被超越了。」[285]當然，這也就是說，根據精神分析的觀點，同類互食與其說是被克服了，不如說是透過文明的壓制而遏制了。[286]

佛洛伊德認為，文明的誕生是為了保護我們免受內部與外部的自然力量所影響，然而在文明狀態下，保護我們抵禦自然的文化力量也將我們與自身切分開來。在佛洛伊德的《摩西與一神論》（*Moses and Monotheism*）中，一幫兄弟只有在殺死並吃掉他們的暴君父親後，才在一個粗略的社會契約下獲得原始文明的生活。[287]在一個培養肉與複雜組織工程的世界裡，吃我們自己的肉或我們物種親屬的肉，這樣的選擇很難完全被忽略，而這也解釋了為什麼關於這個選擇的神經質笑話一直存在。佛洛伊德關於吃人的故事，可能會讓那些希望相信兒童在道德上是無辜的，或是吃人衝動只有在人類精神失調才會出現的人感到不安。

在實驗室裡培養人肉的想法，首先可能是一種心理上的挑釁，但它也是一種人類學的挑釁，因為它迫使我們思考，假使我們也能成為一種肉，那麼作為人類的我們到底是什麼？這將是從未成為完整人體部分的肉。一種淪為純粹細胞新陳代謝的新形態人類生命。也許吃組織培養人肉的概念真正讓人不安的，並不是我們可能會吃掉其他人或自己，而是技術可能會給我們對於人類到底是什麼的概念，引入一種新的可塑性。生物反應器中的肉並沒有在沉睡；我們並沒有在等它甦醒，並被人類意志賦予新的活力。藉由組織培養生長的人類細胞，暗指將我們放在家畜的階層，吃掉這些人類細胞就意味著接受這種人類狀況的重新排序。

Chapter 17

採集／分別

「這讓我想到一張圖。你讀過法國人類學家李維—史陀的《親屬關係的基本結構》（*Elementary Structures of Kinship*）嗎？」喬丹似乎對自己的此一聯想感到興奮。我跟他聊到二〇一七年新收穫會議的第一天，這場細胞農業會議讓我再次回到紐約市。我的朋友和東道主打開他的筆記型電腦，給我看了一隻大額牛（mithun 或 gahal）的線圖，這是一種常見於緬甸北部的馴養牛，在克勞德．李維—史陀的書中翻譯成「水牛」。[288] 這張圖描繪的是在扎奧欽族（Zahau Chins）的某些儀式上，如何將一隻大額牛分切並分配給家庭成員。李維—史陀寫道：「在世界的這個地區，分配肉的方法和分配婦女的方法一樣巧妙。」這句話若被斷章取義，會是驚人之語，它意指婚禮儀式以及以牛為單位來計算的聘禮。李維—史陀借鑑了史蒂文森（H. N. C. Stevenson）在一九三七年撰寫的〈緬甸扎奧欽族的宴席和分肉〉（Feasting and Meat Division among the Zahau Chins of Burma），這篇文章描述了儀式上分肉的方式，提供了當地父權制風土條件下的親屬關係圖。

最好不要從字面上解讀。李維－史陀在這裡的興趣既不是肉也不是女人，而是這個受規則支配的社會有什麼特質，這個社會用規則來應對糧食短缺與繁殖機會匱乏的生存問題。[289] 他描述了一個二十世紀早期的社會，這個社會還沒有受到廉價肉品與人口過剩等現代性結構問題所威脅。李維－史陀說，社會規範始於烏爾規定（ur-rule）：禁止亂倫，我們可以稱之為社會控制生殖的原始形式，是我們作為一個物種「馴化」自己的一個方式。然而，一旦他們開始激增，規則就成為一個社會用以混日子的符號體系。文化的方言始於一個規則的語法。隨著時間推移，這種語法藉由代代相傳的延續性證明了它的價值。在個體生命相對較短的時間範圍內，儀式行為讓社會關係成形，也賦予了道德分量。在扎奧欽族的例子裡，肉的分配將給予和接受肉的人綑綁在一個互惠的義務網絡中。大額牛圖與其是為了切肉分配，不如說是為了關係，正如諺語所云，社會紐帶是「刻畫在關節處的」，就像最近被犧牲的大額牛一樣。這張圖意味著社區、婚姻與動物之間不可言喻的平等：整隻動物，整夥人——有接合點，連接在一起。喬丹對李維－史陀的聯想，讓我對培養肉的直接經驗在這個軸上偏斜了。這樣分享肉食到底是怎麼樣呢？將動物身體想像成媒介，透過這個媒介，我可以感受到相互幫助的紐帶？試管肉是否能傳遞出與體內肉一樣的感受？

我昨天在這場會議花了很多時間，看著來自培養肉領域與細胞農業研究的各種圖像與圖表，其中有許多圖像暗示，有一個世界，沒有無辜的大額牛需要為了在儀式上確保彼此的親屬關係而死亡。我也花了一天的時間思考不同類型的互惠義務，包括自己對過去四年中與我分享工作成果的人欠了什麼樣的人情。我敏銳地感覺到，自己對所見所聞缺乏一個概觀的總結，而且至今還沒有對培養肉做出特定的預言或預測。沒有一個理智上負責任的未來學家會提出這樣的觀點，儘管如此，人們似乎只想從我這裡得到一個自信且容易消化的預測。要點條列。敘述性的總結。在這裡，學者的目標是達成一種新的理解，與公眾對話的目標相去甚遠。我想在紙上留下更多問題而不是答案，不是將一條敘事線強加在不同的圖像上。[290]然而，如果我誠實的話，我也厭倦了其他人透過新聞稿與令人窒息的新聞吹捧來強加自己的敘事線，他們希望驅散圍繞在任何新興技術周圍的遮蔽雲層。

在會議的第一部分，新收穫機構的研究人員報告了對培養肉的實驗研究。這部分的講者都是女性，觀眾的反應是驚訝且正面的；我們都已經習慣科技界的性別失衡，更不用說科技界與學界普遍存在的性騷擾故事，女性主導的新收穫機構為我們提供了一個不同的未來形象。在舞台後面的投影螢幕上，研究人員展示了組織培養細胞的圖片，用雷射筆指出肌肉纖維的長結構。或者她們用一匙火雞肉細胞的圖片讓觀眾驚豔，或是展示海綿與其他生物相容性材料的圖片，講述如何讓肌肉細胞固定在培養瓶中，以確保正常生長的故事。展示的大部分研究都與培養肉研究中的兩個主要障礙有關，這也是二〇一三年出現的問題：需要一種不含血清和足夠便宜的生長培養基，以及生產三維或「厚」組織的挑戰，這通常需要一部具有某種類型維管結構的複雜生物反應器。要讓培養肉成為市場現實，我們亟需清除這些障礙。

我們大約有三百人聚集在先鋒文化中心（Pioneer Works），這是一個龐大的磚造活動空間，位於布魯克林區郊區的雷德胡克。所有人都坐在摺疊椅上，圍著舞台排成一排排。我的思緒飄忽不定，想像著這棟建築從地板到天花板都裝滿了你在啤酒廠看到的那種大型儲存槽，畢竟這裡曾經是先鋒鋼鐵廠，在十九世紀末為古巴製糖工業製造鍋爐、壓碎機與引擎的地方。先鋒肉廠（Pioneer Meat Works）將是一間「培養肉廠」，為飢餓的紐約生產豬肉、牛肉和雞肉。[291] 考慮到這座建築過去的用途，我想起糖料種植園曾經是歐洲人在加勒比海地區資源開採疆域的一部分，而培養肉的奇怪之處在於，它建議我們在已經占據的空間中開發一個新的內部「疆域」，在這個疆域中，細胞本身就是一種新的農業基質。巴斯大學（University of Bath）化學工程教授瑪麗安．艾利斯隨著研究人員走上舞台，在演講中展示了一個比培養肉廠更工業化的替代方案：一幅非常複雜的培養肉生產流程圖，將原料到生物反應器到組織工程站全都連結起來。這也是一種間接的親屬關係圖，說明一個龐大團隊的不同成員所生產的部件之間的關係，團隊成員之中可能包括艾利斯自己的一些學生。

艾利斯與一名和藹可親、言談得體的威爾斯豬農伊爾杜德．鄧斯福德（Illtud Dunsford）共同創辦了一家小型培養肉公司。我最早是在馬克．波斯特的馬斯垂克會議上遇見鄧斯福德的，在那樣的場合，他是來自實際存在、依賴風土的小型畜牧場的稀客。艾利斯與鄧斯福德計畫用鄧斯福德農場裡飼養的一種傳統品種豬來生產培養豬肉。這是現存為數不多的一個培養肉計畫，它將複製的不是流行的商品肉形式，而是一種特色肉品。我似乎看到，想要取代大宗肉品的願望與像艾利斯及鄧斯福德這樣靈活的小規模新創公司之間存在著一種緊張關係，後者似乎是以小眾市場為目標。值得讚揚的是，當艾利斯在問答環節中被問及「我們有多接近？」時，她坦言自己不知道。同樣的問題，波斯特在二〇一三年也被問過，此後又被多次問及。善待動物組織在二〇〇八年的雞塊比賽中也曾問過這個問題。溫斯頓．邱吉爾（Winston Churchill）曾在一九三二年發表的文章〈五十年後〉（Fifty Years Hence）中，對一九八〇年代科學可能實現的社會與技術變革，包括食品生產方面，進行推測，不過也只是作勢而已。這是我們多年來一直試圖回答的問題，雖然它不再有趣，我們仍然把它掛在嘴邊。《星艦迷航記》是二〇一七年新收穫會議許多與會者非常熟悉的科幻小說，用這部片的語言來說，「我們有多近」這個問題就是小林丸測試：一場打不贏的訓練戰，它給未來星際飛船船長的教訓是，有些損失是不可避免的。艾利斯簡單的一句「我不知道」就打發了這個問題，將它貶為拙劣的伎倆。

許多研究員的投影片所展現的數據，都來自新收穫機構資助的合作研究計畫，而新收穫機構的大部分資金則來自個人的小額捐款。研究人員藉由參與新收穫機構的計畫分享他們的研究，以及在開放取用的平台發表研究論文等作為來回饋機構對他們的投資，不過最重要的是，他們全都朝著一個培養肉與其他細胞農業產品的世界前進，努力減少或消除對畜牧業的需求。「動物產品是美味的，」伊莎．達塔爾在她的開幕辭中表示，但是她也講到動物產品在工業量產時對環境帶來的致命影響：全球畜牧業每年的碳排量高達七十一億噸，據估計，全球碳排放總量約有高達14～18％來自畜牧業。光是牛腸道的甲烷排放就有二十七億噸。我偶然在參加新收穫機構會議時瞭解到，該機構成員有不同的研究背景與目標，這是他們的一個力量泉源。他們共享不朽的細胞株，這些細胞株藉由突變或人工干預（例如應用病毒 DNA）而能無限期地分裂與增殖。新收穫公司曾表示有興趣建立細胞株，藉此讓任何研究人員都能從事開放存取式的培養肉研究。更直接的是，細胞系譜代表著連接培養肉實驗室的遺傳連續性，掩蓋了束縛培養肉工作人員社群的非正式系譜關係。

系譜關係可能只有少數密切觀察者才看得到，但是有一種社會區別對所有人來說都是非常明顯的。新收穫機構的研究人員在學術實驗室裡工作，透過博士生課程取得進展，並向所有人開放他們的研究成果。他們參與了將科學研究導向開放存取出版品與共享資訊的運動，其中最著名的例子包括公共科學圖書館（PLoS）以及參加「駭客空間」的認真型愛好者所組成的附屬機構。在這次會議上，「生物駭客」的代表是將全日本認真型愛好者連結起來的羽生雄毅（Yuki Hanyu），精進肉品計畫（Shojin Meats）的發起人。羽生用一種運動飲料作為培養基來餵養細胞，他利用在東京便利商店容易取得的材料培養出肌肉細胞，並在這裡用圖片證明。精進肉品計畫的名稱來自精進料理，即日本佛教僧侶的傳統素齋。羽生在展示桌上把電腦轉了過來，急切地向我展示一幅以培養肉為中心的漫畫，該計畫的這位漫畫家還在讀高中，在他的描繪中，培養肉廠在其他世界的儲存槽裡製作肉品。他告訴我，這一切的靈感都是來自日本特有的一個問題：這個島國無法獨立生產足夠的糧食以養活自己，必須仰賴進口。與這種開放性工作與娛樂的證據形成對比的是，培養肉新創公司的員工在封閉的實驗室裡工作，他們的勞動為公司與其投資者創造了智慧財產。在產品出現之前，有關他們工作進展的資訊都只能保存在黑箱裡。對一些人來說，為了獲得大量的創投資金，這樣的代價非常值得。

新收穫機構在會議上並沒有提到學術研究人員與企業同行之間的分歧，這似乎是刻意的，也是聰明的。學術研究人員與產業研究人員之間的合作關係符合細胞農業的最大利益，這是各方的一個強烈共識，而新收穫機構的領導階層也急於避免讓人覺得他們站在學術研究人員那一邊，而不是在新創企業那邊，因為他們確實沒有這麼做。達塔爾至少協助創立了兩家公司，主打產品為牛奶的「完美的一天」（前身為「哞自由」），以及生產雞蛋蛋白質的「克拉拉食品」（Clara Foods）。然而，由於新收穫機構將資源投入支持開放存取學術研究與新科學家的培訓，從創業經濟的角度看，他們投資的都是成長極其緩慢的事業。達塔爾在開幕致詞時確實給這些新創企業一個重要的表揚：曼非斯肉品公司已經將生產雞肉的實驗室成本降到每磅九千美元，這看似是個天文數字，但比起二〇一三年波斯特的第一批漢堡肉著實是少了許多。在我們聽來，這就是進展。同一家公司報告，二〇一六年生產一粒肉丸的成本是兩千四百美元。

參加會議的記者觀察到業界與學界研究之間的分歧，問我相信哪一組。這種把一切都訴諸可信度的做法讓我感到困擾，但是他們的問題很有道理。我們上午看著關於早期培養肉研究的報告，中午吃著素食外燴聊著天，下午聽著培養肉新創公司的承諾，晚上則聚在一起就著啤酒來場批判性辯論。截至二〇一七年年底，這些新創公司的承諾開始融合成未來學家彼得．施瓦茨（Peter Schwartz）所謂的「官方未來」。就一群對未來事件有共同假設的行動者來說，這是一個聚集點，能幫助他們確認當前行動的方向。[292] 在幾家新成立的培養肉企業和一些對培養肉感興趣的動保組織與宣傳機構之間，尤其是專門推廣肉食替代品的好食研究所，已經形成一個非正式的親和團體，其立場是，培養肉或「淨肉」（好食研究所認可的術語）是可行的，也是即將發生的，而這種產品的問世可能意味著畜牧業會更快速地消亡。按我對研究人員報告的解讀，這種代表新創培養肉企業吹勝利號角的動作為時過早，但我也知道，研究人員的意見是分歧的，有的人比其他人更重視新創公司的前途。不過，在會議首日與我交談的每一個人都很清楚，公開慶祝即將到來的「淨肉」和表面上的數據（至少就公開的數據而言）仍有很大的落差。似乎是出於禮貌，也是因為在那裡的每個人都屬於同一陣營，所以沒有人發表任何公開聲明來引起人們對這個議題的注意。

新收穫機構堅持透明化，他們對炒作問題的反應，是迅速向更高處發展。達塔爾說，她希望看到無動物培養基配方能像巧克力豆包裝上的餅乾食譜一樣地自由流通。在另一次會議上，新收穫機構直接就字面意思來表現透明度，他們做了個展示，擺放一系列空的塑膠細胞培養瓶，數目與波斯特團隊製作漢堡使用的相等。結果，所使用的透明塑膠瓶如此之多，讓我想到博物館展示檯的現代雕塑，或是一位建築師的未來都會模型。這樣的展示與一張漂亮擺盤的漢堡宣傳照，彷彿它從一粒種子長成了美味的樣子，兩者之間有著天壤之別。後者將漫長的勞動隱藏在輕鬆的形象中，前者則將細胞培養的漢堡「爆」成製作過程的繁瑣、細心與耐心。新收穫機構並不是要打消人們對培養肉有朝一日能從這種繁重手工勞動轉向自動化與工業化規模的希望，而是要向觀眾展示現狀。我相信，在一個陌生的食品技術新世界裡，這種透明度對建立公眾信任至關重要。我也擔心，如果這些公司無法兌現承諾，那麼聲稱培養肉即將到來的預測，就可能會危及這種信任。

借用技術炒作週期顧問的說法，培養肉可能無法度過另一個嚴重的「預期降低的谷底階段」。這些都意味著新收穫機構在策略上處於一個艱難的位置，他們希望以一種溫和的精神推廣的技術，正被其他人積極過度地推廣。這有時讓新收穫機構看起來像是刻意要打擊士氣，但他們只是堅持保持平和的態度，拒絕讓終止畜牧業的情感和倫理訴求混淆了對當前事實的清楚解釋。這不是說這些事實就很容易得知，畢竟此間有著各種黑箱作業。當你被夾在各種糾結且互相制衡的力量之間，夾在懷疑與希望之間，希望它們能以第三種、更冷靜的情感來實現辯證解決時，這些事實肯定不容易解讀。然而，懷疑和希望很少以這種方式運作，通常是一個壓制住另一個。在這個節骨眼上，這已經成為媒體界與民眾的期待：培養肉要麼很快出現，要麼不會出現，這種非此即彼的態度反映了這些新創企業的時間表。

當我在先鋒文化中心外的大花園裡散步時，記者、企業家與其他圍觀者同樣也在岩石樹木之間穿梭，發表紀錄之外的意見，使得這裡很容易就成為謠言集散地。有傳言說，賈斯特公司（原本的漢普頓克里克公司）、莫沙肉品與曼非斯肉品（或是三者之一）已經找到解決培養基問題的方法，不再需要使用胎牛血清。話說回來，對於各家公司提出預計在「二〇一八年」（賈斯特）或「二〇一九年」（莫沙與曼非斯）首次發布產品的日期，也不乏嘲諷的聲音，這不僅是因為技術瓶頸依然存在（據我們所知），也是因為耗時的監管障礙。培養肉該由哪個政府管理單位負責監管也不是很清楚，在美國，農業部負責肉、蛋與家禽，食品藥物管理局（Food and Drug Administration, FDA）則負責一個稱為「生物製品」的大類，其中包括透過組織培養製成的產品。[293]第一批產品可能是高檔餐廳裡的昂貴肉類餐點，但是它們同樣也會成為一般消費者買得到的產品。幾家公司都承認，向廣大消費市場提供產品的日期更可能是二〇二一年，而不是二〇一九年。

什麼時候培養肉不再會是一個有著不確定未來的故事？也許要在十到二十年後，才會變成一個敘事節奏能被計入財務季度的故事？一個簡單的答案是「當創投基金對培養肉產生興趣的時候」。更完整的答案會提到，投資者要求的時間表與動保人士的不耐產生共鳴，其中有些人已經厭倦透過抗議、教育、延伸性活動與關說所取得的緩慢進展。這幾乎與威勒姆．范艾倫的切盼一樣強大，而他的女兒艾拉．范艾倫（Ira van Eelen）才剛加入賈斯特公司的董事會。二〇一七年九月，賈斯特買下老范艾倫的原始專利，也獲得小范艾倫的協助。[294]此外還有傳言宣稱，有大型食品公司投資了培養肉新創公司，這些大型公司是否只因為實驗室試管肉可能存在的可行性而想要面面俱到？還是他們的策略專家同意培養肉圈裡普遍存在的一種說法，即氣候變遷很快就會增加傳統肉類生產的成本，以至於傳統肉類生產的可行性將逐漸降低至不及培養肉的驚人程度？這些大型公司並沒有派任何代表在這次會議上表達他們的意願。

二〇一七年新收穫會議的舞台，用充氣的粉紅色與藍色實驗室手套做成刺球來裝飾，剛看到這些裝飾時，我誤認為是用該機構標準色做出來的一簇簇塑膠乳房。當我們在下午的會議上入座時，生物藝術家奧隆．凱茨（他與艾奧娜特．祖爾合作製作出世界上第一塊培養肉）向我提供了一個我從未考慮過的解釋：培養肉誕生於失敗。「這是再生醫學失敗的故事。」他的意思是，再生醫學這個組織工程的另一個新領域，比培養肉早了幾年進入炒作週期，卻未能滿足圍繞著它形成的過高預期。凱茨本身對創作生物藝術的興趣，是受到一個將再生醫學推向公眾的計畫所刺激：一九九五年，查爾斯・維坎提（Charles Vacanti）讓一隻裸鼠的背上長出類似人類耳朵的東西，媒體將這隻耳鼠吹捧成魅力十足的動物，二十多年來（或相當於七隻長壽的實驗室老鼠的壽命接連在一起的長度），凱茨一直在思考由此而起的公眾期望：成千上萬的病患在等待移植器官，再生醫學理論上可以拯救所有病患，但在這些病患的時程表上並沒有顯示出這樣的跡象。醫學組織工程師之所以受到培養肉吸引，是出於對原本領域的失望，還是覺得培養肉有望對我們的世界產生更大的最終「影響」？馬克・波斯特、烏瑪・瓦萊蒂與弗拉基米爾・米羅諾夫（Vladimir Mironov）只是其中三位以探索幹細胞醫學潛力起家的培養肉科學家。新收穫機構的幾名研究員曾一度考慮要從事醫學工作。如果這些新創公司真如他們所說的那樣，那麼在大多數研究人員完成博士學位之前，就會有培養肉產品上市了。

隨著時間推移，在媒體的壓力下，早期代表再生醫學提出的主張具體化成為一種承諾：藉由使用病人的幹細胞，醫師可以培養出替代器官，並將之移植到病人體內而沒有排斥的風險。[295]幾乎不用說，這個承諾並未像一些研究人員所希望或承諾的那樣迅速兌現。更具殺傷力的問題是，一些基於欺詐性科學聲明的醜聞已經更廣泛地籠罩著再生醫學和幹細胞醫學。[296]凱茨與我沉浸在懷疑之中，然後我又在火上添了油：如果生物燃料也發生類似的事情呢？這種「清潔能源」的形式在二〇〇〇年代晚期歷經一次投資熱潮，然後又公然地破滅了；培養肉或「淨肉」可能會吸引那些對生物燃料和其他「綠色技術」的創投家的興趣，[297]更不用說人才從動保組織移轉到培養肉新創公司與他們的支持組織。這樣的移轉表示，人們對透過行動主義的緩慢工作來改變人心與個人飲食的計畫已感到精疲力竭，希望商業活動可能帶來更多、更快與更大規模的成就。新的策略不是改變個人的飲食選擇，而是希望減少或杜絕人類倚賴虐待動物取得的飲食選擇。好食研究所的布魯斯．弗里德里希曾公開表示：「我們將具有永續性的人道選擇當成內定的選擇，藉此讓消費者不用再考慮道德問題。」[298] 說培養肉始於其他領域的失望，並不是說它注定與再生醫學享有同樣的命運，無論如何，再生醫學還沒有接受自己的厄運，仍然在前進。關鍵在於，這個故事中的人物與資源往往是從其他故事裡招來的，而且他們到來之際也帶著原本的包袱。失敗是講述這個故事的一種方式，順應是另一種方式，而凱茨選擇前者是刻意為之。

有時，當我想法悲觀時也曾想過，培養肉可能是一個好的想法，卻有可能因為它目前所處的具體投資與發展形式而注定要失敗。新創模式本身可能會將培養肉的發展置於危險境地，創投家需要看到其投資回報的速度，要比實驗室能規模化量產可行產品的速度來得快。所有這一切的前提都是，培養肉被定義為不僅僅是肉類的擬態，而且由動物細胞製成，並不是二〇一七年即將上市、極其複雜的植物性漢堡。由此可見，培養肉需要一種更具耐心的資本形式，或者說，研究應該在由（希望是）政府資金挹注的學術實驗室中以更慢的速度進行。但是，即使這個潛在的妥協性好主意所呈現的願景被證明是準確的，它也無助於描述培養肉與資本主義的關係。

培養肉可以減輕工業化規模下群聚的食用動物所受的痛苦，減少工業化畜牧對環境帶來的巨大影響，更不用說消除微生物飼養池中大量繁殖的人畜共通疾病。然而，我們的故事從一開始就很明顯，這些問題本身就是深層次文明問題的症狀，它們源自全球人口數量空前龐大的成長，人們每天或幾乎每天都要能享受到動物的骨骼肌，還能享受到工業文明的其他福利，甚至是儲存肉類的冰箱和冰箱所使用的電力，更不用說通向烹飪肉類的爐灶的瓦斯管線。肉很便宜，但沒有什麼東西會在真空中變得便宜。資本主義並不是唯一支持著被稱為現代化的多重過程的經濟體系，它在歷史上也未曾壟斷過肉品的過度推廣——例如蘇聯一度不得不進口動物飼料，因為亟欲增加肉品生產與消費。然而，以肉食為中心的西方飲食，其傳播往往隨著自由市場資本主義的傳播，或許最具戲劇性的象徵是麥當勞在莫斯科與北京的開業。[299]

廉價肉品現在已是一個網絡的一部分，這個網絡包括政府補貼與監管活動，少數大型企業對農業活動的整合，一系列誘導動物身體產生比任何自然狀態下更多肉量的工具等等。這個網絡隨著一個經濟體系一起蓬勃發展，而這個體系的運作前提永遠是「更多」——市場的持續成長。我們生活在一個功能上（即使不總是在意識形態上）豐饒的世界，在這裡，馬爾薩斯主義者似乎總像是不修邊幅的批評者，在一旁舉著警告牌，把意想不到、不經意間的精神負擔強加給那些不習慣聽到嬰兒與肉不是天生好東西的人。

儘管沒有一位設計師會用這些術語來描述，但培養肉有望解決資本主義現代性本身的一個核心問題，我們稱之為廉價，一種普遍存在的成本轉移現象，廉價肉品只是其中一個例子。[300]人們想要的東西（食物、燃料、衣服、勞動力等）的廉價可能很難當成一個問題來理解，因為它讓物質產品的獲取民主化，並幫助提高全世界的生活水平。廉價是我們游泳的水，所以我們不會注意到它。然而，肉品「廉價化」不僅僅意味著肉品的民主化，同時也意味著移轉肉品生產與銷售的成本，讓消費者比較看不到這些成本，藉此減少對那些握有肉品生產方法的業者的損害。那些成本轉移到在肉品產業中從事卑微工作的工人身上，轉移到環境上，也轉移到食用動物本身短暫生命的生活品質上。傷害變得無形，這是動保人士多年來一直知道的事實，也是為什麼一些激進份子會偷偷將攝影機帶進飼養場與屠宰場的緣故。事實上，他們的工作就是要將動物受到的傷害揭諸於世，確保人類能正確認識到這樣的行為是傷害。複雜的生產與供應鏈也掩蓋了人類的痛苦，這不僅僅是大量吃肉造成的健康負擔而已。二〇一七年新收穫會議的一名與會者向我指出，會議講台上沒有任何人提到，在美國南部，非裔美國人因為養豬業污染水源而蒙受不成比例的傷害。[301] 廉價也可以稱之為與強者無關的損害。

在一個培養肉的烏托邦未來，組織培養與工程技術可以藉由極大程度地減少肉品的環境與道德外部性，讓肉品的廉價性不成問題。但是，在一個培養肉規模化銷售的烏托邦未來，雜食文明也會維持在類似現在的狀態，其永續發展的前景是生活在二〇一七年的人所無法想像的。在有條件的情況下保持這一切是至關重要的，我無法計算在培養肉的技術成功與這樣一個烏托邦未來之間會有多少意外狀況。細胞農業或許可以描述為一種受到市場驅策的烏托邦，它誕生於現代化帶來的災難之中。換句話說，若根植於成長導向式資本主義的現代文明，最後演變到無法永續運作的力量之一是來自工業化的畜牧產業，那麼透過細胞農業的商業成功，市場可能正好將自身從失控的成長中拯救出來。邱吉爾在〈五十年後〉曾提到培養試管雞肉夢想的文章中，也用了類似語言進行推測：

如果有巨大的動力源，糧食生產將不再需要借助陽光。產生人工輻射的巨大地窖可能會取代世界上的玉米田和馬鈴薯田。公園與花園將取代我們的牧場與耕地。到時候，城市將有足夠的空間得以擴展。[302]

邱吉爾的言外之意是（雖然可能沒有事實根據），農業基質的改變會產生更多的公園與花園：「有充分的空間」。就像邱吉爾的輻照地下酒窖，細胞農業似乎呈現出一種新的內部疆域，在所有疆域都已開發，我們現有的農業用地受到威脅之際，它能帶來新的投資、利潤與成長。自然資源的枯竭與氣候變遷造成畜牧業成本上升，（按這個故事線）細胞最終會成為比整隻動物更便宜的工人，來自於牛、豬與雞的細胞株承擔了曾經由這些動物所扮演的經濟角色。但是至少在目前，細胞仍然不是比整隻動物更便宜的工人，如果假設它們有一天會是，就是對技術進步這個令人困惑的概念下了相當大的賭注。

當我踏上二〇一七年新收穫會議的舞台時，我對上面講到的這些隻字不提。我在那裡做了一場以肉與組織培養為題的簡短演講，因為它們在培養肉的世界中交纏不清，演講中我也特別強調人類飲食文化的改變具有不可預測性與系統性。我只是要說，我們無法從一種新食品的創造先頭部隊去看到並描述這種食品出現、散播與最終影響的整個故事架構，我們也不可能預見培養肉可能如何改變我們看待動物身體或農業本身的方式。本著這種精神，我請求眾人對偶然性與出乎意料的結果能有所包容。

我很幸運，凱茨在我之後立即上台，介紹了他與祖爾在共生藝術實驗室（SymbioticA）的工作，「這是一所致力於研究、學習、批評與動手操作參與生命科學的藝術實驗室。」[303] 凱茨藉由組織培養技術進行藝術創作已有二十多年，剛開始時，凱茨與祖爾和約瑟夫．維坎提（Joseph Vacanti，「耳鼠」計畫的成員）合作，而現在凱茨站在新收穫的舞台上，告訴觀眾「你們在上面，我在下面」，藉此表示炒作曲線上的高點以及相對的低點。我們通常很難判斷凱茨對實驗室培養肉的懷疑有多少是因為個人特質，有多少是因為意識形態，又有多少只是因為長時間觀察卻無法看到一項新技術的浮現所導致。

與此同時，凱茨創作了他和祖爾所謂的「半生命」（semi-living）作品。半生命？semi- 這個拉丁文前綴詞的意思是「一半」，不過在普通英語中，則帶有不完整或部分過程的額外意義。培養肉科學家對生物反應器中分裂增殖的細胞的活性講得很多，卻沒怎麼提到這些細胞的生命過程在試管內開展的意義是什麼。凱茨與祖爾創的複合詞「半生命」則有不同的作用，它強調試管與體內生命過程的區別，強調生物整體生活的意義與在精心控制的條件下生物的部分於玻璃或塑膠中持續生長的意義之間的區別。說細胞在試管裡「茁壯生長」到底是什麼意思？凱茨與祖爾從其他實驗室蒐羅創作所需的生物原料，他們從剛被殺死的實驗動物身上提取組織樣本，也從動物細胞中勉強提取出一點死後的生命。他們在二〇〇三年製作出蛙肉排之前，就是先從一隻未出生的羔羊身上提取骨骼肌細胞，由此培養出第一塊肉排。[304] 凱茨與祖爾最近與芬克設計（Fink Design）的設計師羅伯特・弗斯特（Robert Foster）合作的一件雕塑作品是《攪蒼蠅》（*Stir Fly*），這件作品在都柏林科學館（Science Gallery Dublin）展示中無意間爆炸，所幸無人傷亡。在它自我毀滅之前，這件作品首先挑戰了觀眾對肉的本質的假設。在《攪蒼蠅》生物反應器內生長的細胞來自昆蟲，其培養基包括胎牛血清，大約20公升的培養基懸掛在生物反應器上方的袋子裡，是一把流體的達摩克里斯之劍（sword of Damocles）。隨著組織藝術家一起來探討培養肉可能是有用的，尤其是因為公共關係正在推動讓人們拋棄有關培養肉的奇怪之處，其中包括拋棄「體外培養」肉這樣的舊術語。達塔爾在另一個不同脈絡下發言時曾指出這種規範化工作的監管價值：「大多數食品監管都是為了讓新產品與已經公認為安全的食品達到一致的水平。」[305] 而規範化也支持最終讓消費者接受的目標。凱茨與祖爾培養的組織片段與最早的試管肉並沒有太大區別，在交談中，凱茨和我聊到為藝術而培養的組織培養物與作為食物培養的組織之間的相似性，並提到他與祖爾在生物技術中發現了生物技術的美學潛能，而生物技術專家似乎並不想承認這一點。生物技術可能在不知不覺中發揮了藝術的一種功能，改變了我們看待世界的方式——更具體來說，改變了我們看待生物生命意義的方式。

你可能預期到，哲學家會爭論生物生命是否擁有「意義」這種東西；在這裡，我們應該承認，哲學辯論與我們經常體驗世界的方式是不同的。生物藝術這個小卻引人注目的類別，作為一種推測性未來主義的形式有著雙重作用，不僅問及動物身體可能會變成什麼樣子，也問及與新形式生命一起生活會如何改變我們的觀點。兔子如果（在受精卵階段）植入水母的磷光DNA片段，就能在黑暗中發光，但是養這樣的寵物會如何改變你看待世界的方式呢？[306]

凱茨用投影片向觀眾介紹他與祖爾過去的創作計畫，從在藝廊往往不願意展示「濕的」或「半生命的」藝術作品的時期所進行的早期實驗，到二〇一三年為「無身體的美食」（Disembodied Cuisine）計畫培養的蛙肉排。那些肉排輕易就引起傑森・馬泰尼（Jason Matheny）的注意。馬泰尼在二〇〇三年以一種令人震驚的生命模仿藝術（儘管目的非常不同也更樂觀），創設了新收穫組織。我不知道馬泰尼是否聽說過「組織培養暨藝術計畫」（Tissue Culture & Art Project，凱茨與祖爾的合作計畫名稱）曾在哈佛醫學院駐院期間培養出一對像翅膀一樣的豬骨，這可以說是巧妙運用了許多生物技術計畫的可行性。這件雕塑用最少的力氣就傳達出「當豬會飛」的訊息（When Pigs Fly，英文俗諺，指所涉及的情況將永遠不會發生）。像是《攬蒼蠅》這樣的計畫，或是在此之前許多年凱茨與祖爾在都柏林科學館展出的《半生命的解憂娃娃》（*Semi-living Worry Dolls*），都不是按古典美學標準的創作。[307]如果說凱茨與祖爾作品的一個目的是要鼓勵生產性憂慮，那麼另一個目的就是要鼓勵人們對令人驚異的事物產生關懷之情，例如那些雜亂形成的解憂娃娃。將關懷延伸到「半生命」的事物是什麼意思？在解憂娃娃的例子中，我們的想法是藝術會回饋這樣的關懷。這些娃娃的靈感來自瓜地馬拉民間藝術，它們會發揮傳統功能，將人們悄悄傾訴的煩惱帶走。解憂娃娃的微重力生物反應器外面設有一支麥克風，博物館參觀者的個人煩惱會藉此傳到解憂娃娃那不斷成長的「耳朵」裡。正如凱茨與祖爾所解釋的，每個娃娃都有一個由特定煩惱來定義的身分，按字母順序從 A 到 H 排列，從「來自絕對真理以及自認為掌握真理的人的擔憂」，接著是「來自生物技術與其驅動力量的擔憂」，以及「資本主義、企業」，最後是「我們對希望的恐懼」。

「共生藝術」的名稱與一種截然不同的互惠關懷形式產生了共鳴，即生物體與各種細胞之間的共生關係，微生物學家琳·馬古利斯（Lynn Margulis）假設這種關係是演化改變的動力。根據馬古利斯廣為接受的觀點，我們熟悉的有核真核細胞是透過細菌互相吸收，將對方的結構納入自身，獲得細胞呼吸能力等有用功能而出現的。[308] 由此產生的內共生作用在橫向上融合了遺傳系，構成一種演化力量，馬古利斯認為，這種力量可能與天擇和突變在隨著時間造成物種改變的重要性相媲美。[309]「共生藝術」暗指，互惠關懷可能不僅僅是一種人類可能採取的生命倫理立場，它也可能是一種演化過程，讓我們這樣的複雜生物體成為可能。解憂娃娃計畫與其他半生命雕塑一樣，將關懷轉移到生物技術的領域。如果應用生物科技的許多計畫都強調對自然的控制，那麼凱茨與祖爾對關懷的強調，暗示的則是對等性。

儘管他們對培養肉運動產生了間接的影響，凱茨與祖爾工作的重心並非生物技術，而是我們與生命概念本身的關係。在向我描述時，凱茨表示生命概念具有「不確定性」，目前具有工具主義（instrumentalism）的特徵。生物技術恰好是目前把生命概念變成工具的手段。在人類祖先馴化第一批野生動物，讓牠們工作的時候，就可能已經將生命往工具的方向帶了，但是共生藝術則認為，在體外技術讓細胞與組織能從身體分離出來時，生命就是以一種性質上不同的方式工具化。這不是繁殖狗。凱茨與祖爾未曾暗示的是，生命有一種可知但隱藏的本質，生命技術無論是在基因或體細胞的層次上，都會以某種方式破壞或摧毀這種本質。他們的藝術並不是在讚美一種人類意志與技術手段無法界定的「純粹」生命，也不是把生命當成一種隱藏且令人敬畏的神秘。[310]他們的藝術也不能為我們應不應該在動物或人類身上使用生物技術的問題提供答案，但他們有效駁斥了一個與培養肉運動相對的主張，即細胞的生命過程可以單純被簡化成某種機制的運動，並受到控制與最佳化。他們從不否認生命似乎可以是這樣的，不過他們寧可問的是，這種分析簡化的代價是什麼，它給我們帶來了什麼。

在凱茨與祖爾的生物反應器中生長的肉也是一種邀請，讓我們考慮一個不同且更嚴肅的哲學問題，一個讓道德哲學家費盡心思的問題：自然界與人類道德領域是否為不同的領域？人類如何同時在這兩個領域中生活？前者是一種規範的領域，我們在那裡就像所有其他動物一樣受到約束？在後一種領域中，我們的自由是否將我們與其他動物區分開來，讓我們成為最能充分表達自身願望的生物？一些哲學家堅持認為，我們在道德上完全是自由的，另一些哲學家則認為，我們被一種先天的善所束縛。按你追隨的哲學流派，也許稱之為上帝或自然，或是乾脆稱之為理性，並進行適當調整。其含義是，道德不僅僅是我們作為個人會用社會傳統或命令所假定的東西，也是我們試著徹底弄清楚的東西，至少在願望的層面上。因此，哲學家菲利帕・福特（Philippa Foot）用樹作為比喻，將善行比作善根。

福特認為，相對於喬治・摩爾（G.E. Moore）等二十世紀有影響力的英國哲學家的想法，善良是一種類似於自然屬性的東西，[311]因此，它存在於人類習俗之外。福特曾於一九五〇年代晚期的文章中解釋，道德哲學一直致力於區分事實描述與評價，前者以證據為基礎，有待確認，並不完全主觀，而後者就像對咖啡冰淇淋的偏好一樣主觀。道德哲學家已經趨向於認為，道德陳述是可評價且主觀的，而不是事實性的，福特則對這個觀點提出異議。她以一把刀為例，作為一把刀，「善性」假定了一種特定的功能性，她認為「善性」並不是對有關對象的任意主觀要求，而是喚起它被製造或生長的基本目的，這樣我們才可能理解眼睛與肺的善性。[312] 我們可以對眼睛、肺與刀子說許多具有評價性的話，可能與它們的美學特質有關（儘管很難私下想像對肺這樣隱密的器官會有什麼美學觀點），但是想想我們可能會對一把華麗鑲嵌的刀子有著什麼樣的「評價性」判斷。在回答這是否為一把好刀的問題時，我們可能不得不承認，它的觀賞性大於實用性。刀有很多種，有蠔刀、鰻魚刀、剔骨刀等等，每一把都有其目的，因此也就有一種善性。根也是如此。

福特的美德倫理學（Virtue Ethics）（如其所稱）似乎是以突顯生物技術問題的方式立足自然之上。她寫道：「道德爭論的基礎最終是在關於人類生命的事實中。」[313] 在實驗室裡，事實似乎發生了變化，自然更像一座窄橋，而不是個可靠但不明的基礎。當我們證明我們可以自由地設計自然界的小部分，無論多麼費力或花錢，自然界與自由界之間的界線又會怎樣？這是否意味著，我們不應該再以事物的本質作為思考其善惡的方式？這就是凱茨與祖爾要我們思考的哲學問題。

但這個哲學問題並不是空泛的，與藝術作品的相遇為我們的問題提供了脈絡。凱茨與祖爾的「組織培養暨藝術計畫」和「共生藝術」的作品，將人類置於一個鏡中世界，一個由截然不同的「半生命」生活形式所形成的世界。這會產生兩種強大的效果：一方面，我們面對的是同一性，因為我們和那些「半生命」雕塑一樣，是由細胞與組織構成，而這些作品的尖銳之處，在於它們傳達出肉體無論在體內或體外的致命脆弱性。另一方面，在我們可能用來界定自己、同樣也可能有其他生物的生命海洋中，「半生命」是個巨大的「他者」。我們或多或少都有軀幹、四肢和頭構成的完整身體，我們也有道德自由的經驗。我們認為自己是有知覺的選擇者，而大多數其他生物（更不用說培養出來的組織）似乎不是這樣。我們也創造了集中式動物飼養場、屠宰場與生物反應器，我們有能力（無論行使的程度如何）以各種方式改革畜牧業，或減少我們對動物產品的消耗。換句話說，如果我們把自然界納入我們自由的範疇內，這對我們道德自由的特性有什麼影響？

新收穫組織邀請凱茨演講確實很有勇氣，這不只是因為凱茨本身是培養肉懷疑論者的身分，也因為凱茨與祖爾的作品挑戰了模仿的慣用語，而這種慣用語是圍繞著培養肉主流論述的核心。在亟於將培養肉呈現為一種乾淨、熟悉且可行的產品時，一切關於培養肉的奇異性都會被隱匿，而且往往是一笑置之。凱茨與祖爾的作品邀請我們超越使用熟悉切割部位的烹飪模式；我又想到那隻大額牛，也想到我們關於肉食的習慣到底有多少可塑性。漢斯．布魯門伯格在〈自然的模仿（Imitation of Nature）〉一文中，提到一個有助於理解「組織培養暨藝術計畫」的方案，這個方案比該計畫整整早了將近五十年。[314] 布魯門伯格提及一個壓縮的現代性理論（指我們所體驗的現代性），推測我們對生活在一個日益人工化、身邊都是創造物的世界感到不安，這與模仿自然和新發明行為的區別有關。我們曾創造了自認為是模仿自然力、生物或過程的東西，隨後藉由創造模型形象只存在於人類腦海中的東西來反抗自然。在一個同時論及亞里斯多德與《聖經》的討論中，布魯門伯格認為我們是在做出叛逆行為後感到侷促不安的叛逆者，這一點直接適用於在生物反應器中培養肉類，它開始時採用的可能是一個正確的主張，即唯有複製傳統的肉類形式，我們才能將肉食人士的胃口從飼養場贏過來，但隨後就遇上了麻煩，包括純粹的技術複雜性，但不僅如此：這樣說好了，若要生產與大額牛腰腿肉一模一樣的肉，技術困難所造成的必然結果是，生產人們較不熟悉、因而更為「叛逆」的蛋白質形式可能會容易許多。培養肉的未來可能比公關活動所能容忍的更加怪誕。

討論不止於此。短暫休息後（更多點心、更多對話），一場大型的專題討論將伊爾杜德・鄧斯福德、馬克・波斯特與一位名叫理查・弗勒（Richard Fowler）的紐西蘭農夫和曼非斯肉品公司的代表大衛・凱伊（David Kay）聚在一起，討論培養肉與傳統農業的關係。丹尼爾・顧爾德（Danielle Gould）是這個專體討論的主持人，他是Food+Tech Connect組織的創辦人，該組織採用科技工業並行的「駭客馬拉松」方式來應對食品挑戰。我們預期這樣的對話會有一定程度的張力，我想起在英國一項有關培養肉的潛在消費者態度調查，得到的回應是，這似乎是個可悲的「系統終結」，人與動物之間農業關係的終結。[315]你可能會說，這是一種道德生產生態的終結。波斯特曾公開表示，他不相信培養肉與傳統畜牧業可以共存；他認為，新的培養肉產業會造成傳統畜牧業的終結。儘管如此，對話的基調大體上是友好的。凱伊急切地表示，曼非斯肉品只希望「擾動」工業化畜牧業。鄧斯福德指出，沒有農民，我們就失去了土地的管理者。麥克風不斷地傳來傳去，一個和解性的主題逐漸浮現，即農民與細胞農業產業將從合作中受益。儘管波斯特認為傳統產業與培養肉產業基本上無法兼容，他還是提出，許多細胞農業產業的蔬菜原料將來自傳統盟友；他的主張並不是十九世紀或二十世紀早期完全與土地切割的烏托邦式食品生產願景。

接著，尖銳的爆裂聲撼動了整個房間，電力瞬間中斷了。我聽到一些聽眾發出驚訝的笑聲，對他們來說，無障礙地用電，或許尤其是他們的手機，是日常生活的一種假設。電力恢復了，一切都恢復正常。鄧斯福德繼續講著有關管理的問題。波斯特提出反思，認為手工業規模的傳統肉類生產可能可以在一個培養肉的世界繼續下去，儘管它將是一種利基活動（Niche activity，**指在未被大型集團占據的小規模特定市場空間運行的商業活動**），必須受到大量補貼，而且不會是一個功能性的經濟部門。（我覺得這是一個非常歐洲化的觀點；在歐盟的許多地方，手工食品生產得到政府補貼，特別是在義大利與法國這種重視農業遺產的國家。）他們輪流對「淨肉」一詞的價值發表意見，我也注意到人們對這個詞的看法變得有多分歧。對許多人來說，將培養肉稱為「淨肉」意味著傳統肉是髒的，讓它變成一種間接的侮辱，它暗示著對消費者當前做法的道德判斷。凱伊指出，曼非斯肉品使用的就是這個字眼，而我記得該公司與提倡「淨肉」的好食研究所關係密切。波斯特聲稱這是一種術語不可知論，但他開玩笑說，「淨肉」翻成荷語並不好聽。有觀眾提出一個很棒的問題：「若現在是二〇五〇年，細胞農業實際上在運作了。請描述我們與自然界的關係。」眾人的回應各不相同，有人說全球食用動物群數大量減少，有人說精心維護小群動物可保持遺傳多樣性（畢竟細胞複製與有性繁殖之間有重大區別），還有人說畜牧業仍苟延殘喘，就如二十世紀初仍有相當有限的馬車與汽車共存。

當羽生雄毅上台討論他在精進肉品計畫的工作時，我反思了我看到的一切。在我寫完這本書，帶著瘋狂的臆測觀察周圍事件之際，培養肉仍方興未艾。代表培養肉做出的承諾一一出現，而在像我這樣的記錄者衡量著疑惑與希望的同時，基礎研究也以緩慢的步伐穩健前進。普遍的向性是走向成功，而我意識到我確實希望他們成功——我希望伊莎．達塔爾、新收穫機構、馬克．波斯特及其同儕都能得到一些類似他們冀望的未來的成果。但是，我無法知道他們是否會成功。如果這些有關實驗室培養肉的討論仍然停留在科幻小說的領域，那麼我希望它不是逃避現實的那種，我希望它能發揮最佳科幻小說的經典功能，成為當下的一面鏡子。如果說我是個愛挖苦人的引導者，我並不是要嘲諷那些希望解決問題的人的真誠態度。我一直在這個領域裡誠心學習，我已學得夠多，以至於認為真誠與諷刺絕對不是不相容的表達方式。徹底否定對新技術的希望，很容易也不費力氣，這是當代文化悲觀主義的一種形式，讓我們忽略了可以改變世界的力量。我承認，我對新興糧食生產模式是否為解決一系列問題的正確途徑仍然抱持著懷疑與保留的態度，在我看來，這些問題不僅是技術性的，也是社會性與政治性的。

會議的第二天早上，我感謝喬丹給我看的圖，便帶著不確定性與互惠的想法，回到布魯克林。

從二〇一八年年中開始，我們開始有一種感覺，就是這種由培養動物肌肉細胞與能賦予風味的脂肪所製成的奇怪物品，試圖從迷霧中浮現。它的全面崛起尚未得到保證，但歡迎的號角已經吹響。儘管如此，李維—史陀筆下用於獻祭的大額牛形象提醒著我，培養肉當前的形式不過是互惠與共同關係的形象而已——即政治生活起源的形象，當然，我在商店裡買到的絕大多數傳統肉品也不例外。對許多培養肉的倡議者來說，培養肉解決了我們對其他動物的義務問題（如果我們將其他動物殺來吃，我們提前欠了牠們什麼？），但它同時又引發其他問題，光是暗指我們創造了一個世界，一個比我們目前所居住世界還要更人工的世界，便已足夠。它不僅滿足了我們的動物需求，也在我們為它命名時遭遇到所有可理解的困惑與爭論中，滿足了我們人類的願望。

順帶一提，二〇一七年新收穫會議結束後不久，有關名稱的培養肉新聞就多了起來。二〇一八年二月二日，美國養牛協會（United States Cattlemen's Association, USCA）發起一項請願，要求美國農業部對「肉」與「牛肉」兩字進行定義。這份文件似乎是美國養牛協會的律師起草的，要求對肉與牛肉進行定義，明確保護養牛人的利益，同時禁止包括培養肉在內的各種產品貼上肉或牛肉的標籤。這份文件乍看之下似乎以直截了當且詳盡的方式闡述其觀點，唯有在反覆閱讀以後，其複雜性才會顯現出來，其中最重要的是：美國養牛協會承認：「目前對什麼是『牛肉』或『肉製產品』，還沒有定義。」這份文件的標題為：

要求實施牛肉與肉類標籤請願書：將不是直接來自飼養與屠宰動物的產品排除在「牛肉」與「肉」的定義之外

自然，文件撰者似乎不是受到有關定義的本體論困擾所驅使。正如請願書所承認的，請願書的目的在於保護現有產業不受新來者的影響。請願書中提到的新來者包括植物性肉類與實驗室培養肉，但也提到昆蟲來源的肉類。撰者提出他們的理由，認為養牛人確實面臨了真正且立即的危險，並列舉試圖製造「假肉」的特定幾家新創公司，以及這些公司的主要投資者，其中包括肉品產業巨頭泰森食品與嘉吉企業（Cargill）。為此，文件撰者群描述了位於奧克蘭的植物漢堡公司 Impossible Foods 所打造的新工廠，該工廠預計每年生產高達一兩百萬噸的植物肉。我們要明白，「傳統」「牛肉」與「肉類」無論在語義還是經濟上，都受到了威脅。

宛如經文一般，請願書中反覆提及「傳統」一詞與「以傳統方式」這個相關短語。它們似乎形成了一道壁壘，反對將培養肉當作肉類或牛肉的合法性。撰者並沒有為「傳統方式」下定義，但似乎意指經過繁殖、飼養、增肥並屠宰的動物，使任何以體外方式培養的牛細胞都失去被視為牛肉或肉的資格，無論它們與體內生長的肉有多類似。因此，「傳統方式」抵制許多培養肉支持者所做的努力，即證明動物和生物反應器、體內和體外基本上是等同的。然而，對「傳統」這個沒有定義的字眼的依賴，賦予這份請願書一種迂迴特質，讓人想起「肉」這個字眼本身所乘載的聯想。在人類歷史上，「肉」的含義一直在改變，但我們已經開始用它來表示異議的穩固性、內容的嚴肅性（英文用 the meat of the matter 指稱事物最重要的本質）、甚至特質的某種可預測性（a meat-and-potato man 形容一個人很簡樸）。「肉」是一個大多是虛空但總是顯得很飽滿的符號。儘管如此，請願書還是在培養肉運動界廣為流傳，讓人興奮不已。這種來自肉品產業一角的提前「示警」，可能意味著養牛業者被嚇到了，不只是被培養肉的可能性嚇到，也是被 Impossible Foods、Beyond Meat 等近期做出令人信服、模仿漢堡口感和味道的植物性食品的公司給嚇到了。

在來自培養肉世界的想法中，我最喜歡的是「後院的豬」（"Pig in the Backyard"）。[316] 我說「最喜歡」並不是因為這個場景有可能實現，而是因為它最直接表達出我自己的想像。在一個城市裡，有個街區有一座院子，院子裡有一頭豬，這隻豬還算快樂，牠每天都有訪客，包括當地的孩子，他們會從家裡廚房拿東西來餵牠，這些孩子可能在豬還小的時候跟牠玩過。每週，都會有人從豬的身上取下一小塊細胞檢體，培養成也許高達數百磅的培養豬肉，成為社區的肉類來源。這頭豬活到牠自然死亡，我想牠偶爾也會享受其他豬的陪伴。這個幻想來自荷蘭生物倫理學家，它是基於一個非常真實的計畫，在荷蘭的社區裡養豬，然後就豬最終是否屠宰的問題進行辯論。豬生活在城市的事實很重要，因為城市是烏托邦思想的古老意象。

「後院的豬」也可以描述為中世紀歐洲晚期文學與藝術史上一個形象的重現，這裡指的是「科凱恩」（Cockaigne，又作安樂鄉）的豬。科凱恩是當時的「巨石糖果山」，是全歐洲飢餓農民的幻想。這裡充滿只有捱餓的人才能想像得到的豐富食物。在一些描寫中，要抵達這個地方，你得要先吃穿一堵粥牆，而在粥牆的另一側，各種吃的喝的會從地下川流不息地冒出來。豬走來走去，背上的肉已經烤好切片，還插著叉子。科凱恩是一個滿足食慾的形象，培養肉是科凱恩的豐產論式呼應。最大的區別在於，科凱恩是幻想它的農民自身經驗的顛倒：一個懶惰成為美德而非惡習、食物與性很容易取得、沒有人需要工作的地方。在科凱恩，美味的鳥兒會自己飛進我們的嘴裡，而且已經煮熟了。動物都想被吃掉。透過滿足身體的食慾，而不是獎勵道德表現，科凱恩顛覆了天堂。

「後院的豬」在獲得豬肉的同時並不能完全杜絕豬的聰明和屎尿。它結合了親密關係、群居以及對兩種差異的接觸：人類動物與非人類動物之間透過凝視而傳達出那種熟悉但幾乎被遺忘的差異，以及動物身體被組織培養技術延伸所導致的更詭異差異。由於表面上看，這就是培養動物細胞的作用，在時間與空間上延伸了動物的身體，在一個原本還活著的動物與牠成為肉品的肉體之間創造出一種新的關係形式。「後院的豬」試圖同時取悅嬉皮與技術烏托邦的信仰者，這也是這種「城市裡的農村」（rus in urbe）願景的魅力所在。然而，這種與差異的雙重接觸也承諾（這個詞又出現了！）要激發人們的道德想像力。這項工作的材料，首先是另一個生命的完整活體，除了供作我們的食物以外，這個生命似乎還有更高遠的終極目的；其次，是關於肉品在二十一世紀會變成什麼樣子的一系列新可能性。「後院的豬」只是一種設想，其結果是不確定的。街區居民是否願意吃他們熟悉動物的肉，哪怕是延伸且「無害」的肉，我們尚不得而知，但是從農場屠宰與肉食的歷史看，他們很可能會吃。「後院的豬」是一個倫理未來的實驗，豬用鼻子指著我們，問我們會變成什麼樣的人。

Chapter 18

艾比米修斯

一支長矛插在一塊雞塊上。紐約新收穫會議一年後，我的網路瀏覽器裡出現了一則廣告，標語是「放下你們的長矛」。這則廣告來自一家公司，聲稱將在二〇一八年年底讓培養肉產品上市，但現在已經是二〇一八年十月十七日，這一年快結束了。此時此刻，我對這類承諾比較不感興趣，反而被這則廣告的符號學所吸引：古老的武器與工業食品相遇，意味著我們作為獵人的過去到現在作為廉價工業肉品的食用者、再到實驗室培養替代品消費者的可能未來之間是有連續性的。馬克·波斯特的漢堡演示已經過了五年，有些東西一點都沒變，包括在推廣培養肉時將時間壓縮的習慣，彷彿我們還是採集狩獵者，彷彿雞塊和原牛或鹿之間有什麼關係一樣。在廣告中，陽物崇拜的新石器時代刺破了工業現代，彷彿對肉食的渴望是人類與生俱來的天性。畫面上還有該公司執行長的一句話：「四十萬年前，肉類成為人類飲食的一部分，從古至今，人類一直需要殺死動物來享用牠們的肉。最早用長矛，後來用工業機器。讓我們準備好，迎接這種模式的改變。」[317]

為了吸引觀眾的目光，這則廣告壓縮了數千年的時間，暗示了從長矛到生物反應器的技術進步情節。我又想起《二〇〇一年太空漫遊》（*2001: A Space Odyssey*）的股骨，它被用作棍棒，在空中旋轉，然後到下一個鏡頭變成一艘太空船，你可以稱之為彈道運動想像的產物。[318]但是，這則廣告也促使觀看者體認到，對像我這樣的都市現代人來說，比較困難的是去想像一個所有肉食都是藉由狩獵獲得的世界，而不是想像肉食在閃閃發光的生物反應器中生長。和許多人一樣，我花在動物身上的時間比花在機器上的時間少。普羅米修斯式的技術進步壯舉每週都可以在報紙上看到，但是重新建構祖先生活方式的後見工作，卻可能比夢想未來來得更加困難。然而，相較於遠見，後見之明總是很難獲得正面的評價。「後見」一詞所指稱的通常不是歷史的理解，而是一種遺憾的狀態。泰坦普羅米修斯的名字就意味著「先見之明」，而其弟艾比米修斯的名字則有「後見之明」或「遲來的勸告」之意，艾比米修斯常被描述成哥哥的「影子」或是比較不重要的形象，也是最後娶了潘朵拉的傻子。柏拉圖在《普羅達哥拉斯》（*Protagoras*）中解釋，艾比米修斯與普羅米修斯的任務是改造和增強眾神用火和泥土做成的生物，讓這些生物擁有生存的必需品。艾米比修斯立刻開始向所有動物發放鱗片、鰭、翅膀、爪子等，也讓獵物的種類比掠食者還要多。[319]但在輪到人類時，他已經沒有東西可給了，只能讓人類赤裸裸地自謀生路，這也讓祂的哥哥普羅米修斯不得不去盜火。即使在今天，後知後覺的生意也是比較不賺錢的。

在更多有關氣候變遷與肉類在此一過程的影響的消息陸續傳來之際，我的腦海中浮現的就是艾米比修斯與普羅米修斯的故事。聯合國最近的一份報告指出，如果我們不「徹底改變世界經濟」，「以『史無前例』的速度與規模」改變我們的生產與消費手段，那麼災難性的氣候變遷可能在二〇四〇年到來。[320] 同時，一項名為「透過生產者與消費者減少食物對環境的影響」的研究，藉由對全球將近四萬座農場的檢查，證實畜牧業對環境的危害占了農業的絕大部分，儘管動物產品為我們提供的熱量比植物少。[321] 政治哲學家列奧．史特勞斯（Leo Strauss）稱艾米比修斯為「思想追隨生產的存在」，[322] 但我查閱這些報告時，不得不懷疑普羅米修斯從奧林匹亞盜火並將火賜給人類時，可能並沒有什麼先見之明可言。畢竟，在普羅米修斯文明的火種最終帶來的工業秩序中，長期思考似乎肯定落後於我們已經身陷其中的糧食生產模式。

科幻作家威廉．吉布森（William Gibson）曾說：「以想像中的未來為背景的小說，必然是有關它們寫作的時刻。只要一部作品完成了，它就會開始獲得一種不合時宜的色澤。」[323] 他還將這個觀點延伸到科幻小說之外。他認為：「每個對未來的展望，在概念形成之際就開始過時了。」[324] 我試圖以吉布森這個「一經構思就過時」的觀點來寫這本書。這個概念肯定適用於所有我記錄下對培養肉的未來的設想。我所做的田野調查都會隨著時間而益形陳舊，從未來讀者的立場來看，培養肉不是成功就是失敗，在生物反應器裡培養出來的肉會從舞台上消失，或是變成平常日常生活的一部分。

雖然我將培養肉當成一個非常真實的技術計畫來研究，但我也跟隨吉布森，將它當作一部科幻小說，當下的一面鏡子。[325]我們可以將這本書稱為生物技術的自然散步，食品未來歷史的各種彎路，有關肉類的沉思集，它關注的不只是科學家與工程師的思想，也關注他們作為哲學、人類學與歷史探索的催化劑的方式。這不是為了建立未來宣言，而是為了更瞭解今日的自己。這不只是為了針對不可避免的過時，為我的作品「打預防針」。培養肉所蘊含的道德訴求提醒著我們，傳統肉品已經包含道德訴求，儘管我們可能因為太過熟悉肉食而不會注意到它們。宰殺一隻豬是一種道德訴求，給豬肉定價也是一種道德訴求，因為定價的動作為誰能獲得這些肉確立了社會限制。而且繼續延伸下去，透過養豬、將豬肉從產地運到遙遠城市的肉品櫃檯都會產生碳足跡，這都構成有關環境的道德訴求。儘管這些訴求都被披上日常生活的外衣，這並不會改變它們的道德特質。道德不僅包含我們的主動選擇，也包含我們對文化與社會規範有意識的調解或無意識的接受。我們生活在一個隱含的道德體系之中。

在撰寫本文時，培養肉仍然是一種新興技術，既沒有遭排除，也沒有被保證，它的道德層面仍然是明顯且明確的，讓它能反映出廉價工業肉品所含有的道德訴求。這讓此刻成為一個特別有利的時機，可以就我們糧食系統的特點進行辯論。遠見與後見都唾手可得。技術界定了我們的道德選擇，但是我們保留了一些力量來塑造我們生活其中的技術系統，而食品系統尤其是技術的建構。然而，它們同時也是政治建構，如果我大膽把這本書的十八章濃縮成一組「關於培養肉未來的論點」，這一點就會顯得特別突出。另一個論點將是，培養肉不僅來自醫學研究者的想像力，也來自一種想像力的套利形式。我們無能認真思考透過集體行動和政治意願來改變我們的糧食系統，這將鼓勵我們轉向技術與市場尋求解決方案，整個產業可能會從一種渺茫的可能性中湧現。或者，說得好聽一點，一種形式的想像力能蓬勃發展，是因為另一種形式的想像力做不到之故。

培養肉給我們啟發了新的道德選擇——第三個論點可能會這樣起頭，但這個論點的核心可能是，「新道德選擇」的概念本身就意味著道德會隨著時間推移而改變。道德不是絕對的。在「後院的豬」的想像場景中，城市社區共同飼養一隻豬，並食用由其肌肉細胞檢體製成的肉，這意味著我們可能會將這隻豬（我們之前殺來吃的都是牠的親屬）視為生活在我們道德關注圈內的個體。因此，培養肉的故事迄今不只是一則有關動物痛苦、環境保護與蛋白質永續性的故事，它也是一則關於道德關注可變性的故事，以及技術在改變道德視野中所扮演角色的故事。這進一步表示，我們不僅對自己的道德感有反應，在某種意義上也對道德內容負有責任。無論我們是以行為的後果來定義道德，或是藉由法律來定義道德，還是參照美德來定義道德，在我們對這種進步不斷變化且必然是集體的定義之外，並不存在所謂的「道德進步」。這種想法讓我對未經公開辯論就出現的新技術的前景感到焦慮。

我是在一種你們可以稱為「未來疲勞」的狀態下寫完這本書的，這種狀態與未來學家艾文．托弗勒（Alvin Toffler）與海蒂．托弗勒（Heidi Toffler）曾經提到的「未來休克」是近親。[326]我聽到了很多承諾，也逐漸意識到培養肉運動並不是在對未來普遍樂觀的時期發起的，而是出現在一個擔憂與悲觀的環境中。海平面上升、人類文明自一九七〇年來已消滅了約60%的野生動物、太平洋上漂浮著大片塑膠垃圾、智慧型手機的生產導致許多毒池的產生等消息不斷傳來，裡頭包括我在從事培養肉研究過程中當作研究工具的手機，一個網路空間與肉食空間之間的小入口。面對這一切，你可能會認為培養肉是一種讓人重新對未來著迷的努力，讓它看起來似乎有了可能，這首先要修復人類與其他動物之間的關係，讓我們的盤子裡出現的是牠們的細胞而不是牠們的身體。想像一下，我們拜訪了社區的「後院的豬」，不僅僅是為了感謝牠提供的烤豬，也是為了與一個同伴分享一顆蘋果，看看牠在自己那小塊地上打滾，並記住，要想成為我們可能成為的樣子，這個未完成的計畫得從一切問題開始。

註 解

第一章　虛擬生活／肉感現實

1. 承諾，尤其是代表新形式生物技術所做的承諾，是本書的一個重要主題，特別是第二章。有關承諾，參見Mike Fortun, *Promising Genomics: Iceland and deCODE Genetics in a World of Speculation* (Berkeley: University of California Press, 2008)，以及Fortun, "For an Ethics of Promising, or: A Few Kind Words about James Watson," *New Genetics and Society* 24 (2005): 157-174。
2. 參見Walter Benjamin, "Paris, Capital of the Nineteenth Century"，出自*Reflections: Essays, Aphorisms, Autobiographical Writings* (New York: Harcourt Brace Jovanovich, 1978), 151。
3. 組織培養歷史參見Hannah Landecker, *Culturing Life: How Cells Became Technologies* (Cambridge, MA: Harvard University Press, 2007)。
4. 在撰寫本文之際，用於描述實驗室培養肉的術語仍然不斷改變。我採用「cultured meat」（培養肉）一詞有幾個原因，包括它與組織培養技術的內建關係，不過最重要的是，它可以說是我進行研究並撰寫本書的那個時期的時間戳記，我們可以將那個時期稱為「培養肉時期」。

5. 參見Anna Tsing, "How to Make Resources in Order to Destroy Them (and Then Save Them?) on the Salvage Frontier"，出自Daniel Rosenberg and Susan Harding編輯，*Histories of the Future* (Durham, NC: Duke University Press, 2005)。
6. 參見Raj Patel and Jason W. Moore, *A History of the World in Seven Cheap Things: A Guide to Capitalism, Nature, and the Future of the Planet* (Oakland: University of California Press, 2018)。
7. 有關晚期資本主義下網際網路廣告氾濫的情形，參見Jonathan Crary, *24/7* (New York: Verso, 2013)。
8. 參見Matt Novak, "24 Countries Where the Money Contains Meat"，發表於Gizmodo.com, Nov 30, 2016。
9. 參見Richard Wrangham, *Catching Fire: How Cooking Made Us Human* (New York: Basic Books, 2010)。
10. 更多有關肉類與人類演化的論據，請參考本書第二章。有關藍翰的對立觀點，參見Alianda M. Cornélio et al., "Human Brain Expansion during Evolution Is Independent of Fire Control and Cooking," *Frontiers in Neuroscience* 10 (2016): 167。
11. 關於社會生物學與其批評者，參考本書第二章。順道一提，用原始主義來襯托未來主義早已不是新聞。1968年，文學評論家暨媒體理論家Marshall McLuhan在*Harper's Bazaar*上創造了一種廣為流傳的時尚，手持長矛的非洲部落男子與歐洲女模特兒並肩而立；一年前，McLuhan在*Look*上的一篇文章中將「未來的學生」描述為「探險家、研究人員及獵人，他們在電子電路與個體間高度互動的新教育世界中馳騁，就如部落獵手在荒野中遊走一樣。」
12. 但是參見Matt Cartmill關於狩獵的人類學暨文化史研究*A View to a Death in the Morning* (Cambridge, MA: Harvard University Press, 1993)，他在書中分析了弧的概念，將人類祖先對肉食的熱愛（更具體地說應該是對狩獵的熱愛）與現代科技聯繫在一起。Cartmill指出，在Stanley Kubrick

1968年的電影*2001: A Space Odyssey*中，演化與歷史的軌跡在一張圖片中呈現出來，一隻南方古猿用來當作武器互相殘殺的斑馬股骨，透過蒙太奇剪輯手法變成一艘太空船。參見Cartmill, 14。

13. Orville Schell早期曾針對美國肉品產業過度使用抗生素的問題寫過一份至今仍切合實際的重要調查報告，參見*Modern Meat: Antibiotics, Hormones, and the Pharmaceutical Farm* (New York: Vintage, 1978)。近期在德州大型飼養場附近進行的一項研究顯示，抗生素與抗藥性細菌都可能從這些飼養場透過空氣傳播，這是個令人不安的發展。關於這項研究的爭議，包括來自養牛界的強烈反對，參見Eva Hershaw, "When the Dust Settles," *Texas Monthly*, Sep, 2016。有關運用亞治療劑量抗生素促進雞的生長的歷史，參見Maryn McKenna, *Big Chicken: The Improbable Story of How Antibiotics Created Modern Farming and Changed the Way the World Eats* (Washington, DC: National Geographic Books, 2017)。
14. 參見J. E. Hollenbeck, "Interaction of the Role of Concentrated Animal Feeding Operations (CAFOs) in Emerging Infectious Diseases (EIDS)," *Infection, Genetics and Evolution 38* (2016): 44-46。
15. 參見Hanna L. Tuomisto and M. Joost Teixeira de Mattos, "Environmental Impacts of Cultured Meat Production," *Environmental Science* & *Technology* 45 (2011): 6117-6123。有關最近的評估，參見Carolyn S. Mattick, Amy E. Landis, Braden R. Allenby and Nicholas J. Genovese, "Anticipatory Life Cycle Analysis of In Vitro Biomass Cultivation for Cultured Meat Production in the United States," *Environmental Science & Technology* 49 (2015): 11941-11949。亦參見Sergiy Smetana, Alexander Mathys, Achim Knoch and Volker Heinz, "Meat Alternatives: Life Cycle Assessment of Most Known Meat Substitutes," *International Journal of Life Cycle Assessment* 20 (2015): 1254-1267；作者群發現，對許多被培養細胞的來源物種而言，由於生產過程的高能量需求，培養肉對環境的破壞實際上比飼養屠宰動物更大。
16. 藍翰對靈長類動物的攻擊性很感興趣，尤其是雄性靈長類動物。參見Wrangham and Dale Peterson, *Demonic Males: Apes and the Origin of Human*

Violence (New York: Houghton Mifflin, 1996)。

17. 參見Leo Marx, *The Machine in the Garden: Technology and the Pastoral Ideal in America* (Oxford, UK: Oxford University Press, 1964)。
18. 參見Fredrik Pohl and Cyril M. Kornbluth, *The Space Merchants* (New York: Ballantine, 1953)。這部作品於1952年首次以連載形式發行。
19. 有關幹細胞作為發展潛能的形象，參見Karen-Sue Taussig, Klaus Hoeyer and Stefan Helmreich, "The Anthropology of Potentiality in Biomedicine," *Current Anthropology* 54, Supplement 7 (2013)。
20. 我向Stefan Helmreich借用了這個說法；參見 "Potential Energy and the Body Electric: Cardiac Waves, Brain Waves, and the Making of Quantities into Qualities," *Current Anthropology* 54, Supplement 7 (2013)。
21. 「用承諾的權利來繁殖一種動物——這難道不是大自然在人類的例子上給自己設定的矛盾任務嗎？這難道不是關於人的真正問題嗎？」Friedrich Nietzsche, *On the Genealogy of Morals*，Walter Kaufmann翻譯，(New York: Vintage Books, 1969), 57。對於尼采這段文字的延伸閱讀，參見本書第三章。
22. 在荷蘭有個名為「Beter Leven」（意指更好的生活）的標籤，用一到三顆星表示一種產品的創造在多大程度上減少了動物的痛苦。
23. 參見Josh Schonwald, *The Taste of Tomorrow: Dispatches from the Future of Food* (New York: HarperCollins, 2012)。
24. 食品科學專家Harold McGee將能賦予熟食許多風味特色的梅納反應定義為：「這個序列始於一個碳水化合物分子……和一種氨基酸……一種不穩定的中間結構形成，然後經過進一步變化，產生數百種不同的副產品。」參見McGee, *On Food and Cooking: The Science and Lore of the Kitchen* (New York: Scribner, 1984), 778。
25. 我借用了Steven Shapin的觀點與措辭；參見Shapin, "Invisible Science," *The Hedgehog Review*, 18 (3) (2016)。
26. 關於肉類物理特性的討論參見本書第二章。
27. Alexis C. Madrigal, "When Will We Eat Hamburgers Grown in Test-Tubes?,"

The Atlantic, Aug. 6, 2013。很有幫助的是，Madrigal在波斯特漢堡演示之後的幾年裡，持續更新他的預測列表；在本書寫作之際，最近期的預測包括波斯特對消費品上市持續但明顯縮短的預測，以及波斯特的競爭對手所做出的預測，包括舊金山「曼非斯肉品」的Uma Valeti以及「賈斯特」（原「漢普頓克里克」）的Josh Tetrick。Madrigal的預測表可參考www.theatlantic.com/technology/archive/2013/08/chart-when-will-we-eat-hamburgers-grown-in-test-tubes/278405/, Apr, 25, 2017存取，Madrigal的參考資料可見於https://docs.google.com/spreadsheets/d/1yOT1oHJwGVc9Ngkt2ar58Cp5W6CyeAWilP0kf1lp_4Q/edit。

28. 我在這裡引用人類學家馬歇爾．薩林斯的話，他曾談到發現「生物學概念中較大社會的特徵」。參見Sahlins, *The Use and Abuse of Biology: An Anthropological Critique of Sociobiology* (Ann Arbor: University of Michigan Press, 1976)，在第二章中有更詳細的討論。有關19至20世紀生物技術思想史，參見重要的Philip J. Pauly, *Controlling Life: Jacques Loeb and the Engineering Ideal in Biology* (Berkeley: University of California Press, 1987)。
29. 例如可參見Christina Agapakis, "Steak of the Art: The Fatal Flaws of In Vitro Meat," *Discover* Apr. 24, 2012，於第五章詳細討論。
30. 關於食品未來主義的歷史，參見Warren Belasco, *Meals to Come: A History of the Future of Food* (Berkeley: University of California Press, 2006)。我在本書中，尤其是第八章，不停提到Belasco的這本書，它是唯一一本專注於這個主題的著作。
31. 參見Fortun, "For an Ethics of Promising"。
32. 有關李維—史陀創造並在許多人文科學與自然科學中的許多領域受到廣泛使用的拼裝比喻，可參見Christopher Johnson, "Bricoleur and Bricolage: From Metaphor to Universal Concept," *Paragraph* 35 (2012): 355-372。

第二章 肉

33. 關於小兒麻痺病毒的一段歷史，參見David M. Oshinsky, *Polio: An*

American Story (Oxford, UK: Oxford University Press, 2006)；亦參見Hannah Landecker, *Culturing Life: How Cells Became Technologies* (Cambridge, MA: Harvard University Press, 2007), ch. 3: "Mass Reproduction"。

34. 參見Vaclav Smil, "Eating Meat: Evolution, Patterns, and Consequences," *Population and Development Review*, 28 (2002): 599-639；參見頁618。
35. 參見Henning Steinfeld et al., "Livestock's Long Shadow," FAO, 2006, www.fao.org/docrep/010/a0701e/a0701e00.HTM 。
36. John Berger, "Why Look at Animals?"，出自*About Looking* (New York: Vintage, 1991)。
37. 例如參見Hanna Glasse, *Art of Cookery, Made Plain and Easy*, 7th ed. (London, 1763), 370。
38. 在中世紀時期，所有社會階級的歐洲人都吃天鵝。直到後來，天鵝才與上流社會的宴會聯繫在一起。到了20世紀，天鵝幾乎從所有歐洲餐桌上消失了。在英格蘭，皇室仍然對天鵝享有特殊權利，這種權利最早在1482年Act of Swans中被確立的，儘管皇室定期授與其他機構擁有吃天鵝的權利。舉例來說，劍橋大學聖約翰學院就有這樣的權利，而且眾所週知的是，學員會在正式晚宴上端出天鵝菜餚。
39. 參見Charles Huntington Whitman, "Old English Mammal Names," *The Journal of English and Germanic Philology* 6 (1907): 649-656。
40. 關於牛在古希臘被視為財產之事，參見Jeremy McInerney, *The Cattle of the Sun: Cows and Culture in the World of the Ancient Greeks* (Princeton, NJ: Princeton University Press, 2010)。
41. 例如參見Jillian R. Cavanaugh, "Making Salami, Producing Bergamo: The Transformation of Value," *Ethnos* 72 (2007): 149-172。
42. 關於英國牛肉的象徵意義，參見Ben Rodgers, *Beef and Liberty: Roast Beef, John Bull and the English Nation* (London: Vintage, 2004)。關於漢堡的歷史，參見Josh Ozersky, *The Hamburger* (New Haven, CT: Yale University Press, 2008)。亦參見James L. Watson編輯，*Golden Arches East: McDonald's in East Asia* (Stanford, CA: Stanford University Press, 1997)。

43. 建築史學家Reyner Banham寫過漢堡及其在洛杉磯這個以運動為基礎的城市的適切性：「在加州大學洛杉磯分校校園裡的吉普賽貨車、何爾摩沙海灘上的衝浪板、麥當勞或任何盒子裡的傑克速食店的櫃檯，你都可以買到這種純功能性的漢堡，這是一種非常均衡的食物，一個在跑步（衝浪、開車、學習）的人可以用一隻手吃；切成兩半的麵包緊緊夾住牛絞肉和所有醬料、起司、萵苣絲與其他配料。」Banham, *Los Angeles: The Architecture of Four Ecologies* (Harmondsworth, UK: Penguin Books, 1971), 111。
44. 關於英國維多利亞時期的動物繁殖，參見Harriet Ritvo, *The Animal Estate: The English and Other Creatures in the Victorian Age* (Cambridge, MA: Harvard University Press, 1987), ch. 2: "Barons of Beef"。
45. 有關現代化對中國人肉食行為的影響，參見James L. Watson, "Meat: A Cultural Biography in (South) China," 出自Jakob A. Klein and Anne Murcott編輯，*Food Consumption in Global Perspective: Essays in the Anthropology of Food in Honour of Jack Goody* (Basingstoke, UK: Palgrave Mac-Millan, 2014)。
46. 參見Loren Cordain, S. Boyd Eaton, Anthony Sebastian, Neil Mann, Staffan Lindeberg, Bruce A. Watkins, James H. O'Keefe and Janette Brand-Miller, "Origins and Evolution of the Western Diet: Health Implications for the 21st Century," *American Journal of Clinical Nutrition* 81 (2005): 341-354。
47. Oron Catts and Ionat Zurr , "Ingestion/Disembodied Cuisine," *Cabinet* no.16（2004/5年冬季）。亦參見Catts and Zurr, "Disembodied Livestock: The Promise of a Semi-living Utopia," *Parallax* 19 (2013): 101-113。
48. 參見Harold McGee, *On Food and Cooking: The Science and Lore of the Kitchen* (New York: Scribner, 1984), 121–137。
49. 同上，頁129。
50. 例如，參見Jacob P. Mertens et al., "Engineering Muscle Constructs for the Creation of Functional Engineered Musculoskeletal Tissue," *Regenerative Medicine* 9 (2014): 89-100。

51. 參見Carol Adams, *The Sexual Politics of Meat: A Feminist-Vegetarian Critical Theory* (New York: Continuum, 1990)。亦參見Nick Fiddes, *Meat: A Natural Symbol* (London: Routledge, 1991)。
52. 參見Fiddes, *Meat*。
53. 關於肉作為英雄的食物，可參見Egbert J. Bakker, *The Meaning of Meat and the Structure of the Odyssey* (Cambridge, UK: Cambridge University Press, 2013)。
54. 參見Josh Berson, "Meat," Jul. 27, 2015, Remedia Network, https://remedianetwork.net/2015/07/27/meat/, Mar. 28, 2017存取。亦參見*The Meat Question: Animals, Humans, and the Deep History of Food*（Cambridge, MA: MIT Press, 即將出版）。
55. 例如參見C. L. Delgado, "Rising Consumption of Meat and Milk in Developing countries Has Created a New Food Revolution," *Journal of Nutrition* 133 (11) Supplement 2 (2002)。亦參見Josef Schmidhuber and Prakesh Shetty, "The Nutrition Transition to 2030: Why Developing Countries Are Likely to Bear the Major Burden," FAO, 2005, www.fao.org/fileadmin/templates/esa/Global_persepctives/Long_term_papers/JSPStransition.pdf, Jun. 6, 2017存取。亦參見Vaclav Smil, *Feeding the World: A Challenge for the Twenty-First Century* (Cambridge, MA: MIT Press, 2000)。
56. Deborah Gewertzw and Frederick Errington, *Cheap Meat: Flap Food Nations in the Pacific Islands* (Berkeley: University of California Press, 2010)。
57. 參見Roger Horowitz, Jeffrey M. Pilcher and Sydney Watts, "Meat for the Multitudes: Market Culture in Paris, New York City, and Mexico City over the Long Nineteenth Century," *American Historical Review* 109 (2007): 1055-1083。
58. 這個假設的一個例子是由一位著名食物人類學家提出的，參見Marvin Harris, *Good to Eat* (New York: Simon and Schuster, 1986)。
59. 參見Johannes Fabian, *Time and the Other: How Anthropology Makes Its Object* (New York: Columbia University Press, 2014)。

60. 雖然有人將原始人飲食法追溯到20世紀初，但是第一篇經過同儕審查且為這種飲食法的益處建立一些科學基礎的文章，是Boyd Eaton and Melvin Konner, "Paleolithic Nutrition: A Consideration of Its Nature and Current Implications," *The New England Journal of Medicine* 312 (1985): 283-289。Eaton與Konner心中的舊石器時代人類是指大約4萬年前生活在現在歐洲的人類，然而，當代最常與原始人飲食法連在一起的營養學家是Loren Cordain。參見Cordain et al., "Plant-Animal Subsistence Ratios and Macronutrient Energy Estimations in Worldwide Hunter-Gatherer Diets," *American Journal of Clinical Nutrition* 71 (2000): 682-692。
61. 參見Marion Nestle, "Paleolithic Diets: A Skeptical View," *Nutrition Bulletin* 25 (2000): 43-47。
62. 這個說法的一個版本，參見Marta Zaraska, *Meathooked: The History and Science of Our 2.5-Million-Year Obsession with Meat* (New York: Basic Books, 2016)。Zaraska這個精確的措辭來自人類學家Henry T. Bunn。參見Bunes, "Meat Made Us Human," Peter S. Ungar編輯，*Evolution of the Human Diet* (Oxford, UK: Oxford University Press, 2006) 。值得注意的是，Zaraska的論點並不是說肉是促成現代人類情狀的必要催化成分，而是說肉恰好是我們的祖先能獲得的特殊「高品質」食物，我們的祖先用它來增進他們的飲食。
63. 他所謂的「狩獵假說」同時涉及人類演化起源與當代人類行為，有關此假說的懷疑論可參見Matt Cartmill, *A View to a Death in the Morning* (Cambridge, MA: Harvard University Press, 1993)。
64. 例如參見Craig B. Stanford對黑猩猩與大猩猩之間分享肉食的描述：根據Stanford的說法，導致我們人類祖先某種特定社會致力發展的可能是分享肉食，而非獲得肉食。Stanford對機制更廣泛的說法有很大的價值；來自古人類學與靈長類科學的證據顯示，簡單的解釋沒有用，反而更有可能產生誤導。Stanford, *The Hunting Ape* (Princeton, NJ: Princeton University Press, 1999)。
65. 參見Roger Lewin, *Human Evolution: An Illustrated Introduction* (Malden, MA:

Blackwell, 2005)。

66. 參見Leslie C. Aiello and Peter Wheeler, "The Expensive-Tissue Hypothesis: The Brain and the Digestive System in Human and Primate Evolution," *Current Anthropology* 36 (1995): 199-221。

67. 參見Berson, *The Meat Question: Animals, Humans, and the Deep History of Food*（即將出版）。該書對肉類蛋白質可以直接為大腦提供燃料的論點作了評論。

68. 參見Ana Navarrete, Carel P. Van Schaik and Karin Isler, "Energetics and the Evolution of Human Brain Size," *Nature* 480 (2011): 91-93。

69. 值得注意的是，藍翰確實認為生肉消耗是演化改變的一個重要驅動力，推著「我們的祖先走出南方古猿的狀態」，開啟但並沒有完成產生智人的腦形成過程與其他生理變化。參見Wrangham, *Catching Fire: How Cooking Made Us Human* (New York: Basic Books, 2010), 103。

70. Donna Haraway, "The Past Is the Contested Zone," 出自Simians, *Cyborgs, and Women: The Reinvention of Nature* (New York: Routledge, 1991), 22。Haraway認為，「自產物種」論點背後最重要的人物是靈長類動物學家Sherwood Washburn，咸認是該領域的創始者之一；Washburn也是「人類獵手」概念的創造者之一。

71. 參見Gregory Schrempp, "Catching Wrangham: On the Mythology and the Science of Fire, Cooking, and Becoming Human," *Journal of Folklore Research* 48 (2011): 109-132。

72. E.O. Wilson, *Sociobiology: The New Synthesis* (Cambridge, MA: Harvard University Press, 1975)。威爾森的這本著作並不是率先提出社會生物學觀點的著作；這本書出版的三年前有Lionel Tiger與Robin Fox合著的*Imperial Animal* (New York: Holt, Rinehart and Winston, 1972)。自此以後，社會生物學幾乎沒有退出舞台；近年來，David Buss, Steven Pinker與Yuval Harari等人從演化心理學與歷史的角度提出所謂的社會生物學觀點，這些觀點跨越了很長的時間尺度。Ian Hesketh, "The Story of Big History" 指出，「大」歷史或極長時間的歷史類型往往表現出「融

通」的特徵，或者希望不同證據體系能導致趨同的結論，而這些結論又能產生一個總體邏輯。正如David Christian等人的實踐，「大歷史」試圖將人類文明的故事放在一個自然歷史的脈絡下，而這個時間跨度大大超過了人類文明存在的時間。參見Hesketh, "The Story of Big History," *History of the Present* 4 (2014): 171-202。亦參見Martin Eger, "Hermeneutics and the New Epic of Science"，出自William Murdo McRae編輯，*The Literature of Science: Perspectives on Popular Science Writing* (Athens: University of Georgia Press, 1993), 86–212。有關「大歷史」在企業家座談中更普遍史料運用所扮演的角色，參見John Patrick Leary, "The Poverty of Entrepreneurship: The Silicon Valley Theory of History," *The New Inquiry*, Jun. 9, 2017, https://thenewinquiry.com/the-poverty-of-entrepreneurship-the-silicon-valley-theory-of-history/, Jun. 11, 2017存取。

73. Mary Midgely, "Sociobiology," *Journal of Medical Ethics* 10 (1984): 158-160。Midgely引用了Wilson, *Sociobiology*, 4。亦參見Midgely, *Beast and Man: The Roots of Human Nature* (Brighton, UK: Harvester, 1978)。有關社會生物學的另一個觀點，參見Howard L. Kaye, *The Social Meaning of Modern Biology: From Social Darwinism to Sociobiology* (New Haven, CT: Yale University Press, 1986)。
74. 參見Peter Singer, "Ethics and Sociobiology," *Philosophy & Public Affairs* 11 (1982): 40-64；尤其是頁47。辛格引用了Wilson, *Sociobiology*, 562。
75. 薩林斯作為社會生物學批評家的公眾形象將會因為生物學家理查．李文丁與史蒂芬．古爾德而相形失色。但是它最早的批評可見於Marshall Sahlins, *The Use and Abuse of Biology: An Anthropological Critique of Sociobiology* (Ann Arbor: University of Michigan Press, 1976), 4。
76. 文化與自然的關係始終具有政治性，這樣的故事，尤其是在社會生物學論辯的實例，就同時性與歷時性而言都太廣泛，在這裡不容易重述。早期版本可參見Arthur Caplan編輯，*The Sociobiology Debate* (New York: Harper & Row, 1978)，其中包括19世紀社會生物學思維根源的歷史解讀，包括達爾文與史賓賽在內。亦參見W. R. Albury,

"Politics and Rhetoric in the Sociobiology Debate," *Social Studies of Science* 10 (1980): 519-536。時間較晚的描述，可參見Neil Jumonville, "The Cultural Politics of the Sociobiology Debate," *Journal of the History of Biology* 35 (2002): 569-593。關於該領域的另一個研究，其中明顯對威爾森更為寬容的是Ullica Segerstråle, *Defenders of the Truth: The Battle for Science in the Sociobiology Debate and Beyond* (Oxford, UK: Oxford University Press, 2001)；另一個從社會學角度的觀點，可參見Alexandra Maryanski, "The Pursuit of Human Nature by Sociobiology and by Evolutionary Sociology," *Sociological Perspectives* 37 (1994): 375-389。另一篇有關社會生物學的批判性見解堅決反對將生物學當作社會科學「名義上的」基礎，可參見Lee Freese, "The Song of Sociobiology," *Sociological Perspectives* 37 (1994): 337-373。

77. 關於「文化」與「自然」這兩個詞的獨立複雜性，參見Raymond Williams, *Keywords: A Vocabulary of Culture and Society* (London Croom Helm, 1976)。為了批判工業資本主義的利益，政治左派對文化與自然之間的分歧的穩定性進行的一次攻訐，可參見Haraway, *Simians, Cyborgs, and Women*的 "A Cyborg Manifesto"。

78. 正如威爾森承認的，他並沒有發明社會生物學這個術語；關於幾十年前該領域狀態的回顧，可見於G. Manoury, "Sociobiology," *Synthese* 5 (1947): 522-525。有趣的是， Alexis Carrel是最早的「社會生物學」思想家之一，也是20世紀頭幾十年間組織培養學科的創始人之一。他把他的方法稱為「生物社會學」。

79. 值得注意的是，Howard L. Kaye反對社會生物學似乎經常為資本主義辯護的觀點，聲稱社會生物學對吸收資本主義（從而為資本主義辯護）較不感興趣，而是對「重新整理我們的心理與社會」更感興趣。參見Kaye, *Social Meaning of Modern Biology*, 5。

80. 參見Sahlins, *Use and Abuse of Biology*, 93。

81. 出處同上，100-102。這個論點的另一個版本，見Haraway, *Simians, Cyborgs, and Women*的 "The Biological Enterprise: Sex, Mind, and Profit from

Human Engineering to Sociobiology”。

82. 參見Freese, “Song of Sociobiology,” 345。
83. 參見Haraway, *Simians, Cyborgs, and Women*的 “The Past Is the Contested Zone: Human Nature and Theories of Production and Reproduction in Primate Behaviour Studies”。
84. 參見Haraway, *Simians, Cyborgs, and Women*的 “Animal Sociology and a Natural Economy of the Body Politic: A Political Physiology of Dominance”，頁11。
85. 參見Marshall Sahlins, “The Original Affluent Society”，出自*Stone Age Economics* (Chicago, IL: Aldine-Atherton, 1972)。
86. 參見William Laughlin, Richard B. Lee, Irven deVore and Jill Nash-Mitchell編輯，*Man the Hunter*, 304。本書以1966年的同名研討會為基礎。
87. 參見Lee and Devore, “Problems in the Study of Hunters and Gatherers”，刊載於*Man the Hunter*。不過要注意的是，Sherwood L. Washburn與C. S. Lancaster在同一本出版品中似乎也表現出強烈同意的態度。正如他們所寫：「在非常現實的意義上，我們的智力、情感與基本社會生活都是狩獵適應成功的演化產物。」參見Washburn, “The Evolution of Hunting”，刊載於*Man the Hunter*。
88. 就影響力而言，這類主張中最重要的或許來自德國化學家Justus von Liebig。Liebig在1842年出版的*Animal Chemistry*一書中指出，蛋白質是唯一「真正的營養素」。有關Liebig的影響，參見William H. Brock, *Justus von Liebig: The Chemical Gatekeeper* (Cambridge, UK: Cambridge University Press, 1997)。值得注意的是，Liebig在19世紀中期提出一個與培養肉具有某些相似性的想法。1847年，他發表了一種製作牛肉萃取物的方法，目的在於製作一種肉類替代品，來解決世界各地食物不足的問題。Liebig最後參與在烏拉圭建立一間工廠，生產它的牛肉萃取物，並於1865年在倫敦設立Liebig Extract of Meat Company；該公司後來改名為Oxo，至本文撰寫之際，仍然在生產牛肉高湯塊。
89. 參見Michael S. Alvard and Lawrence Kuznar, “Deferred Harvests:The

Transition from Hunting to Animal Husbandry," *American Anthropologist* 103 (2001): 295-311。

90. 參見Pat Shipman, "The Animal Connection and Human Evolution," *Current Anthropology* 51 (2010): 519-538。
91. 同上，524-525。
92. 亦參見Helen M. Leach, "Human Domestication Reconsidered," *Current Anthropology* 44 (2003): 349-368。
93. 參見McGee, *On Food and Cooking*, 135。
94. 參見J. J. Harris, H. R. Cross and J. W. Savell於德州農工大學動物科學系發表的 "History of Meat Grading in the United States," http:// meat.tamu.edu/meat-grading-history/, Mar. 29, 2018存取。
95. 在這個問題上，尤其可參見Orville Schell, *Modern Meat: Antibiotics, Hormones, and the Pharmaceutical Farm* (New York: Vintage, 1978)。
96. William Boyd, "Making Meat: Science, Technology, and American Poultry Production," *Technology and Culture* 42 (2001): 631-664。
97. Friedrich Engels 1844年出版的*The Condition of the Working-Class in England*，Florence Kelley Wischnewetzky翻譯 (London: George Allen & Unwin, 1892), 192。
98. 參見John Lossing Buck, "Agriculture and the Future of China"，出自*Annals of the American Academy of Political and Social Science*, Nov. 1, 1930。
99. 有關人工肥料的重要性，參見Vaclav Smil, "Population Growth and Nitrogen: An Exploration of a Critical Existential Link;" *Population and Development Review* 17 (1991): 569-601。
100. 這句話是Siobhan Phillips說的。參見Phillips, "What We Talk about When We Talk about Food," *The Hudson Review* 62 (2009): 189-209；引自頁197。
101. 參見Zaraska, *Meathooked*。
102. William Cronon, *Nature's Metropolis: Chicago and the Great West* (New York: W. W. Norton, 1991), 256。

103. 參見Rachel Laudan, *Cuisine and Empire: Cooking in World History* (Berkeley: University of California Press, 2013), 208。

104. 有關糖在英國家庭中的逐漸普遍，參見Sidney Mintz, *Sweetness and Power: The Place of Sugar in Modern History* (New York: Viking, 1985)。

105. 這種減少通常與已開發國家富裕食客的健康意識有關。美國自然資源保護委員會的一份報告顯示，2005至2014年間，美國人的牛肉消耗減少了約20%，該報告重點闡述了這種減少的可取性，這與養牛業的高碳足跡有關。參見 "Less Beef, Less Carbon," www.nrdc.org/sites/default/files/less-beef-less-carbon-ip.pdf, Jun. 6, 2017存取。

第三章　承諾

106. 第三種在實驗室複製動物或其身體部分的技術，可能也放在檯面上討論：從經誘導回到分化全能狀態的成年動物體細胞進行複製，也就是用來製造出桃莉羊（1996-2003）的技術。有關桃莉羊以及家畜細胞複製與轉基因技術的「潛能」，參見Sarah Franklin, *Dolly Mixtures: The Remaking of Genealogy* (Durham, NC: Duke University Press, 2007)。

107. 參見Shoshana Felman, *The Scandal of the Speaking Body: Don Juan with J.L. Austin, or Seduction in Two Languages* (Stanford, CA: Stanford University Press, 2003)。

108. Mark Post，引用 "Lab-Grown Beef: 'Almost' Like a Burger," *Associated Press*, Aug. 5, 2013。

109. 這是Kate Kelland引用自善待動物組織的一份聲明，"Scientists to Cook World's First In Vitro Beef Burger," *Reuters*, Aug. 5, 2013。另外也有許多其他記者報導波斯特的演示活動。

110. 新收穫機構創始人傑森・馬瑟尼，Jason Gelt引用自 "In Vitro Meat's Evolution," *The Los Angeles Times*, January 27, 2010。

111. 2017年底，我在新收穫機構在紐約市舉辦的一場會議上看到這顆蘋果。它是Okanagan Specialty Fruits的產品，該公司隸屬於馬里蘭州的Intrexon生物技術公司。參見Andrew Rosenblum, "GM Apples That

Don't Brown to Reach U.S. Shelves This Fall," *MIT Technology Review*, October 7, 2017, www.technologyreview.com/s/609080/gm-apples-that-dont-brown-to-reachus-shelves-this-fall/, Jan. 28, 2018存取。

112. Friedrich Nietzsche, *On the Genealogy of Morals*, 57, Walter Kaufmann翻譯，(New York: Vintage Books, 1969)。

113. 參見Aristotle, *Politics* (Chicago, IL: University of Chicago Press, 2013)。

114. Mike Fortun, *Promising Genomics: Iceland and deCODE Genetics in a World of Speculation* (Berkeley: University of California Press, 2008), 107。

115. 參見Hannah Arendt, *The Human Condition* (Chicago, IL: University of Chicago Press, 1958), 244–245。

116. 同上，頁245。

117. 同上。

118. 鄂蘭還將政治領域的主權與手工藝領域的精湛藝術進行耐人尋味的比較：主權之所以有效，是因為它是一種公共的、社會性的實踐，而藝術的精湛技藝則需要孤立。出處同上，頁245。

119. 參見Merritt Roe Smith and Leo Marx編輯，*Does Technology Drive History? The Dilemma of Technological Determinism* (Cambridge, MA: MIT Press, 1994)。

120. 參見Merritt Roe Smith, "Technological Determinism in American Culture"，出處同上。亦參見Roe Smith, "Technology, Industrialization, and the Idea of Progress in America"，出自K. B. Byrne編輯，*Responsible Science: The Impact of Technology on Society* (Harper & Row, 1986)，以及Leo Marx, "Does Improved Technology Mean Progress?" *Technology Review* (Jan. 1987): 33–41, 71。科學哲學家Langdon Winner認為，儘管起源於啟蒙運動時期，技術與進步之間具有聯繫的信念似乎已經取代嚴肅的技術或工程哲學。Winner表示，進步的概念讓我們無法更深入瞭解讓我們在這個世界上活得更輕鬆的手段。參見Winner, *The Whale and the Reactor: The Search for Limits in the Age of High Technology* (Chicago, IL: University of Chicago Press, 1986), 5。

121. 正如Sarah Franklin指出的，英文幹細胞stem cell裡的stem一字，與基因庫存genetic stock中的stock（即家畜的潛在資本）存在著連結。參見Franklin, *Dolly Mixtures*, 50, 57–58。
122. 參見Karen-Sue Taussig, Klaus Hoeyer, and Stefan Helmreich, "The Anthropology of Potentiality in Biomedicine," *Current Anthropology* 54, Supplement 7 (2013)。
123. 參見Paul Martin, Nik Brown and Alison Kraft, "From Bedside to Bench? Communities of Promise, Translational Research and the Making of Blood Stem Cells," *Science as Culture* 17 (2008): 29–41。
124. 參見Georges Canguilhem, "La théorie cellulaire," 出自Canguilhem, *La connaissance de la vie* (Paris: Vrin, 1989); Stefanos Geroulanos and Daniela Ginsburg翻譯為 "Cell Theory," 出自Canguilhem, *Knowledge of Life*, Paola Marrati and Todd Meyers編輯 (New York: Fordham University Press, 2008), 43。
125. Isha Datar and Mirko Betti, "Possibilities for an in Vitro Meat Production System," *Innovative Food Science & Emerging Technologies* 11 (2010): 13–21。
126. 我借用了Sarah Franklin的觀點。參見Franklin, *Dolly Mixtures*, 59。
127. 他們受到其他團體的嚴厲批評，這些團體希望藉由比生物技術和市場經濟更傳統的手段來打擊犀牛盜獵的行為。例如可參見Katie Collins, "3D-Printed Rhino Horns Will Be 'Ready in Two Years'—but Could They Make Poaching Worse?" *Wired UK*, Oct. 7, 2016, www.wired.co.uk/article/3d-printed-rhino-horns, Jan. 23 2018存取。
128. 有關明確以可能未來為題的人類學著作，可參見Lisa Messeri, *Placing Outer Space: An Earthly Ethnography of Other Worlds* (Chapel Hill, NC: Duke University Press, 2016); Ulf Hannerz, *Writing Future Worlds: An Anthropologist Explores Global Scenarios* (London: Palgrave, 2016); 以及Juan Francisco Salazar, Sarah Pink, Andrew Irving, and Johannes Sjöberg編輯，*Anthropologies and Futures: Researching Emerging and Uncertain Worlds*

(London: Bloomsburgy, 2017)。未來的另一個重要的人類學視角是生殖研究；尤其參見Marilyn Strathern, *Reproducing the Future: Essays on Anthropology, Kinship and the New Reproductive Technologies* (Manchester, UK: Manchester University Press, 1992); 以及Strathern, "Future Kinship and the Study of Culture," *Futures* 27 (1995): 423–435。此外，講到人類學家對未來的思考，必然得提到Margaret Mead的*The World Ahead: An Anthropologist Contemplates the Future* (New York: Berghahn, 2005) 才算完整。

129. 參見Johannes Fabian, *Time and the Other: How Anthropology Makes Its Object* (New York: Columbia University Press, 2014)。

130. 冷熱社會的概念出自結構主義人類學大師李維—史陀，「熱」代表變化，「冷」代表穩定。這個概念的重新詮釋，也是對溫度譜系中較涼爽且貌似更具環境永續性的一端的頌揚，參見Ursula K. LeGuin, "A Non-Euclidean View of California as a Cool Place to Be," 出自*Dancing at the Edge of the World* (London: Gollancz, 1989)（LeGuin是加州大學柏克萊分校第一位人類學教授Alfred Louis Kroeber的女兒）。

第四章　迷霧

131. 這是我為了滿足本書詮釋而改變的一個事實細節。我實際上是2015年在奧克蘭的一輛公車上看到「共享內容」廣告，而非2013年在舊金山。

132. Sigmund Freud, *Jokes and Their Relation to the Unconscious* (Standard Edition, vol. 8) (London: Hogarth Press, 1960), 118. On p. 146。佛洛伊德在頁146引用Herbert Spencer的 "The Physiology of Laughter" (1860)。Spencer提出一個「經濟」模型來描述在笑聲中釋放出來的精神能量。

133. 參見Richard D. deShazo, Steven Bigler, and Leigh Baldwin Skipworth, "The Autopsy of Chicken Nuggets Reads 'Chicken Little,' " *American Journal of Medicine* 126 (2013): 1018–1019。

134. 參見Giovanni Arrighi, *The Long Twentieth Century: Money, Power, and the*

Origins of Our Times (New York: Verso, 1994)；亦參見Arrighi在Raj Patel and Jason W. Moore合著*A History of the World in Seven Cheap Things: A Guide to Capitalism, Nature, and the Future of the Planet* (Oakland: University of California Press, 2017) 頁69中的討論。

135. 在我訪問突破實驗室的那個時期，泰爾是個備受爭議的公眾人物，因為他直言不諱的自由意志論與特有的未來主義烙印，這些在本章中都有所描述。至本書撰寫之際，泰爾的名字又因為其他更明確的政治因素而更具爭議，例如他在2016年美國總統大選期間對保守派候選人亦即選舉贏家的聲援與金援。

136. 這句話摘自突破實驗室網站 www.breakoutlabs.org/, Jul. 4, 2017讀取。

137. 現代牧草公司於2014年搬遷到布魯克林雷德胡克區，目的是與紐約時尚界進行更密切的合作。現代牧草公司後來退出培養肉生產，只專注在生物材料的研發製作。參見本書第十章。

138. 參見George Packer, "No Death, No Taxes," *The New Yorker*, November 28, 2011。

139. 舉一個巴士新聞報導的例子，參見Casey Miner, "In a Divided San Francisco, Private Tech Buses Drive Tension," *All Tech Considered*, Dec. 17, 2013, www.npr.org/sections/alltechconsidered/2013/12/17/251960183/in-a-divided-san-francisco-private-tech-buses-drive-tension, Jun. 9, 2017存取。

140. 參見Nathan Heller, "California Screaming," *The New Yorker*, Jul. 7, 2014。

141. 當然，驅逐房客時也有比較不引人注意的方法，但並不全都是合法的。Anti-Eviction Mapping Project致力紀錄下灣區非法迫遷的情形，參見www.antievictionmappingproject.net/, Jun. 9, 2017存取。

142. Brookings Institute 2014年的一項研究顯示，2007-2012年間，舊金山地區收入不平等的程度比美國其他任何城市更嚴重。這很大程度上是由於收入在前5%的人收入增加。參見Alan Berube, "All Cities Are Not Created Unequal," Feb. 4, 2014, www.brookings.edu/research/all-cities-are-not-created-unequal/, Jun. 9, 2017存取。

143. 參見Kenneth L. Kusmer, *Down and Out, On the Road: The Homeless in*

American History (Oxford, UK: Oxford University Press, 2003)。Kusmer在書中寫道，市場南區曾經是「西岸最重要的臨時工中心」。

144. 參見Meagan Day, "For More Than 100 Years, SoMa Has Been Home to the Homeless," https://timeline.com/for-more-than-100-years-soma-has-been-home-tothe-homeless-5e2d014bdd92, Jun. 17, 2017存取。舊金山市政府藉由「時間點計數」的方式來計算遊民人數；在撰寫本文之際，最近幾年的統計數字可參見http://hsh.sfgov.org/research-reports/san-francisco-homeless-point-in-time-count-reports/。
145. 參見Day, "SoMa Has Been Home to the Homeless"。
146. 引用Stewart Brand, *The Clock of the Long Now: Time and Responsibility* (New York: Basic Books, 1999), 2–3。
147. 關於科學虛構製品與現實世界技術發展之間的相互作用，參見David A. Kirby, "The Future Is Now: Hollywood Science Consultants, Diegetic Prototypes and the Role of Cinematic Narratives in Generating Real-World Technological Development," *Social Studies of Science* 40 (2010): 41–70。
148. 多年以後，我回頭看了看這些突破實驗室的受贈人，發現他們被分類在下面這些標題之下：「診斷」「治療」「硬體」「細胞生物」「奈米（奈米科技）」「合成生物（合成生物學）」「能源」「化學物質」「材料」「計算」「神經」與「長壽」。儘管這些都不是泰爾基金會試圖解決的具體問題，卻很容易看出，最後一項「長壽」可以被解釋為一個目標條件，而不是一個直接的技術應用類別。參見www.breakoutlabs.org/portfolio/, Aug. 2, 2017存取。
149. 對21世紀超人類主義與矽谷資本主義之間關係的批判性解讀，參見Patrick McCray, "Bonfire of the Vainglorious," *Los Angeles Review of Books*, Jul. 17, 2017, https://lareviewofbooks.org/article/silicon-valleys-bonfire-of-the-vainglorious/, Jul. 20, 2017存取。

第五章　疑慮

150. 2017年5月22日，Impossible Foods的Pat Brown在Techcrunch.com網站上

發表的一篇採訪中，將以動物細胞為基礎的培養肉稱為「最愚蠢的想法之一」。參見https://techcrunch.com/2017/05/22/impossible-foods-ceo-pat-brown-says-vcs-need-to-ask-harder-scientific-questions/, Jun. 7, 2017。我在這裡也引用了Brown在2017年9月21日於哈佛大學發表的演講；當時我坐在觀眾席。

151. 作家、廚師暨電視名人Anthony Bourdain表示，他將「假」肉視為「敵人」；參見www.businessinsider.com/anthony-bourdain-big-problem-synthetic-fake-meat-laboratory-2016–12, Nov. 7, 2017存取。Bourdain在影片中提到屠宰動物有些部位浪費掉的問題，建議我們在考慮培養肉之前，應該更善加利用畜養動物的身體。

152. Pew Research Center, "U.S. Views of Technology and the Future," http://assets.pewresearch.org/wp-content/uploads/sites/14/2014/04/US-Views-of-Technology-and-the-Future.pdf, Nov. 7, 2017存取。

153. Christina Agapakis, "Steak of the Art: The Fatal Flaws of In Vitro Meat," *Discover*, Apr. 24, 2012。

154. 參見Warren Belasco, "Algae Burgers for a Hungry World? The Rise and Fall of Chlorella Cuisine," *Technology and Culture* 38 (1997): 608–634。

155. Christina Agapakis, "Growing the Future of Meat," *Scientific American*, Aug. 6, 2013, https://blogs.scientificamerican.com/oscillator/growing-the-future-of-meat/, Oct. 21, 2017存取。

156. Ursula Franklin, *The Real World of Technology* (Toronto: Anansi Press, 1999)。

第六章　希望

157. 參見Patrick D. Hopkins and Austin Dacey, "Vegetarian Meat: Could Technology Save Animals and Satisfy Meat Eaters?" *Journal of Agricultural and Environmental Ethics* 21 (2008): 579–596。

158. 參見Clemens Driessen and Michiel Korthals, "Pig Towers and In Vitro Meat: Disclosing Moral Worlds by Design," *Social Studies of Science* 42 (2012):

797–820。

159. Neil Stephens and Martin Ruivenkamp, "Promise and Ontological Ambiguity in the In Vitro Meat Imagescape: From Laboratory Myotubes to the Cultured Burger," *Science as Culture* 25 (2016): 327–355。

160. 參見Nik Brown, "Hope against Hype—Accountability in Biopasts, Presents, and Futures," *Science Studies* 16(2) (2003): 3–21. 亦參見Mike Fortun, *Promising Genomics: Iceland and deCODE Genetics in a World of Speculation* (Berkeley: University of California Press, 2008); 以及Kaushik Sunder Rajan, *Biocapital: The Constitution of Postgenomic Life* (Durham, NC: Duke University Press, 2006), 264。

161. 參見Fredric Jameson, *Archaeologies of the Future: The Desire Called Utopia and Other Science Fictions* (New York: Verso, 2005), 3。

第七章　樹

162. 這裡講的作品是1982年的*Ice Arch*。參見Andy Goldsworthy Digital Catalogue, www.goldsworthy.cc.gla.ac.uk/image/?id=ag_02391, Jul. 14, 2017 存取。

163. 巧合的是，高茲渥斯所用的約克郡石頭，正是笛洋美術館周圍使用的鋪路石。這些石材是從英國進口到舊金山的。

164. 參見Richard A. Walker, *The Country in the City: The Greening of the San Francisco Bay Area* (Seattle: University of Washington Press, 2007). 亦參見Daegan Miller, *This Radical Land: A Natural History of American Dissent* (Chicago, IL: University of Chicago Press, 2018)。

第八章　未來

165. 昆蟲養殖企業家推廣吃蟲的同時，也有一些政策專家贊同這種做法。2013年，聯合國糧農組織發表了 "Edible Insects: Future Prospects for Food and Feed Security" 一文，結論是，儘管障礙確實存在，「近期研究發展顯示，可食用昆蟲作為傳統肉類的替代品大有可為，牠們可以供人類直接食用，或是間接作為動物飼料。」（161）這篇文章可見於www.fao.org/docrep/018/i3253e/i3253e.pdf。亦參見Julieta Ramos-Elorduy, “Anthropo-Entomophagy: Cultures, Evolution and Sustainability,” *Annual Review of Entomology* 58 (2009): 141–160。

166. 1971年，Consultative Group on International Agricultural Research成立，隨後又出現Council for Agricultural Science and Technology。食品與發展政策研究所（Food First）由Frances Moore Lappé在1975年創立。同年，International Food Policy Research Institute於華盛頓特區成立。參見Warren Belasco, *Meals to Come: A History of the Future of Food* (Berkeley: University of California Press, 2006), 55。

167. 有關未來研究所主要計畫與關注事項的時間表，可參見www.iftf.org/fileadmin/user_upload/images/whoweare/iftf_history_lg.gif, Feb. 5, 2019存取。

168. 有關未來學家的方法學概述，參見Theodore J. Gordon, “The Methods of Futures Research,” *Annals of the American Academy of Political and Social Science* 522 (1992): 25–35。

169. Fred Polak, “Crossing the Frontiers of the Unknown,” 出自Alvin Toffler編輯，*The Futurists* (New York: Random House, 1972)。

170. 參見Simon Sadler, “The Dome and the Shack: The Dialectics of Hippie Enlightenment,” 出自Iain Boal, Janferie Stone, Michael Watts, and Cal Winslow編輯，*West of Eden: Communes and Utopia in Northern California* (Oakland, CA: PM Press, 2012), 72–73. 亦參見Fred Turner, *From Counterculture to Cyberculture: Stewart Brand, the Whole Earth Network, and the Rise of Digital Utopianism* (Chicago, IL: University of Chicago Press, 2006), 55–58。

171. “Introducing the IFTF Food Futures Lab”,參見www.youtube.com/watch?v=5_fP-7tfSK4, Nov. 1, 2017存取。

172. 例如，參見Center for Graphic Facilitation主頁，http://graphicfacilitation.blogs.com/pages/, Mar. 28, 2018存取。

173. 以下對二十世紀中後期未來主義的描述緊接著Jenny Andersson, "The Great Future Debate and the Struggle for the World," *The American Historical Review* 117 (2012): 1411–1430; 以及Nils Gilman, *Mandarins of the Future: Modernization Theory in Postwar America* (Baltimore, MD: Johns Hopkins University Press, 2003)。
174. 參見Olaf Helmer, "Science," *Science Journal* 3(10) (1967): 49–51, 51。
175. 參見T. J. Gordon and Olaf Helmer, "Report on a Long-Range Forecasting Study" (Santa Monica, CA: Rand, 1964)。
176. 這種意識型態相對於理性主義的類型學來自Jenny Andersson。
177. Walt Whitman Rostow, *The Stages of Economic Growth: A Non-Communist Manifesto* (Cambridge, UK: Cambridge University Press, 1960), 2。
178. 參見Daniel Bell and Steven Graubard, *Toward the Year 2000: Work in Progress*, special issue of *Daedalus* (1967), MIT Press於1969年再版。
179. Daniel Bell, *The Coming of Post-industrial Society: A Venture in Social Forecasting* (New York: Basic Books, 1973)。
180. 參見Gilman, *Mandarins of the Future*。
181. Brendan Buhler, "On Eating Roadkill, The Most Ethical Meat," *Modern Farmer*, Sep. 12, 2013, http://modernfarmer.com/2013/09/eating-roadkill/, Aug. 24, 2017存取。James R. Simmons, *Feathers and Fur on the Turnpike* (Boston: Christopher, 1938) 是第一部深入研究路殺動物的出版品。
182. 艾倫・沙弗里提倡的全面性草原管理包括透過恢復能吸收碳的草原來幫助對抗全球暖化，這樣的主張並不是沒有受到批評。參見James E. McWilliams, "All Sizzle and No Steak," *Slate*, Apr. 22, 2013, www.slate.com/articles/life/food/2013/04/allan_savory_s_ted_talk_is_wrong_and_the_benefits_of_holistic_grazing_have.html, Aug. 24, 2017存取。
183. 我對肉類在食品未來主義中的地位的論述緊跟著Warren Belasco, *Meals to Come*。
184. 參見Thomas Robert Malthus, *An Essay on the Principle of Population* (London: Penguin, 1985), 187–188。

185. 有關英國農業的改良工作對馬爾薩斯的影響，參見Fredrik Albritton Jonsson, "Island, Nation, Planet: Malthus in the Enlightenment," 出自Robert Mayhew編輯，*New Perspectives on Malthus* (Oxford, UK: Oxford University Press, 即將出版）。
186. Paul and Anne Ehrlich, *The Population Bomb* (New York: Ballantine, 1968). 亦參見Thomas Robertson, *The Malthusian Moment: Global Population Growth and the Birth of American Environmentalism* (New Brunswick, NJ: Rutgers University Press, 2012)。
187. 參見Paul and Anne Ehrlich, *One with Nineveh: Politics, Consumption, and the Human Future* (Washington, DC: Island Press, 2004)。亦參見Paul Ehrlich在《洛杉磯時報》的訪談，他在訪談中討論了他認為*The Population Bomb*一書的正確與錯誤之處：Patt Morrison, "Paul R. Ehrlich: Saving Earth. The Scholar Looks the Planet, and Humanity, in the Face," Feb. 12, 2011, http://articles.latimes .com/2011/feb/12/opinion/la-oe-morrison-ehrlich-021211, Sep. 13, 2017存取。
188. Fredrik Albritton Jonsson, "The Origins of Cornucopianism: A Preliminary Genealogy," *Critical Historical Studies* 1 (2014): 151–168。
189. 弗雷德里克・瓊森也為李嘉圖的豐饒主義政治經濟具體化提供了廣泛的前驅。舉幾個例子：Francis Bacon的自然哲學；十八世紀流行的牛頓主義，如藉由土木工程計畫的表達，以及Charles Webster和Thomas Hughes藉由技術進步來「恢復伊甸園」的努力；還有北美殖民化本身的經驗中，擴張與新世界的經濟活動似乎暗示著未來的富足。出處同上。
190. 2015年秋天，我參加了一個表面上專注於如何平衡生態問題與商業利益的會議。然而，一位主要發言人卻把重點放在利用衛星開採小行星的自然資源如何能幫助我們「支持人類殖民地與經濟活動拓展到地球之外」的問題上。李嘉圖的觀點在遙遠的後世仍有許多追隨者。
191. 例如Joel Mokyr, *The Gift of Athena: Historical Origins of the Knowledge*

Economy (Princeton, NJ: Princeton University Press, 2002)。

192. Albritton Jonsson, "Origins of Cornucopianism," 160。

193. 例如參見Will Steffen, Paul Crutzen, and John McNeill, "The Anthropocene: Are Humans Now Overwhelming the Great Forces of Nature?" *AMBIO: A Journal of the Human Environment* 36 (2007): 849–852。

194. 參見Gilman, *Mandarins of the Future*, 1–2。

195. Karl Marx, *The Communist Manifesto: With Related Documents* (Boston: Bedford/St. Martin's, 1999)。

196. 參見Marshall Berman, *All That Is Solid Melts into Air: The Experience of Modernity* (New York: Verso, 1982), 21。我對馬克思這段話的分析源自Berman的分析。

第九章　普羅米修斯

197. 參見Gregory Schrempp, "Catching Wrangham: On the Mythology and the Science of Fire, Cooking, and Becoming Human," *Journal of Folklore Research* 48 (2011): 109–132。

198. 關於普羅米修斯的神話，有許多重要的研究。例如Hans Blumenberg, *Arbeit am Mythos* (Frankfurt am Main: Suhrkamp, 1979), Robert M. Wallace翻譯為*Work on Myth* (Cambridge, MA: MIT Press, 1985); 以及Raymond Trousson, *Le thème de Prométhée dans la littérature européenne* (Geneva: Librairie Droz, 1964). 亦參見Alfredo Ferrarin, "Homo Faber, Homo Sapiens, or Homo Politicus? Protagoras and the Myth of Prometheus," *The Review of Metaphysics* 54 (2000): 289–319。Ferrarin研究值得注意的地方，在於他利用普羅米修斯的故事來達到對希臘人對技藝或製作技能的新理解。

199. 施瓦茨的原文是：「生物學本身就充滿了神話的矛盾心理。」參見Hillel Schwartz, *The Culture of the Copy: Striking Likenesses, Unreasonable Facsimiles*修訂更新版 (New York: Zone Books, 2014), 19。

200. Gaston Bachelard, *The Psychoanalysis of Fire*, Alan C. M. Ross翻譯 (London:

Routledge & Kegan Paul, 1964)。

201. 關於普羅米修斯在現代化之前的接受史，參見Olga Raggio, "The Myth of Prometheus: Its Survival and Metaphormoses up to the Eighteenth Century," *Journal of the Warburg and Courtauld Institutes* 21 (1958): 44–62。

202. Mary Shelley於1819年創作小說《科學怪人》（*Frankenstein*）的副標題是「現代普羅米修斯」（The Modern Prometheus），指的是故事主人翁Victor Frankenstein，一般通常認為這是她丈夫Percy的替身。《科學怪人》有時被稱為第一部科幻小說，它也是一部在現代細胞理論出現之前，透過人工手段來賦予肉體生命的故事。在19世紀早期，生命可能是一種力量原理而不是生物部分相互作用所產生結果的觀點，尚未受到細胞生物學所扼殺。正如文學家Denise Gigante所言，《科學怪人》可以被解讀為對這種將生命視為力量的觀點的探索，是文學浪漫主義的眾多產物之一。《科學怪人》並沒有回答生命本身的問題，而是探索了主人翁對這個問題的癡迷，暗示Victor Frankenstein藉由創造一個人造的「替身」，給世界帶來一個無法預知的東西，一種必然會超越單純物質極限、還會超越其製造者道德限度的生命形式。然而Frankenstein的怪物似乎有他自己的道德。他是素食者，這也許是參見Percy而來的，因為他說：「我的食物不是人的食物：我不為了飽食而去殺害羔羊和小山羊；橡子和漿果給了我足夠的營養。」Mary Shelley, *Frankenstein: The Modern Prometheus* (London: Henry Colburn and Richard Bentley, 1831), 308. 亦參見Denise Gigante, *Life: Organic Form and Romanticism* (New Haven, CT: Yale University Press, 2009), 特別是pp. 1–48, 160–163. 亦參見Carol Adams, *The Sexual Politics of Meat: A Feminist-Vegetarian Critical Theory* (New York: Continuum, 1990), 108–119中對Frankenstein作為素食者的討論。

第十章　飲食文化

203. Arthur Schopenhauer, *The World as Will and Representation*, Judith Norman,

Alistair Welchman, and Christopher Janaway翻譯編輯 (Cambridge, UK: Cambridge University Press, 2010)。

204. 參見Heather Paxson, *The Life of Cheese: Crafting Food and Value in America* (Berkeley: University of California Press, 2012), 31。

205. 參見Rachel Laudan, "A Plea for Culinary Modernism: Why We Should Love New, Fast, Processed Food," *Gastronomica* 1 (2001): 36–44。

206. 出處同上，頁36。

207. 倫敦城市大學食品政策教授Tim Lang創造了「食物里程」這個術語。他在1994年為SAFE Alliance發表的 "The Food Miles Report: The Dangers of Long-Distance Food Transportation" 中提到這個概念。對於用「食物里程」方法來評估食品系統的環境影響的批判通常集中在這樣的事實：運輸往往只占糧食系統影響的一小部分，糧食絕大部分的「碳足跡」來自生產。例如參見Pierre Desrochers and Hiroko Shimizu, "Yes, We Have No Bananas: A Critique of the 'Food-Miles' Perspective," George Mason University Mercatus Policy Series, Policy Primer No. 8, Oct. 2008。

208. 參見William Cronon, *Nature's Metropolis: Chicago and the Great West* (New York: W. W. Norton, 1991)。

209. 正如Clemens Driessen and Michiel Korthals所示，培養肉的想像是受到都會農業的啟發。參見兩人的 "Pig Towers and In Vitro Meat: Disclosing Moral Worlds by Design," *Social Studies of Science* 42 (2012): 797–820。

210. 有關郭瓦納斯運河被指定為超級基金地點的簡史，參見Juan-Andres Leon, "The Gowanus Canal: The Fight for Brooklyn's Coolest Superfund Site," 出自*Distillations*, 2015冬, www.chemheritage.org/distillations/magazine/the-gowanus-canal, Mar. 6, 2017存取。

211. Proteus Gowanus博物館在本章描述的事件發生時仍在營運，但是在2015年結束它長達十年的經營。

212. 對於以「真實性」「地域性」與「風土」為中心來進行審訊的飼養肉用動物人類學研究，參見Brad Weiss, *Real Pigs: Shifting Values in the Field of Local Pork* (Durham, NC: Duke University Press, 2016)。

213. 參見Max Weber, *The Protestant Ethic and the Spirit of Capitalism*, Talcott Parsons翻譯 (New York: Routledge, 2001)。對手工食品生產與價值的不同解讀，以及圍繞食品的商業活動受理解而產生商業以外價值形式的方式，參見Paxson, *Life of Cheese*。

214. 牛打嗝會釋出大量甲烷的觀點並非沒有批評者，根據Nicolette Hahn Niman的說法，一般常聽到14-18%的數字是基於樣本數非常小的牲畜甲烷生產研究。（值得注意的是，這位前律師嫁給Bill Niman，即Niman牧場的創始人，這家公司是舊金山灣區的肉類生產商，專攻透明度、人道飼養動物以及環境永續性。）因此，據此來推斷全球牛隻產生的甲烷數量是不合適的。參見Nicolette Hahn Niman, *Defending Beef: The Case For Sustainable Meat Production* (White River Junction, VT: Chelsea Green, 2014)。

215. Nathan Heller, "Listen and Learn," *The New Yorker*, July 9, 2012。

216. Catherine Mohr, "Surgery's Past, Present, and Robotic Future," TED 2009, www.ted.com/talks/catherine_mohr_surgery_s_past_present_and_robotic_future#t-1100302, Nov. 14, 2017存取。

217. 伍爾曼在1984年創立TED大會，並在2003年將之出售，接著又創立了其他相關會議，其中一些也讓他重新思考了格式的問題。同時，TED的新總監Chris Anderson將它轉化成一種文化現象，並在接下來的幾年裡一直以這樣的方式存續。

218. 參見Laudan, "Plea for Culinary Modernism," 43。

第十一章　複製

219. 參見Walter Benjamin, "The Work of Art in the Age of Mechanical Reproduction," 出自*Illuminations: Essays and Reflections*, Harry Zohn翻譯 (New York: Harcourt Brace Jovanovich, 1968)。

220. 有關經驗重複的文化史，從似曾相識到齊克果或尼采的哲學觀，參見Hillel Schwartz, *The Culture of the Copy: Striking Likenesses, Unreasonable Facsimiles*（修訂更新版）(New York: Zone Books, 2014)。

221. Benjamin, *Illuminations*, 188。
222. 參見Corby Kummer, *The Pleasures of Slow Food* (San Francisco: Chronicle Books, 2002)。
223. 參見Laudan, "A Plea for Culinary Modernism: Why We Should Love New, Fast, Processed Food," *Gastronomica* 1 (2001): 36–44。
224. 生物等效性的重要性，是讓培養肉從複製肉的舊傳統分離出來的概念，這種舊傳統是基於我們所謂的感官等效性。有關這一點的討論，以及利用植物性蛋白質生產具有感官等效性的肉類替代品的努力，參見我即將在*Osiris*刊載的 "Meat Mimesis: Laboratory-Grown Meat as a Study in Copying"。
225. 參見Schwartz, *Culture of the Copy*，這是對此一主題的一項最重要調查。
226. 參見Hans Blumenberg, "Imitation of Nature: Toward a Prehistory of the Idea of the Creative Being [first published in 1957]," Ania Wertz翻譯，*Qui Parle* 12(1) (2000): 17–54。
227. 正如布魯門伯格指出的，亞里斯多德關於擬態的立場，已經是對柏拉圖的回應，特別是對柏拉圖主義中有關人類行為起源問題的回應。就如柏拉圖在《理想國》第十卷暗示的那樣，人造物體是否為存在形式？柏拉圖的學院似乎在亞里斯多德的時代已經放棄了這樣的觀點，取而代之的概念是，宇宙建立在形式之上，反映出未來最好的東西，人類工匠沒有「剩餘的」形式可以使用（參見*Timaeus*）。總而言之，亞里斯多德的回應是否認非模仿自然的發明的存在。參見Blumenberg, "Imitation of Nature," 29。
228. 對亞里斯多德的特定追隨者來說，「能產之自然」與「所產之自然」之間的區別具有性別特點，因為前者被理解為男性的生產原則，而完成但沒有活力的產物被認為是女性的。這是對亞里斯多德本身觀點的改編，即母親的身體只是為生殖過程提供原料。參見Mary Garrard, "Leonardo da Vinci: Female Portraits, Female Nature," 出自Mary Garrard and Norma Broude編輯，*The Expanding Discourse: Feminism and*

Art History (New York: IconEditions, 1992), 58–86。

第十二章　哲學家

229. 參見Patrick Martins and Mike Edison, *The Carnivore Manifesto: Eating Well, Eating Responsibly, and Eating Meat* (New York: Little, Brown, 2014)。
230. 為了寫這篇文章，我查閱了2002年的修訂版：Peter Singer, *Animal Liberation* (New York: HarperCollins, 2002)。值得注意的是，這本書被譽為動物權利運動的聖經，它的哲學論點基於功利主義而非權利基礎，這是個嚴重的錯誤。辛格在書中指出，動物不擁有權利，「權利的語言」僅僅是「一種方便的政治速記」，這個論點不容反駁。出處同上，頁8。辛格在其他地方曾對自己「對流行道德修辭的讓步」感到遺憾，理由是這讓批評者混淆了他對權利理論的主張；參見Singer, "The Fable of the Fox and the Unliberated Animals," *Ethics* 88 (1978): 119–125; 參見頁122。
231. Singer, "Utilitarianism and Vegetarianism," 出自*Philosophy & Public Affairs* 9 (1980): 325–337。
232. 「集體自由」組織已經發布了他們對自己在專題討論的行動描述，並附上影片，參見www.collectivelyfree.org/intervention-4-all-animals-want-to-live-museum-of-food-and-drink-mofad-manhattan-ny/, Mar. 13, 2018存取。
233. 關於布道爾夫森的作品與他對辛格版功利主義的批評，參見Mark B. Budolfson, "Is It Wrong to Eat Meat from Factory Farms? If So, Why?" 出自Ben Bramble and Bob Fischer編輯，*The Moral Complexities of Eating Meat* (Oxford, UK: Oxford University Press, 2015)。布道爾夫森的一些作品，包括這篇文章在內，旨在研究結構性共謀傷害的問題，並承認已開發國家中絕大多數消費者行為無論如何都與環境或道德上的問題行為有關。
234. Bernard Williams, "A Critique of Utilitarianism," 出自J. J. C. Smart and Bernard Williams, *Utilitarianism: For and Against* (Cambridge, UK:

Cambridge University Press, 1973), 137。

235. Bertrand Russell, "The Harm That Good Men Do," *Harpers*, October, 1926。很重要的是，不要假定羅素對功利主義的態度就如表面所示；他對功利主義的歷史貢獻給予正面評價，是涉及個人利益的。

236. 參見Michel Foucault, "Truth and Juridical Forms," 出自*Power: Essential Works of Foucault, 1954–1984*, Paul Rabinow編輯 (New York: The New Press, 2000), 70。請注意，我從Bart Schultz and Georgios Varouxakis編輯的*Utilitarianism and Empire* (Lanham, MD: Lexington Books, 2005; 見導言) 中借用了將羅素與傅柯對功利主義的不同論述進行配對對比的方法。

237. 參見Jeremy Bentham, "A Comment on the Commentaries and A Fragment on Government," J. H. Burns and H. L. A. Hart編輯，出自*The Collected Works of Jeremy Bentham* (Oxford, UK: Oxford University Press, 1970), 393。

238. 出自Alasdair MacIntyre與Alex Voorhoeve的對話，*Conversations on Ethics* (Oxford, UK: Oxford University Press, 2009), 116。

239. 欲簡單瞭解邊沁對影響力的渴望，參見James Crimmins, "Bentham and Utilitarianism in the Early Nineteenth Century," 出自B. Eggleston and D. Miller編輯，*The Cambridge Companion to Utilitarianism* (New York: Cambridge University Press, 2014), 38。欲更仔細瞭解，參見Crimmins, *Secular Utilitarianism: Social Science and the Critique of Religion in the Thought of Jeremy Bentham* (Oxford, UK: Oxford University Press, 1990)。

240. 參見Christine M. Korsgaard, "Getting Animals in View," *The Point*, no. 6, 2013。

241. 出處同上，頁123。

242. Paul Muldoon, "Myself and Pangur," 出自*Hay* (New York: Farrar, Straus and Giroux, 1998)。這首詩改編自一首經常被翻譯的匿名詩作，據說出自9世紀一名愛爾蘭僧侶之手。

243. 在這一點上，身為康德主義者的柯斯嘉德與辛格是一致的。這是個令人訝異的轉變，因為康德（或者更廣泛地說，義務論）的推理經常和結果論主義放在一起，就好像它們是對立的一樣。柯斯嘉德寫道：「其他動物對本身目的之地位的主張，與我們自己的主張有著同樣的終極基礎——生命本身本質上自我肯定的性質。」

244. 參見Singer, *The Expanding Circle: Ethics, Evolution, and Moral Progress* (Princeton, NJ: Princeton University Press, 2011)。在這本書中，辛格從社會生物學的角度出發，設定了一個古老的觀念，即道德圈與它透過利他行為的擴張。道德圈的概念也被稱為「關注圈」或「道德關注圈」，它涉及我們的同情心、同理心與利他主義等能力，在西方哲學史中的記錄可以回溯到亞里斯多德。亞里斯多德在*Eudemian Ethics*中寫道：

> 至於為自己尋找並祈求有許多朋友，同時又說朋友多的人沒有朋友，這兩種說法都是正確的。因為，如果有可能與許多人生活在一起，分享他們的感悟，那麼最理想的是越多人越好；然而，由於這很困難，積極的感知共同體必然發生在一個較小的圈子裡，所以要交到許多朋友不只困難（因為需要經過查驗），而且在得到朋友時也很難利用他們。（1234b17-18）

Hierocles the Stoic在他2世紀的*Elements of Ethics*中曾描述一組同心圓關係，從自我開始，一層層藉由越來越遠的家庭關係延伸出去。參見Ilaria Ramelli, *Hierocles the Stoic: Elements of Ethics, Fragments, and Excerpts* (Leiden, The Netherlands: Brill, 2009), 91–93。Martha Nussbaum認為，希臘思想允許道德關注的擴展，並透過想像力來加以解釋；對古希臘人來說，雖然人與人之間存在著階級差異，但「人與人之間許多最重要的區別都是命運的安排，與個體的應得無關。」參見Nussbaum, "Golden Rule Arguments: A Missing Thought?" 出自Kim-chong Chong, Sor-hoon Tan and C. L. Ten編輯，*The Moral Circle and the Self: Chinese and Western Approaches* (Chicago, IL: Open Court, 2003)。Nussbaum指出，盧梭等人的著作中都出現許多現代版本的希臘思想，我們同樣

也可以在John Rawls這樣的當代哲學家身上找到。然而，將道德進步的歷史進程用同心圓擴張的方式來表現，似乎是源於現代。例如參見William Edward Hartpole Lecky, *History of European Morals from August to Charlamagne*, vol. 1 (London: Longmans, Green, 1890), 107。然而對辛格來說，最主要的問題不是人類道德圈的擴張，而是道德圈想像力的擴大，把其他生物都納了進去。達爾文聲稱要在既有的基礎上解釋物種間的利他主義，並將這種自然的同情心（sympathy，希臘文有「同甘共苦」之意）視為文明發展的關鍵。有關達爾文和維多利亞時期的同情概念，參見Rob Boddice, *The Science of Sympathy: Morality, Evolution, and Victorian Civilization* (Urbana: University of Illinois Press, 2016)。

245. Immanuel Kant, "Conjectures on the Beginning of Human History," 引用於Korsgaard, "Getting Animals in View"（省略號是柯斯嘉德的，第一句大寫的「人」是我的）；全文見於H. S. Reiss編輯，*Kant: Political Writings* (Cambridge, UK: Cambridge University Press, 1970)。

246. 參見Jeremy Bentham, "Introduction to the Principles of Morals and Legislation," 出自*Collected Works of Jeremy Bentham*。

247. 參見萊德的論文 "Experiments on Animals", 出自*Animals, Men and Morals: An Enquiry into the Maltreatment of Non-humans* (London: Gollancz, 1971)；有關藉由與種族主義類比而確立的「物種主義」見頁81。萊德引用「已故教授C. S. Lewis」的一段話：「如果對我們自己所屬物種的忠誠，僅僅是因為我們是人類而對人類有所偏愛，不是一種感情，那麼什麼才是感情呢？如果僅僅是感情就可以成為殘忍的正當理由，為什麼要止於對整個人類的感情之上呢？還有另一種是白人對黑人、優等民族對非雅利安人的感情。」

248. 不過要注意的是，辛格的一名批評者湯姆·雷根提到，辛格未能提供一個嚴格的功利主義論點來反對物種主義，而是提出雷根所謂出於道德一致性的論點。我注意到，道德一致性的論點本身非常接近義務論的立場，這與辛格的觀點完全相反。雷根進一步闡明了他的觀點，辛格實際上沒有證明存在著一個代表素食主義的功利主義論點，一個在他看來需要大量經驗數據的論點，而辛格並沒有提供。參見Regan, "Utilitarianism, Vegetarianism, and Animal Rights," *Philosophy & Public Affairs* 9 (1980): 305–324。

249. 對辛格的一些早期批評，可參見例如Michael Martin, "A Moral Critique of Vegetarianism," *Reason Papers*, no. 3 (1976), 13–43; Philip Devine, "The Moral Basis of Vegetarianism, *Philosophy* 53 (1978), 481–505; Leslie Pickering Francis and Richard Norman, "Some Animals Are More Equal Than Others," *Philosophy* 53 (1978), 507–527; Aubrey Townsend, "Radical Vegetarians," *Australasian Journal of Philosophy* 57 (1979), 85–93; Peter Wenz, "Act-Utilitarianism and Animal Liberation," *The Personalist* 60 (1979): 423–428; 以及R. G. Frey, *Rights, Killing, and Suffering: Moral Vegetarianism and Applied Ethics* (Oxford, UK: Blackwell, 1983)。關於辛格近年來遭受的各種攻訐以及辛格的回應，參見Jeffrey A. Schaler編輯，*Peter Singer Under Fire: The Moral Iconoclast Faces His Critics* (Chicago, IL: Open Court, 2009)。

250. 參見Gary L. Francione, "On Killing Animals," 出自*The Point*, no. 6 (2013); 以及Francione, *Animals as Persons: Essays on the Abolition of Animal Exploitation* (New York: Columbia University Press, 2008)。

251. 參見Tom Regan, "The Moral Basis of Vegetarianism," *Canadian Journal of Philosophy* 5 (1975): 181–214; Regan, "Utilitarianism, Vegetarianism, and Animal Rights," *Philosophy & Public Affairs* 9 (1980), 305–324; 以及Regan, *The Case for Animal Rights* (Berkeley: University of California Press, 1983)。

252. 參見Michael Fox, " 'Animal Liberation': A Critique," *Ethics* 88 (1978): 106–118。

253. 參見辛格的回應 "Fable of the Fox" 以及雷根的回應 "Fox's Critique of Animal Liberation," *Ethics* 88 (1978): 126–133。福克斯在同一期*Ethics*回應了辛格與雷根，參見"Animal Suffering and Rights: A Reply to Singer and Regan," *Ethics* 88 (1978): 134–138。

254. 「凡活著的動物都可以作你們的食物。這一切我都賜給你們，如同菜蔬一樣。」“Every moving thing that lives shall be food for you; and just as I gave you the green plants, I give you everything.” *New Oxford Annotated Bible*, New Standard Revised Version, Bruce M. Metzger與Roland E. Murphy編輯 (New York: Oxford University Press, 1991), 12。

255. David Foster Wallace曾撰寫 “Consider the Lobster”，其中對吃動物的道德哲學辯護的弱點得出與本章相同的結論，熟悉這篇文章的讀者，此時已經收集到我在文章中隱藏的所有復活節彩蛋，可以放鬆一下了。參見Wallace, “Consider the Lobster,” *Gourmet*, August 2004, 50–64。

第十三章　馬斯垂克

256. 有關荷蘭的景觀，參見Audrey M. Lambert, *The Making of the Dutch Landscape: An Historical Geography of the Netherlands* (London: Academic Press, 1985)。關於荷蘭堤防與低窪開拓地的歷史，參見Eric-Jan Pleijster, *Dutch Dikes* (Rotterdam: nai010, 2014)。

257. 荷蘭人的平均身高是世界最高的。荷蘭人身高的歷史一直是個謎：為什麼荷蘭人在過去兩百年間身高增加了20公分？軍方紀錄顯示，在18世紀中期，荷蘭男人比其他歐洲人矮，不過隨後就開始迅速竄升，超越他們的同輩。有個研究團隊從歷史紀錄與現代生物統計數據得到結論，認為荷蘭人身高增高與整個西方人口身高增高的趨勢是一致的，這樣的成長可能是因為營養豐富食品如牛奶、蛋、魚、肉等逐漸大眾化而帶來的飲食改善。當其他國家的身高成長速度趨於平穩時，荷蘭人卻繼續增加。可能的原因包括荷蘭飲食的持續改善，以及自然選擇有利於身高一般的母親與高個子的父親。參見Gert Stulpe et al., “Does Natural Selection Favour Taller Stature among the Tallest People on Earth?” *Proceedings of the Royal Society B* 282 (2015): 20150211。

258. 參見Rachel Laudan, “A Plea for Culinary Modernism: Why We Should Love New, Fast, Processed Food,” *Gastronomica* 1 (2001): 36–44。

259. 有關哈里森的《騰出空間！騰出空間！》與馬爾薩斯主義，參見

Warren Belasco, *Meals to Come: A History of the Future of Food* (Berkeley: University of California Press, 2006), 51, 134。《人口爆炸》的作者保羅・埃爾利希曾為《騰出空間》平裝版撰寫介紹文。

260. Hans Blumenberg, *Care Crosses the River*, Paul Fleming翻譯 (Stanford, CA: Stanford University Press, 2010), 133。

261. 關於馬斯垂克的地質史與政治史，我大量借鑑於John McPhee, "A Season on the Chalk," 出自*Silk Parachute* (New York: Macmillan, 2010)。

262. 我事實上就是個都市人，以至於我只要用手指和腳趾就能數出自己和非家養寵物的動物對看的次數有多少。約翰・伯格寫到：「動物有一種能力，這種能力與人類的力量相當，卻從來都不一樣。動物的秘密與山洞、山脈與海洋的秘密不同，這些秘密是專門針對人類的。」Berger, "Why Look at Animals?" 出自*About Looking* (New York: Vintage, 1991)。

263. 有關古羅馬時期的馬斯垂克，參見Lambert, *Making of the Dutch Landscape*。

264. 參見Sheila Jasanoff, *Designs on Nature: Science and Democracy in Europe and the United States* (Princeton, NJ: Princeton University Press, 2007)。

265. 參見Cor van der Weele and Clemens Driessen, "Animal Liberation?" https://bistro-invitro.com/en/essay-cor-van-der-weele-animal-liberation/, Jan. 11, 2018存取；以及van der Weele and Driessen, "Emerging Profiles for Cultured Meat; Ethics through and as Design," *Animals* 3 (2013): 647–662. 亦參見Wim Verbeke, Pierre Sans, and Ellen J. Van Loo, "Challenges and Prospects for Consumer Acceptance of Cultured Meat," *Journal of Integrative Agriculture* 14, (2015): 285–294; 以及Verbeke et al., "Would You Eat 'Cultured Meat'?: Consumers' Reactions and Attitude Formation in Belgium, Portugal and the United Kingdom," *Meat Science* 102 (2015): 49–58。

266. 參見McPhee, "Season on the Chalk"。

第十四章　猶太潔食

267. 她指的是新收穫組織於2016年3月在Reddit.com網站上舉行的一場討論，參見www.reddit.com/r/IAmA/comments/48sn01/we_are_new_harvest_the_nonprofit_responsible_for/, Mar. 28, 2018存取。

268. Mary Douglas, *Purity and Danger* (London: Routledge, 1966), 51。

269. 有些反對潔食的動保激進份子認為，潔食屠宰的殘忍程度不亞於非潔食屠宰。此外，許多激進份子堅稱，以工業化規模進行的猶太潔食屠宰，會導致動物遭受相當大的痛苦。布魯斯・弗里德里希（在撰寫本文時為好食研究所的所長，之前在善待動物組織任職）曾就這一點與律師Nathan Lewin論辯，部分錄音可參見www.mediapeta.com/peta/Audio/bruce_debate_final.mp3, Oct. 14, 2018存取。Temple Grandin是動物科學教授，也是著名的屠宰實踐專家，他曾在一家美國猶太報紙上發表一篇關於大規模潔食屠宰所面臨道德問題的平衡社論：Grandin, "Maximizing Animal Welfare in Kosher Slaughter," *The Forward*, Apr. 27, 2011, http://forward.com/opinion/137318/maximizing-animal-welfare-in-kosher-slaughter/, Oct. 14, 2018存取。

270. 參見Shmuly Yanklowitz, "Why This Rabbi Is Swearing Off Kosher Meat," *The Wall Street Journal*, May 30, 2014。

271. Sarah Zhang, "A Startup Wants to Grow Kosher Meat in a Lab," *The Atlantic*, September 16, 2016, www.theatlantic.com/health/archive/2016/09/is-lab-grownmeat-kosher/500300/, Oct. 14, 2018存取。

272. 參見Roger Horowitz, *Kosher USA: How Coke Became Kosher and Other Tales of Modern Food* (New York: Columbia University Press, 2016)。

273. 出處同上，頁125。

第十五章　鯨

274. 有關講者與作者在向商業界聽眾演講時所使用歷史材料的批判性分析，參見John Patrick Leary, "The Poverty of Entrepreneurship: The Silicon Valley Theory of History," *The New Inquiry*, June 9, 2017。

275. 活動結束後，夏皮羅提到他的故事來源：Eric Jay Dolin, *Leviathan: The History of Whaling in America* (New York: W. W. Norton, 2007)。

276. 類似但更空洞的說明，參見Amory B. Lovins, "A Farewell to Fossil Fuels: Answering the Energy Challenge," *Foreign Affairs* 91 (2012): 134–146。

277. 參見Bill Kovarik, "Thar She Blows! The Whale Oil Myth Surfaces Again," TheDailyClimate.org, March 3, 2014; 以及Kovarik, "Henry Ford, Charles Kettering, and the Fuel of the Future," *Automotive History Review* (1998春): 7–27。

278. 參見Dan Bouk and D. Graham Burnett, "Knowledge of Leviathan: Charles W. Morgan Anatomizes His Whale," *Journal of the Early Republic* 28 (2008): 433–466。

279. 作為資源的鯨油，提煉速度快於原料補充速度，這種情形顯示了經濟學家所謂的哈伯特曲線，與石油無異，參見U. Bardi, "Energy Prices and Resource Depletion: Lessons from the Case of Whaling in the Nineteenth Century," *Energy Sources B* 2 (2007): 297–304。

第十六章　同類相食

280. 參見Mary Douglas, *Purity and Danger* (London: Routledge, 1966)。

281. Sigmund Freud, "From the History of an Infantile Neurosis," 出自*The Standard Edition of the Complete Works of Sigmund Freud*, James Strachey編輯翻譯 (London: Hogarth Press, 1953), 3583。

282. Freud, "Three Essays on the History of Sexuality," 同上，1485, 1516。

283. 參見Cătălin Avramescu, *An Intellectual History of Cannibalism*, Alistair I. Blyth翻譯 (Princeton, NJ: Princeton University Press, 2009)。

284. Freud, *The Future of an Illusion*, James Strachey翻譯 (New York: W. W. Norton, 1961), 10。

285. 出處同上，頁11。

286. 克勞德・李維—史陀在他晚期的文章 "We Are All Cannibals" 中同樣反對食人族已經完全從文明生活中消失的說法。他區分出戲劇性較高的「族外食人」（經常出現在可能捕獲和食用敵人的族群中）與戲劇性較低的「族內食人」，後者指儀式性地準備並食用已故親屬的部分屍體。李維—史陀寫道，現代社會可能不會實踐儀式性的族內食人，但是現代醫學已經開始重新透過其他方式來實踐。他認為，器官移植與其他涉及將一個人的身體組織注射或以手術方式納入另一人的身體都屬於族內食人的實踐，這表示族內食人比我們能想像的更加廣泛。參見Lévi- Strauss, "We Are All Cannibals," 出自*We Are All Cannibals and Other Essays*, Jane M. Todd翻譯 (New York: Columbia University Press, 2016)。關於移植和其他醫療技術的人類學義涵，亦可參見Sarah Franklin and Margaret Lock編輯，*Remaking Life & Death: Toward an Anthropology of the Biosciences* (Santa Fe, NM: School of American Research Press, 2003)。

287. Freud, *Moses and Monotheism*, Katherine Jones翻譯 (London: Hogarth Press, 1937), 131–132。

第十七章　採集／分別

288. Claude Lévi-Strauss, *The Elementary Structures of Kinship* (*Les structures élémentaires de la parenté*), James Harle Bell and John Richard von Sturmer翻譯，Rodney Needham編輯 (Boston: Beacon Press, 1969)。
289. 出處同上，頁32。
290. 這句話出自Joan Didion。參見*The White Album* (New York: Farrar, Straus and Giroux, 1979), 11。
291. 「培養肉廠」是未來培養肉生產一個非常流行的形象，受到包括伊莎・達塔爾在內的許多培養肉運動成員所提倡。參見Datar and Robert Bolton, "The Carnery," 出自*The In Vitro Meat Cookbook* (Amsterdam: Next Nature Network, 2014)。「培養肉廠」概念的起源不明，但路透社記者Harriet McLeod認為是科學家Vladimir Mironov 2011年的一篇文章："South Carolina Scientist Works to Grow Meat in Lab," *Reuters*, Jan. 30, 2011, www.reuters.com/article/us-food-meat-laboratoryfeature/south-

carolina-scientist-works-to-grow-meat-in-lab-idUSTRE70T1WZ20110130, Sep. 21, 2018存取。

292. 參見Peter Schwartz, *The Art of the Long View* (New York: Penguin Random House, 1991); 以及Nils Gilman, "The Official Future Is Dead! Long Live the Official Future," www.the-american-interest.com/2017/10/30/official-future-dead-long-liveofficial- future/, Nov. 19, 2017存取。

293. 參見Elizabeth Devitt, "Artificial Chicken Grown from Cells Gets a Taste Test—but Who Will Regulate It?" *Science*, Mar. 15, 2017, www.sciencemag.org/news/2017/03/artificial-chicken-grown-cells-gets-taste-test-who-will-regulate-it, Dec. 6, 2017存取。

294. 參見Chase Purdy, "The Idea for Lab-Grown Meat Was Born in a POW Camp," *Quartz*, Sep. 24, 2017, https://qz.com/1077183/the-idea-for-lab-grown-meatwas-born-in-a-prisoner-of-war-camp/, Nov. 27, 2017存取。

295. 曾有人提出問題：在所有狀況下，特別是在涉及細胞基因改造的情況下，使用病患的幹細胞是否為可以繞過病患免疫反應的可靠方法。例如參見Effie Apostolou and Konrad Hochedlinger, "iPS Cells Under Attack," *Nature* 474 (2011): 165–166; 以及Ryoko Araki et al., "Negligible Immunogenicity of Terminally Differentiated Cells Derived from Induced Pluripotent or Embryonic Stem Cells," *Nature* 494 (2013): 100–104。

296. 例如參見由John Rasko與Carl Power講述的Paolo Macchiarini故事："Dr. Con Man: The Rise and Fall of a Celebrity Scientist Who Fooled Almost Everyone," *The Guardian*, September 1, 2017, www.theguardian.com/science/2017/sep/01/paolo-macchiarini-scientist-surgeon-rise-and-fall, Dec. 7, 2017存取。

297. 例如參見Juliet Eilperin, "Why the Clean Tech Boom Went Bust," *Wired*, Jan. 20, 2012, www.wired.com/2012/01/ff_solyndra/, Dec. 8, 2017存取。

298. Ryan Fletcher, "All-One Activist: Bruce Friedrich of the Good Food Institute"，為布朗納博士訪問布魯斯・弗里德里希，Nov. 28, 2017存取於www.drbronner.com。

299. 有關麥當勞在中國的發展，參見James L. Watson編輯，*Golden Arches East: McDonald's in East Asia* (Stanford, CA: Stanford University Press, 1997)。

300. 有關廉價，參見Raj Patel and Jason W. Moore, *A History of the World in Seven Cheap Things: A Guide to Capitalism, Nature, and the Future of the Planet* (Oakland: University of California Press, 2018)。

301. 關於這個話題，參見Erica Hellerstein and Ken Fine, "A Million Tons of Feces and an Unbearable Stench: Life Near Industrial Pig Farms," *The Guardian*, Sep. 20, 2017, www.theguardian.com/us-news/2017/sep/20/north-carolina-hog-industry-pig-farms, Dec. 10, 2017存取。

302. Winston Churchill, "Fifty Years Hence," *Popular Mechanics*, March 1932。

303. 有關凱茨與祖爾作品的起源，參見Catts and Zurr, "Semi-living Art," 出自Eduardo Kac編輯，*Signs of Life: Bio Art and Beyond* (Cambridge, MA: MIT Press, 2007)。

304. 出處同上。

305. 參見Devitt, "Artificial Chicken"。

306. 關於凱茨與祖爾「蛙腿」計畫時期的生物藝術調查，參見Steve Tomasula, "Genetic Art and the Aesthetics of Biology," *Leonardo* 35 (2002): 137–144。

307. 「解憂娃娃」是第一個展出的活組織工程雕塑，最初於奧地利林茲（Linz）展出，為電子藝術中心（Ars Electronica）藝術節的一部分。這些作品隨後在世界各地展出。

308. 參見Lynn Margulis, *The Origin of Eukaryotic Cells* (New Haven, CT: Yale University Press, 1970); 以及Ionat Zurr and Oron Catts, "Are the Semi-living Semigood or Semi-evil?" *Technoetic Arts* 1 (2003): 49, 51, 54, 59。

309. 參見Stefan Helmreich, *Alien Ocean: Anthropological Voyages in Microbial Seas* (Berkeley: University of California Press, 2009) 中馬古利斯對共生的討論；見第七章。

310. 生命是個謎的想法可能歸納到自然本身就如隱藏的神秘這個包含

更廣泛的副標題之下。關於這個問題，參見Pierre Hadot, *The Veil of Isis: An Essay on the History of the Idea of Nature* (Cambridge, MA: Harvard University Press, 2006)。

311. Philippa Foot, "Moral Arguments," *Mind* 67 (1958): 502–513. 亦參見G. E. M. Anscombe, "Modern Moral Philosophy"，該文有助於確立福特試圖超越的道德哲學基本僵局：一邊是關於行為後果的功利主義論點，另一邊是將善與規則聯繫起來的義務論論點。Anscombe, "Modern Moral Philosophy," *Philosophy* 33 (1958): 1–19。
312. 參見Philippa Foot and Alan Montefiore, "Goodness and Choice," *Proceedings of the Aristotelian Society, Supplementary Volumes* 35 (1961): 45–80。
313. 參見Foot, "Does Moral Subjectivism Rest on a Mistake?" *Oxford Journal of Legal Studies* 15 (1995): 1–14。
314. 參見我在第十一章中對布魯門伯格文章的討論。
315. 參見Wim Verbeke et al., "Would You Eat 'Cultured Meat?': Consumers' Reactions and Attitude Formation in Belgium, Portugal and the United Kingdom," *Meat Science* 102 (2015): 49–58。
316. Cor van der Weele and Clemens Driessen, "Emerging Profiles for Cultured Meat; Ethics through and as Design," *Animals* 3 (2013): 647–662。

第十八章　艾比米修斯

317. 2018年10月17日，這則廣告以賈斯特公司（前漢普頓克里克公司）執行長喬許・泰特里克在推特網站上「推文」的形式出現在我的瀏覽器上。泰特里克的「40萬」表示智人種化的時間比許多專家認為的要早，但也是人族更廣泛將肉食納入飲食的晚期。
318. 尼爾・史蒂芬斯曾提醒我，他在一次以「淨肉」為題的演講中，保羅・夏皮羅（見第十五章）揮舞著魚叉，另一個彈道運動想像的例子。
319. 參見Plato, *Protagoras*, Benjamin Jowett翻譯 (Indianapolis, IN: Bobbs-Merrill, 1956), lines 320c–328d, pp. 18–19。我在上面列出的動物屬性清

單牽涉到一些詩意的自由放縱：柏拉圖的艾比米修斯禮物清單包括「足以抵禦冬季寒冷與夏季炎熱的緻密毛髮和厚實皮膚，當他們想休息時，可以有一張屬於自己的天然床鋪；祂還給了他們蹄子和毛髮，以及踏在腳下的堅硬皮膚。」

320. Coral Davenport, "Major Climate Report Describes a Strong Risk of Crisis as Early as 2040," *The New York Times*, Oct. 7, 2018。Davenport在這裡報導的是Myles Allen等人為聯合國政府間氣候變遷專門委員會撰寫的報告："Global Warming of 1.5 °C," Oct. 6, 2018。

321. 參見J. Poore and T. Nemecek, "Reducing Food's Environmental Impacts through Producers and Consumers," *Science* 360 (2018): 987–992。

322. Leo Strauss, *Natural Right and History* (Chicago, IL: University of Chicago Press, 1953), 117。

323. William Gibson, "The Art of Fiction," 出自*The Paris Review*, no. 197, 2011夏的訪談。

324. 威廉・吉布森於2016年在推特上寫給作者的訊息。

325. 如果你願意的話，可以稱之為「推想型小說」。

326. 參見Alvin and Heidi Toffler, *Future Shock* (New York: Random House, 1970)。

中英名詞對照

1 劃

《1968-1998年詩作》*Poems 1968–1998*

〈一八三二年改革法案〉Reform Act of 1832

《一座小行星的飲食》*Diet for a Small Planet*

2 劃

《二〇〇一年太空漫遊》*2001: A Space Odyssey*

《人口論》*Essay on the Principle of Population*

《人口爆炸》*The Population Bomb*

《人的條件》*The Human Condition*

3 劃

《三段對話》*Three Dialogues*

下一代自然網絡工作室 Next Nature Networ

《千禧年，喬納就25歲了》*Jonah Who Will Be 25 in the Year 2000*

大加速 Great Acceleration

《大西洋月刊》*The Atlantic*

大衛・李嘉圖 Ricardo, David

大衛・凱伊 Kay, David

大衛・鮑伊 Bowie, David

工具主義 Instrumentalism

4 劃

丹尼・希利斯 Hillis, Danny

丹尼爾・貝爾 Bell, Daniel

丹尼爾・顧爾德 Gould, Danielle

〈五十年後〉Fifty Years Hence

內森・海勒 Heller, Nathan

公共科學圖書館 PLoS

分受 methexis

〈太空怪談〉Space Oddity

《太空商人》*The Space Merchants*

孔多塞侯爵 Condorcet, Marquis de

巴克敏斯特・富勒 Fuller, R. Buckminster

巴特・舒爾茨 Schultz, Bart

弗朗西絲・拉普 Lappé, Frances Moore
弗雷德・波拉克 Polak, Fred
弗雷德里克・波爾 Pohl, Fredrik
弗雷德里克・埃靈頓 Errington, Frederick
弗雷德里克・瓊森 Jonsson, Fredrik Albritton
未來主義 Futurists
未來研究所 Institute for the Future, IFTF
未來論壇 Forum for the Future
瓦克拉夫・史米爾 Smil, Vaclav
瓦特・羅斯托 Rostow, Walt Whitman
瓦赫寧恩大學 Wageningen University
生物反應器 Bioreactor
皮尤研究中心 Pew Research Center

6 劃

伊曼努爾・康德 Kant, Immanuel
伊莎・達塔爾 Datar, Isha
伊爾杜德・鄧斯福德 Dunsford, Illtud
伏爾泰 Voltaire
先鋒文化中心 Pioneer Works
先鋒肉廠 Pioneer Meat Works
全面設計師 comprehensive designer
全食連鎖超市 Whole Foods
共生藝術實驗室 SymbioticA
《共產黨宣言》*Communist Manifesto*
再生醫學 Regenerative medicine
列奧・史特勞斯 Strauss, Leo
吉姆・達托 Dator, Jim
《回歸自然，或為蔬菜養生法變化》*The Return to Nature, or a Defence of the Vegetable Regimen*
多重性決定 Überdeterminierung，英文 overdetermination
〈好人帶來的傷害〉The Harm That Good Men Do
好食研究所 Good Food Institute
好時集團 Hershey's
巴斯大學 University of Bath
《幻象之未來》*The Future of an Illusion*
扎奧欽族 Zahau Chins
比爾・科瓦里克 Kovarik, Bill
《火的精神分析》*The Psychoanalysis of Fire*
中階飲食 middling cuisine

5 劃

《代達洛斯》*Daedalus*
以賽亞・霍羅威茨 Horowitz, Yeshaya Halevi
功利主義 Utilitarianism
加速功能 haste function
加柏・弗加奇 Forgacs, Gabor
加斯東・巴舍拉 Bachelard, Gaston
北美原住民易洛魁聯盟 Iroquois
半生命 semi-living
《半生命的解憂娃娃》*Semi-living Worry Dolls*
卡琳・布頓 Bouten, Carlijn
卡羅・佩屈尼 Petrini, Carlo
史密斯菲爾德食品公司 Smithfield
史蒂文森 Stevenson, H. N. C.
史蒂芬・古爾德 Gould, Stephen Jay
尼克・費德斯 Fiddes, Nick
尼采 Nietzsche, Friedrich
尼爾・史蒂芬斯 Stephens, Neil
尼爾斯・吉爾曼 Gilman, Nils
巧人 *H. habilis*
布希曼人 Bushmen
布爾哈夫科學暨醫藥歷史博物館 Boerhaave Museum of the History of Science and Medicine
布魯斯・弗里德里希 Friedrich, Bruce
平等主義者 Egalitarians
弗里德里克・傑姆遜 Jameson, Fredric
弗里德里希・恩格斯 Engels, Friedrich
弗拉基米爾・米羅諾夫 Mironov, Vladimir

伯納德・羅倫 Roelen, Bernard
克里斯汀・柯斯嘉德 Korsgaard, Christine
克拉拉食品公司 Clara Foods
克拉斯・赫林格夫 Hellingwerf, Klaas
克莉絲汀娜・阿加帕基斯 Agapakis, Christina
克勞德・李維—史陀 Lévi-Strauss, Claude
克萊門斯・德里森 Driessen, Clemens
《利維坦》*Leviathan*
完美的一天 Perfect Day
希格弗萊德・吉迪恩 Giedion, Siegfried
希勒爾・施瓦茨 Schwartz, Hillel
希瑟・帕克森 Paxson, Heather
肖薩娜・費爾曼 Felman, Shoshana
貝斯以色列醫院 Beth Israel
貝塔水平／勘誤沙龍 BetaLevel/The Errata Salon
《社會生物學：新綜合理論》*Sociobiology: The New Synthesis*
社會生物學 Sociobiology
形上學激情 metaphysical pathos
技術決定論 technological determinism

8 劃

乳製品 milchig
亞伯拉罕・格斯納 Gesner, Abraham
亞瑟・拉夫喬伊 Lovejoy, Arthur
亞當・韋斯特 West, Adam
佩魯瑪爾・甘地 Gandhi, Perumal
使之成立之物 davar hamamid
來自活體動物的肢體原則 aver min hachai
《刺蝟評論》*Hedgehog Review*
宙斯 Zeus
帕特・希普曼 Shipman, Pat
彼得・辛格 Singer, Peter
彼得・施瓦茨 Schwartz, Peter
彼得・泰爾 Thiel, Peter
彼得・惠勒 Wheeler, Peter
如神一般 *Homoiosis theoi*
安・埃爾利希 Ehrlich, Anne
安迪・高茲渥斯 Goldsworthy, Andy
安農・范埃森 van , Anon Essen
安德拉斯・弗加奇 Forgacs, Andras
安德烈亞斯・豪斯曼 Hausman, Andreas
《尖塔》*Spire*
朱利安・西門 Simon, Julian
朱利安・赫胥黎 Huxley, Julian
《百科全書，或科學、藝術與工藝詳解辭典》*Encyclopédie, ou Dictionnaire raisoné des sciences, des arts et des métiers*
米歇爾・傅柯 Foucault, Michel
米德爾敦 Middletown
羽生雄毅 Hanyu, Yuki
《肉：自然的象徵》*Meat: A Natural Symbol*
肉品 fleischig
〈自然的模仿〉Imitation of Nature
艾文・托弗勒 Toffler, Alvin
艾比米修斯 Epimetheus
艾拉・范艾倫 van Eelen, Ira
艾倫・沙弗里 Savory, Allan
艾倫・坦納 Tanner, Alain
艾斯奇勒斯 Aeschylus
艾奧娜特・祖爾 Zurr, Ionat
艾蜜莉・狄金生 Dickinson, Emily
西里爾・科恩布魯斯 M. Kornbluth, Cyril
西南偏南大會 South by Southwest, SXSW
西格蒙德・佛洛伊德 Freud, Sigmund
西奧多・戈登 Gordon, Theodore
西蒙・柴 Chaye, Simon

7 劃

亨克・哈格斯曼 Haagsman, Henk
伯特蘭・羅素 Russell, Bertrand
伯納德・威廉斯 Williams, Bernard

9 劃

Technology
恩斯特・布洛赫 Bloch, Ernst
氣候機密網站 Climate Confidential
泰森食品 Tyson
《浮華世界》*Vanity Fair*
海克力斯 Hercules
海希奧德 Hesiod
海蒂・托弗勒 Toffler, Heidi
海德堡人 H. heidelbergensis
烏特勒支大學 Utrecht University
烏爾規定 ur-rule
烏瑪・瓦萊蒂 Valeti, Uma
烏蘇拉・富蘭克林 Franklin, Ursula
特魯羅學院 Truro College
〈狼人：孩童期精神官能症案例的病史〉From the History of an Infantile Neurosis
班哲明・布拉頓 Bratton, Benjamin
《笑話與無意識的關係》*Jokes and Their Relation to the Unconscious*
紐約社會研究新學院 New School for Social Research
《紐約客》雜誌 *The New Yorker*
紐約客 *New Yorker*
〈純素主義者希望的生物科技安樂鄉〉Biotech Cockaigne of the Vegan Hopeful
素饗食品，又作中性食品 pareve
索倫・齊克果 Kierkegaard, Søren
能產之自然 *natura naturans*
馬克・布道爾夫森 Budolfson, Mark
馬克・波斯特 Post, Mark
馬克斯・韋伯 Weber, Max
馬歇爾・薩林斯 Sahlins, Marshall
馬爾薩斯主義 Malthusianism

11 劃

「假」肉 "Fake" meat
Journal of Food and Culture
美國食品藥物管理局 Food and Drug Administration, FDA
美國國家公共廣播電台 American National Public Radio
美國國家科學基金會 National Science Foundation
美國傳統食品公司 Heritage Foods USA
美國慢食協會 Slow Food USA
美國鋁業公司 Alcoa
美國養牛協會 United States Cattlemen's Association, USCA
美德倫理學 Virtue Ethics
胎牛血清 Fetal Bovine Serum (FBS)
《英國工人階級狀況》*The Condition of the Working-Class in England*
《訂了婚的姑娘》*The Betrothed*
飛行員之線 Pilot's Line
《食肉動物宣言》*The Carnivore Manifesto*
《食物與廚藝》*On Food and Cooking*
食品飲料博物館 Museum of Food and Drink, MOFAD
食品空間 the food space
《神譜》*Theogony*

10 劃

《倫敦書評》*London Review of Books*
原始人飲食法 paleo diet
〈原始富裕社會〉The Original Affluent Society
唐娜・哈拉維 Haraway, Donna
埃德溫・德雷克 Drake, Edwin
夏威夷大學馬諾阿分校 University of Hawaii-Manoa
夏爾・波特萊爾 Baudelaire, Charles
庫薩的尼各老 Nicolas of Cusa
恩荷芬理工大學 Eindhoven University of

12 劃

中英名詞對照

奧隆・凱茨 Catts, Oron
奧隆尼印地安人 Ohlone
幹細胞 Stem cells
《廉價的肉》*Cheap Meat*
《意志與表象的世界》*The World as Will and Representation*
愛德華・希爾斯 Shils, Edward
愛德華・威爾森 Wilson, E.O.
新收穫公司 New Harvest
新貝德福 New Bedford
新面孔 panim chadashot
《新教倫理與資本主義精神》*The Protestant Ethic and the Spirit of Capitalism*
溫斯頓・邱吉爾 Churchill, Winston
瑞秋・勞丹 Laudan, Rachel
《經濟發展階段論：非共產宣言》*The Stages of Economic Growth: A Non-Communist Manifesto*
《經濟學人》雜誌 *The Economist*
腦殘沙龍 the Lost Marbles Salon
試管肉 In vitro meat
《試管肉食譜》*In Vitro Meat Cookbook*
詹姆斯・彌爾 Mill, James
賈斯特公司 JUST
福特基金會 Ford Foundation
傷害足跡 harm footprint

14 劃

嘉吉企業 Cargill
圖像引導 graphic facilitation
〈實驗室培養肉可以是猶太潔食嗎？〉But Will the Lab-Grown Meat Be Kosher?
慢食運動 Slow Food movement
漢娜・鄂蘭 Arendt, Hannah
漢斯・布魯門伯格 Blumenberg, Hans
漢普頓克里克公司 Hampton Creek
漢普頓克里克食品公司 Hampton Creek Foods
無效原則 bitul
〈猶太公會篇〉Tractate Sanhedrin
猶太屠宰條例 shechitah
琳・馬古利斯 Margulis, Lynn
結果論主義 Consequentialism
華倫・貝拉斯科 Belasco, Warren
華特・史考特 Scott, Walter
華特・班雅明 Benjamin, Walter
菲利帕・福特 Foot, Philippa
萊克星頓俱樂部 Lexington Club, "The Lex"
萊恩・潘迪亞 Pandya, Ryan
萊斯里・亞爾洛 Aiello, Leslie C.
萊頓 Leiden
《裂石》*Drawn Stone*
費蘭・阿德里亞 Adrià, Ferran
超人類主義 Transhumanism
《超世紀諜殺案》Soylent Green
超級肉品 SuperMeat
雅各・拉岡 Lacan, Jacques
雅克・以祿 Ellul, Jacques
集中式動物飼養場 Concentrated Animal Feeding Operations (CAFOs)
集體自由組織 Collectively Free
飲食規條，猶太教律法 kashrut
達特茅斯希區柯克醫學中心 Dartmouth-Hitchcock
道德圈 moral circle
《道德與立法原則概論》*Introduction to the Principles of Morals and Legislation*
《道德譜系學》*Genealogy of Morals*

13 劃

〈塔木德〉Talmud
奧古斯特・克萊因扎勒 August Kleinzahler
《奧克拉荷馬》*Oklahoma!*
奧拉夫・赫爾默 Helmer, Olaf

「鯨油神話」"Whale oil myth"
懷疑的倫理 ethic of suspicion

20 劃以上

蘇珊・李 Lee, Suzanne
《騰出空間！騰出空間！》*Make Room! Make Room!*
蘭德公司 Rand Corporation
讓・勒朗・達朗貝爾 Le Rond d'Alembert, Jean

參考書目

CALIFORNIA STUDIES IN FOOD AND CULTURE

Darra Goldstein, Editor

1. *Dangerous Tastes*: The Story of Spices, by Andrew Dalby
2. *Eating Right in the Renaissance*, by Ken Albala
3. *Food Politics: How the Food Industry Influences Nutrition and Health*, by Marion Nestle
4. *Camembert: A National Myth*, by Pierre Boisard
5. *Safe Food: The Politics of Food Safety*, by Marion Nestle
6. *Eating Apes,* by Dale Peterson
7. *Revolution at the Table: The Transformation of the American Diet*, by Harvey Levenstein
8. *Paradox of Plenty: A Social History of Eating in Modern America*, by Harvey Levenstein
9. *Encarnación's Kitchen: Mexican Recipes from Nineteenth-Century California, Selections from Encarnación Pinedo's* El cocinero español, by Encarnación Pinedo, edited and translated by Dan Strehl, with an essay by Victor Valle

10. *Zinfandel: A History of a Grape and Its Wine*, by Charles L.Sullivan, with a foreword by Paul Draper

11. *Tsukiji: The Fish Market at the Center of the World*, by Theodore C. Bestor

12. *Born Again Bodies: Flesh and Spirit in American Christianity*, by R. Marie Griffith

13. *Our Overweight Children: What Parents, Schools, and Communities Can Do to Control the Fatness Epidemic*, by Sharron Dalton

14. *The Art of Cooking: The First Modern Cookery Book*, by the minent Maestro Martino of Como, edited and with an introduction by Luigi Ballerini, translated and annotated by Jeremy Parzen, and with fifty modernized recipes by Stefania Barzini

15. *The Queen of Fats: Why Omega-3s Were Removed from the Western Diet and What We Can Do to Replace Them*, by Susan Allport

16. *Meals to Come: A History of the Future of Food*, by Warren Belasco

17. *The Spice Route: A History*, by John Keay

18. *Medieval Cuisine of the Islamic World: A ConciseHistory with 174 Recipes*, by Lilia Zaouali, translated by M. B. DeBevoise, with a foreword by Charles Perry

19. *Arranging the Meal: A History of Table Service in France*, by Jean-Louis Flandrin, translated by Julie E. Johnson, with Sylvie and Antonio Roder; with a foreword to the English-language edition by Beatrice Fink

20. *The Taste of Place: A Cultural Journey into Terroir*, by Amy B. Trubek

21. *Food: The History of Taste*, edited by Paul Freedman

22. *M. F. K. Fisher among the Pots and Pans: Celebrating Her Kitchens*, by Joan Reardon, with a foreword by Amanda Hesser

23. *Cooking: The Quintessential Art*, by Hervé This and Pierre Gagnaire, translated by M. B. DeBevoise

24. *Perfection Salad: Women and Cooking at the Turn of the Century*, by Laura Shapiro

25. *Of Sugar and Snow: A History of Ice Cream Making*, by Jeri Quinzio

26. *Encyclopedia of Pasta*, by Oretta Zanini De Vita, translated by Maureen B. Fant, with a foreword by Carol Field

27. *Tastes and Temptations: Food and Art in Renaissance Italy,* by John Varriano

28. Free for All: Fixing School Food in America, by Janet Poppendieck

29. *Breaking Bread: Recipes and Stories from Immigrant Kitchens*, by Lynne Christy Anderson, with a foreword by Corby Kummer

30. *Culinary Ephemera: An Illustrated History*, by William Woys Weaver

31. *Eating Mud Crabs in Kandahar: Stories of Food during Wartime by the World's Leading Correspondents*, edited by Matt McAllester

32. *Weighing In: Obesity, Food Justice, and the Limits of Capitalism*, by Julie Guthman

33. *Why Calories Count: From Science to Politics*, by Marion Nestle and Malden Nesheim

34. *Curried Cultures: Globalization, Food, and South Asia*, edited by Krishnendu Ray and Tulasi Srinivas

35. *The Cookbook Library: Four Centuries of the Cooks, Writers, and Recipes That Made the Modern Cookbook*, by Anne Willan, with Mark Cherniavsky and Kyri Claflin

36. *Coffee Life in Japan*, by Merry White

37. *American Tuna: The Rise and Fall of an Improbable Food*, by Andrew F. Smith

38. *A Feast of Weeds: A Literary Guide to Foraging and Cooking Wild Edible Plants*, by Luigi Ballerini, translated by Gianpiero W. Doebler, with recipes by Ada De Santis and illustrations by Giuliano Della Casa

39. *The Philosophy of Food*, by David M. Kaplan

40. *Beyond Hummus and Falafel: Social and Political Aspects of Palestinian Food in Israel*, by Liora Gvion, translated by David Wesley and Elana Wesley

41. *The Life of Cheese: Crafting Food and Value in America*, by Heather Paxson

42. *Popes, Peasants, and Shepherds: Recipes and Lore from Rome and Lazio*, by Oretta Zanini De Vita, translated by Maureen B. Fant, foreword by Ernesto Di Renzo

43. *Cuisine and Empire: Cooking in World History*, by Rachel Laudan

44. *Inside the California Food Revolution: Thirty Years That Changed Our Culinary Consciousness*, by Joyce Goldstein, with Dore Brown
45. *Cumin, Camels, and Caravans: A Spice Odyssey*, by Gary Paul Nabhan
46. *Balancing on a Planet: The Future of Food and Agriculture*, by David A. Cleveland
47. *The Darjeeling Distinction: Labor and Justice on Fair-Trade Tea Plantations in India*, by Sarah Besky
48. *How the Other Half Ate: A History of Working-Class Meals at the Turn of the Century*, by Katherine Leonard Turner
49. *The Untold History of Ramen: How Political Crisis in Japan Spawned a Global Food Craze*, by George Solt
50. *Word of Mouth: What We Talk About When We Talk About Food*, by Priscilla Parkhurst Ferguson
51. *Inventing Baby Food: Taste, Health, and the Industrialization of the American Diet*, by Amy Bentley
52. *Secrets from the Greek Kitchen: Cooking, Skill, and Everyday Life on an Aegean Island*, by David E. Sutton
53. *Breadlines Knee-Deep in Wheat: Food Assistance in the Great Depression*, by Janet Poppendieck
54. *Tasting French Terroir: The History of an Idea*, by Thomas Parker
55. *Becoming Salmon: Aquaculture and the Domestication of a Fish*, by Marianne Elisabeth Lien
56. *Divided Spirits: Tequila, Mezcal, and the Politics of Production*, by Sarah Bowen
57. *The Weight of Obesity: Hunger and Global Health in Postwar Guatemala*, by Emily Yates-Doerr
58. *Dangerous Digestion: The Politics of American Dietary Advice*, by E. Melanie duPuis
59. *A Taste of Power: Food and American Identities*, by Katharina Vester
60. *More Than Just Food: Food Justice and Community Change*, by Garrett M. Broad
61. *Hoptopia: A World of Agriculture and Beer in Oregon's Willamette Valley*, by Peter A. Kopp

62. *A Geography of Digestion: Biotechnology and the Kellogg Cereal Enterprise*, by Nicholas Bauch

63. *Bitter and Sweet: Food, Meaning, and Modernity in Rural China*, by Ellen Oxfeld

64. *A History of Cookbooks: From Kitchen to Page over Seven Centuries*, by Henry Notaker

65. *Reinventing the Wheel: Milk, Microbes, and the Fight for Real Cheese*, by Bronwen Percival and Francis Percival

66. *Making Modern Meals: How Americans Cook Today*, by Amy B. Trubek

67. *Food and Power: A Culinary Ethnography of Israel*, by Nir Avieli

68. *Canned: The Rise and Fall of Consumer Confidence in the American Food Industry*, by Anna Zeide

69. *Meat Planet: Artificial Flesh and the Future of Food*, by Benjamin Aldes Wurgaft

肉食星球

人造鮮肉與席捲而來的飲食文化

原書名　Meat Planet : Artificial Flesh and the Future of Food
作　者　班哲明．阿爾德斯．烏爾加夫特（Benjamin Aldes Wurgaft）
譯　者　林潔盈
審　訂　王建鎧
特約編輯　陳錦輝

總編輯　王秀婷
責任編輯　王秀婷
編輯助理　梁容禎
行銷業務　黃明雪、林佳穎
版　權　徐昉驊

發行人　凃玉雲
出　版　積木文化
104台北市民生東路二段141號5樓
電話：(02) 2500-7696　傳真：(02) 2500-1953
官方部落格：http://cubepress.com.tw/
讀者服務信箱：service_cube@hmg.com.tw
發　行　英屬蓋曼群島商家庭傳媒股份有限公司城邦分公司
台北市民生東路二段141號11樓
讀者服務專線：(02)25007718-9　24小時傳真專線：(02)25001990-1
服務時間：週一至週五上午09:30-12:00、下午13:30-17:00
郵撥：19863813　戶名：書虫股份有限公司
網站：城邦讀書花園　網址：www.cite.com.tw
香港發行所　城邦（香港）出版集團有限公司
香港灣仔駱克道193號東超商業中心1樓
電話：852-25086231　傳真：852-25789337
電子信箱：hkcite@biznetvigator.com
馬新發行所　城邦（馬新）出版集團Cite (M) Sdn Bhd
41, Jalan Radin Anum, Bandar Baru Sri Petaling,
57000 Kuala Lumpur, Malaysia.
電話：603-90578822　傳真：603-90576622
email: cite@cite.com.my

封面設計　陳春惠
內頁排版　梁容禎
製版印刷　中原造像股份有限公司

城邦讀書花園
www.cite.com.tw

2020年12月31日 初版一刷
售價／NT$480元
ISBN 978-986-459-259-3

國家圖書館出版品預行編目資料

肉食星球：人造鮮肉與席捲而來的飲食文化/班哲明.阿爾德斯.烏爾加夫特(Benjamin Aldes Wurgaft)作；林潔盈譯. -- 初版. -- 臺北市：積木文化出版：英屬蓋曼群島商家庭傳媒股份有限公司城邦分公司發行, 2020.12
面；　公分
譯自：Meat Planet : Artificial Flesh and the Future of Food
ISBN 978-986-459-259-3(平裝)
1.食品加工 2.食品添加物
463.12　　109019973